U0017590

SOUVENIRS ENTOMOLOGIQUES

SOUVENIRS ENTOMOLOGIQUES

SOUVENIRS ENTOMOLOGIQUES

法布爾昆蟲記全集 5

螳螂的愛情

法布爾 著

鄒琰/譯　楊平世/審訂

遠流出版公司

審訂者介紹

楊平世

　　現任國立台灣大學昆蟲學系教授。主要研究範圍是昆蟲與自然保育、水棲昆蟲生態學、台灣蝶類資源與保育、民族昆蟲等；在各期刊、研討會上發表的相關論文達200多篇，曾獲國科會優等獎及甲等獎十餘次。

　　除了致力於學術領域的昆蟲研究外，也相當重視科學普及化與自然保育的推廣。著作有《台灣的常見昆蟲》、《常見野生動物的價值和角色》、《野生動物保育》、《自然追蹤》、《台灣昆蟲歲時記》及《我愛大自然信箱》等，曾獲多次金鼎獎。另與他人合著《臺北植物園自然教育解說手冊》、《墾丁國家公園的昆蟲》、《溪頭觀蟲手冊》等書。

　　1993年擔任東方出版社翻譯日人奧本大三郎改寫版《昆蟲記》的審訂者，與法布爾結下不解之緣；2002年擔任遠流出版公司法文原著全譯版《法布爾昆蟲記全集》十冊審訂者。

譯者介紹

鄒琰

　　畢業於南京大學外語學院。現任廣州大學外語學院法語教授。主要著作及譯作有：《拉魯斯百科大詞典》、《夜》、《在我父親逝去的前夜》、《寫作》、《螞蟻與人——〈一個野蠻人在亞洲〉中的「中國自然史」》、《歐洲文學中的貞德》等。

圖例說明：《法布爾昆蟲記全集》十冊，各冊中昆蟲線圖的比例標示法，乃依法文原著的方式，共有以下三種：(1)以圖文說明（例如：放大1 1/2倍）；(2)在圖旁以數字標示（例如：2/3）；(3)在圖旁以黑線標出原蟲尺寸。

目錄

序

相見恨晚的昆蟲詩人

劉克襄

　　我和法布爾的邂逅，來自於三次茫然而感傷的經驗，但一直到現在，我仍還沒清楚地認識他。

第一次邂逅

　　第一次是離婚的時候。前妻帶走了一堆文學的書，像什麼《深淵》、《鄭愁予詩選集》之類的現代文學，以及《莊子》、《古今文選》等古典書籍。只留下一套她買的，日本昆蟲學者奧本大三郎摘譯編寫的《昆蟲記》(東方出版社出版，1993)。

　　儘管是面對空蕩而淒清的書房，看到一套和自然科學相關的書籍完整倖存，難免還有些慰藉。原本以為，她希望我在昆蟲研究的造詣上更上層樓。殊不知，後來才明白，那是留給孩子閱讀的。只可惜，孩子們成長至今的歲月裡，這套後來擺在《射鵰英雄傳》旁邊的自然經典，從不曾被他們青睞過。他們琅琅上口的，始終是郭靖、黃藥師這些虛擬的人物。

　　偏偏我不愛看金庸。那時，白天都在住家旁邊的小綠山觀察。二十來種鳥看透了，上百種植物的相思林也認完了，林子裡龐雜的昆蟲開始成為不得不面對的事實。這套空擺著的《昆蟲記》遂成為參考的重要書籍，翻閱的次數竟如在英文辭典裡尋找單字般的習以為常，進而產生莫名地熱愛。

　　還記得離婚時，辦手續的律師順便看我的面相，送了一句過來人的忠告，「女人常因離婚而活得更自在；男人卻自此意志消沈，一蹶不振，你可要保重了。」

　　或許，我本該自此頹廢生活的。所幸，遇到了昆蟲。如果說《昆蟲記》提昇了我的中年生活，應該也不為過罷！

　　可惜，我的個性見異思遷。翻讀熟了，難免懷疑，日本版摘譯編寫的《昆蟲記》有多少分真實，編寫者又添加了多少分己見？再者，我又無法學到法布爾般，持續著堅定而簡單的觀察。當我疲憊地結束小綠山觀察後，這套編書就束諸高閣，連一些親手製作的昆蟲標本，一起堆置在屋角，淪為個人生活史裡的古蹟了。

第二次邂逅

　　第二次遭遇，在四、五年前，到建中校園演講時。記得那一次，是建中和北一女保育社合辦的自然研習營。講題為何我忘了，只記得講完後，一個建中高三的學生跑來找我，請教了一個讓我差點從講台跌跤的問題。

　　他開門見山就問，「我今年可以考上台大動物系，但我想先去考台大外文系，或者歷史系，讀一陣後，再轉到動物系，你覺得如何？」

　　哇靠，這是什麼樣的學生！我又如何回答呢？原來，他喜愛自然科學。可是，卻不想按部就班，循著過去的學習模式。他覺得，應該先到文學院洗禮，培養自己的人文思考能力。然後，再轉到生物科系就讀，思考科學事物時，比較不會僵硬。

　　一名高中生竟有如此見地，不禁教人讚嘆。近年來，台灣科普書籍的豐富引進，我始終預期，台灣的自然科學很快就能展現人文的成熟度。不意，在這位十七歲少年的身上，竟先感受到了這個科學藍圖的清晰一角。

　　但一個高中生如何窺透生態作家強納森・溫納《雀喙之謎》的繁複分析和歸納？又如何領悟威爾森《大自然的獵人》所展現的道德和知識的強度？進而去懷疑，自己即將就讀科系有著體制的侷限，無法如預期的理想。

　　當我以這些被學界折服的當代經典探詢時，這才恍然知道，少年並未看過。我想也是，那麼深奧而豐厚的書，若理解了，恐怕都可以跳昇去攻讀博士班了。他只給了我「法布爾」的名字。原來，在日本版摘譯

編寫的《昆蟲記》裡，他看到了一種細膩而充滿濃厚文學味的詩意描寫。同樣近似種類的昆蟲觀察，他翻讀台灣本土相關動物生態書籍時，卻不曾經驗相似的敘述。一邊欣賞著法布爾，那獨特而細膩，彷彿享受美食的昆蟲觀察，他也轉而深思，疑惑自己未來求學過程的秩序和節奏。

十七歲的少年很驚異，為什麼台灣的動物行為論述，無法以這種議夾敘述的方式，將科學知識圓熟地以文學手法呈現？再者，能夠蘊釀這種昆蟲美學的人文條件是什麼樣的環境？假如，他直接進入生物科系裡，是否也跟過去的學生一樣，陷入既有的制式教育，無法開啟活潑的思考？幾經思慮，他才決定，必須繞個道，先到人文學院裡吸收文史哲的知識，打開更寬廣的視野。其實，他來找我之前，就已經決定了自己的求學走向。

第三次邂逅

第三次的經驗，來自一個叫「昆蟲王」的九歲小孩。那也是四、五年前的事，我在耕莘文教院，帶領小學生上自然觀察課。有一堂課，孩子們用黏土做自己最喜愛的動物，多數的孩子做的都是捏出狗、貓和大象之類的寵物。只有他做了一隻獨角仙。原來，他早已在飼養獨角仙的幼蟲，但始終孵育失敗。

我印象更深刻的，是隔天的戶外觀察。那天寒流來襲，我出了一道題目，尋找鍬形蟲、有毛的蝸牛以及小一號的熱狗（即馬陸，綽號火車蟲）。抵達現場後，寒風細雨，沒多久，六十多個小朋友全都畏縮在廟前避寒、躲雨。只有他，持著雨傘，一路翻撥。一小時過去，結果，三種動物都被他發現了。

那次以後，我們變成了野外登山和自然觀察的夥伴。初始，為了爭取昆蟲王的尊敬，我的注意力集中在昆蟲的發現和現場討論。這也是我第一次在野外聽到，有一個小朋友唸出「法布爾」的名字。

每次找到昆蟲時，在某些情況的討論時，他常會不自覺地搬出法布爾的經驗和法則。我知道，很多小孩在十歲前就看完金庸的武俠小說。沒想到《昆蟲記》竟有人也能讀得滾瓜爛熟了。這樣在野外旅行，我常

感受到，自己面對的常不只是一位十歲小孩的討教。他的後面彷彿還有位百年前的法國老頭子，無所不在，且斤斤計較地對我質疑，常讓我的教學倍感壓力。

有一陣子，我把這種昆蟲王的自信，稱之為「法布爾併發症」。當我辯不過他時，心裡難免有些犬儒地想，觀察昆蟲需要如此細嚼慢嚥，像吃一盤盤正式的日本料理嗎？透過日本版的二手經驗，也不知真實性有多少？如此追根究底的討論，是否失去了最初的價值意義？但放諸現今的環境，還有其他方式可取代嗎？我充滿無奈，卻不知如何解決。

完整版的《法布爾昆蟲記全集》

那時，我亦深深感嘆，日本版摘譯編寫的《昆蟲記》居然就如此魅力十足，影響了我周遭喜愛自然觀察的大、小朋友。如果有一天，真正的法布爾法文原著全譯本出版了，會不會帶來更為劇烈的轉變呢？沒想到，我這個疑惑才浮昇，譯自法文原著、完整版的《法布爾昆蟲記全集》中文版就要在台灣上市了。

說實在的，過去我們所接觸的其它版本的《昆蟲記》都只是一個片段，不曾完整過。你好像進入一家精品小舖，驚喜地看到它所擺設的物品，讓你愛不釋手，但是，那時還不知，你只是逗留在一個小小樓層的空間。當你走出店家，仰頭一看，才赫然發現，這是一間大型精緻的百貨店。

當完整版的《法布爾昆蟲記全集》出現時，我相信，像我提到的狂熱的「昆蟲王」，以及早熟的十七歲少年，恐怕會增加更多吧！甚至，也會產生像日本博物學者鹿野忠雄、漫畫家手塚治虫那樣，從十一、二歲就矢志，要奉獻一生，成為昆蟲研究者的人。至於，像我這樣自忖不如，半途而廢的昆蟲中年人，若是稍早時遇到的是完整版的《法布爾昆蟲記全集》，說不定那時就不會急著走出小綠山，成為到處遊蕩台灣的旅者了。

2002.6月於台北

（本文作者為自然觀察家暨自然旅行家）

導讀

兒時記趣與昆蟲記

楊平世

「余憶童稚時，能張目對日，明察秋毫。見藐小微物必細察其紋理，故時有物外之趣。」

——清　沈復《浮生六記》之「兒時記趣」

「在對某個事物說『是』以前，我要觀察、觸摸，而且不是一次，是兩三次，甚至沒完沒了，直到我的疑心在如山鐵證下歸順聽從為止。」

——法國　法布爾《法布爾昆蟲記全集7》

　　《浮生六記》是清朝的作家沈復在四十六歲時回顧一生所寫的一本簡短回憶錄。其中的「兒時記趣」一文是大家耳熟能詳的小品，文內記載著他童稚的心靈如何運用細心的觀察與想像，為童年製造許多樂趣。在《浮生六記》付梓之後約一百年(1909年)，八十五歲的詩人與昆蟲學家法布爾，完成了他的《昆蟲記》最後一冊，並印刷問世。

　　這套耗時卅餘年寫作、多達四百多萬字、以文學手法、日記體裁寫成的鉅作，是法布爾一生觀察昆蟲所寫成的回憶錄，除了記錄他對昆蟲所進行的觀察與實驗結果外，同時也記載了研究過程中的心路歷程，對學問的辨證，和對人類生活與社會的反省。在《昆蟲記》中，無論是六隻腳的昆蟲或是八隻腳的蜘蛛，每個對象都耗費法布爾數年到數十年的時間去觀察並實驗，而從中法布爾也獲得無限的理趣，無悔地沉浸其中。

遠流版《法布爾昆蟲記全集》

昆蟲記的原法文書名《SOUVENIRS ENTOMOLOGIQUES》，直譯為「昆蟲學的回憶錄」，在國內大家較熟悉《昆蟲記》這個譯名。早在1933年，上海商務出版社便出版了本書的首部中文節譯本，書名當時即譯為《昆蟲記》。之後於1968年，台灣商務書店復刻此一版本，在接續的廿多年中，成為在臺灣發行的唯一中文節譯版本，目前已絕版多年。1993年國內的東方出版社引進由日本集英社出版，奧本大三郎所摘譯改寫的《昆蟲記》一套八冊，首度為國人有系統地介紹法布爾這套鉅著。這套書在奧本大三郎的改寫下，採對小朋友說故事體的敘述方法，輔以插圖、背景知識和照片說明，十分生動活潑。但是，這一套書卻不是法布爾的原著，而僅是摘譯內容中科學的部分改寫而成。最近寂天出版社則出了大陸作家出版社的摘譯版《昆蟲記》，讓讀者多了一種選擇。

今天，遠流出版公司的這一套《法布爾昆蟲記全集》十冊，則是引進2001年由大陸花城出版社所出版的最新中文全譯本，再加以逐一修潤、校訂、加注、修繪而成的。這一個版本是目前唯一的中文版全譯本，而且直接譯自法文版原著，不是摘譯，也不是轉譯自日文或英文；書中並有三百餘張法文原著的昆蟲線圖，十分難得。《法布爾昆蟲記全集》十冊第一次讓國人有機會「全覽」法布爾這套鉅作的諸多面相，體驗書中實事求是的科學態度，欣賞優美的用詞遣字，省思深刻的人生態度，並從中更加認識法布爾這位科學家與作者。

法布爾小傳

法布爾(Jean Henri Fabre, 1823-1915)出生在法國南部，靠近地中海的一個小鎮的貧窮人家。童年時代的法布爾便已經展現出對自然的熱愛與天賦的觀察力，在他的「遺傳論」一文中可一窺梗概。(見《法布爾昆蟲記全集6》) 靠著自修，法布爾考取亞維農(Avignon)師範學院的公費生；十八歲畢業後擔任小學教師，繼續努力自修，在隨後的幾年內陸續獲得文學、數學、物理學和其他自然科學的學士學位與執照(近似於今日的碩士學位)，並在1855年拿到科學博士學位。

年輕的法布爾曾經為數學與化學深深著迷，但是後來發現動物世界

更加地吸引他，在取得博士學位後，即決定終生致力於昆蟲學的研究。但是經濟拮据的窘境一直困擾著這位滿懷理想的年輕昆蟲學家，他必須兼任許多家教與大眾教育課程來貼補家用。儘管如此，法布爾還是對研究昆蟲和蜘蛛樂此不疲，利用空暇進行觀察和實驗。

這段期間法布爾也以他豐富的知識和文學造詣，寫作各種科普書籍，介紹科學新知與各類自然科學知識給大眾。他的大眾自然科學教育課程也深獲好評，但是保守派與教會人士卻抨擊他在公開場合向婦女講述花的生殖功能，而中止了他的課程。也由於老師的待遇實在太低，加上受到流言中傷，法布爾在心灰意冷下辭去學校的教職；隔年甚至被虔誠的天主教房東趕出住處，使得他的處境更是雪上加霜，也迫使他不得不放棄到大學任教的願望。法布爾求助於英國的富商朋友，靠著朋友的慷慨借款，在1870年舉家遷到歐宏桔(Orange)由當地仕紳所出借的房子居住。

在歐宏桔定居的九年中，法布爾開始殷勤寫作，完成了六十一本科普書籍，有許多相當暢銷，甚至被指定為教科書或輔助教材。而版稅的收入使得法布爾的經濟狀況逐漸獲得改善，並能逐步償還當初的借款。這些科普書籍的成功使《昆蟲記》一書的寫作構想逐漸在法布爾腦中浮現，他開始整理集結過去卅多年來觀察所累積的資料，並著手撰寫。但是也在這段期間裡，法布爾遭遇喪子之痛，因此在《昆蟲記》第一冊書末留下懷念愛子的文句。

1879年法布爾搬到歐宏桔附近的塞西尼翁，在那裡買下一棟義大利風格的房子和一公頃的荒地定居。雖然這片荒地滿是石礫與野草，但是法布爾的夢想「擁有一片自己的小天地觀察昆蟲」的心願終於達成。他用故鄉的普羅旺斯語將園子命名為荒石園(L'Harmas)。在這裡法布爾可以不受干擾地專心觀察昆蟲，並專心寫作。（見《法布爾昆蟲記全集2》）這一年《昆蟲記》的首冊出版，接著並以約三年一冊的進度，完成全部十冊及第十一冊兩篇的寫作；法布爾也在這裡度過他晚年的卅載歲月。

除了《昆蟲記》外，法布爾在1862-1891這卅年間共出版了九十五本十分暢銷的書，像1865年出版的《LE CIEL》(天空)一書便賣了十一

刷，有些書的銷售量甚至超過《昆蟲記》。除了寫書與觀察昆蟲之外，法布爾也是一位優秀的真菌學家和畫家，曾繪製採集到的七百種蕈菇，張張都是一流之作；他也留下了許多詩作，並為之譜曲。但是後來模仿《昆蟲記》一書體裁的書籍越來越多，且書籍不再被指定為教科書而使版稅減少，法布爾一家的生活再度陷入困境。一直到人生最後十年，法布爾的科學成就才逐漸受到法國與國際的肯定，獲得政府補助和民間的捐款才再脫離清寒的家境。1915年法布爾以九十二歲的高齡於荒石園辭世。

　　這位多才多藝的文人與科學家，前半生為貧困所苦，但是卻未曾稍減對人生志趣的追求；雖曾經歷許多攀附權貴的機會，依舊未改其志。開始寫作《昆蟲記》時，法布爾已經超過五十歲，到八十五歲完成這部鉅作，這樣的毅力與精神與近代分類學大師麥爾(Ernst Mayr)高齡近百還在寫書同樣讓人敬佩。在《昆蟲記》中，讀者不妨仔細注意法布爾在字裡行間透露出來的人生體驗與感慨。

科學的《昆蟲記》

　　在法布爾的時代，以分類學為基礎的博物學是主流的生物科學，歐洲的探險家與博物學家在世界各地採集珍禽異獸、奇花異草，將標本帶回博物館進行研究；但是有時這樣的工作會流於相當公式化且表面的研究。新種的描述可能只有兩三行拉丁文的簡單敘述便結束，不會特別在意特殊的構造和其功能。

　　法布爾對這樣的研究相當不以為然：「你們（博物學家）把昆蟲肢解，而我是研究活生生的昆蟲；你們把昆蟲變成一堆可怕又可憐的東西，而我則使人們喜歡他們……你們研究的是死亡，我研究的是生命。」在今日見分子不見生物的時代，這一段話對於研究生命科學的人來說仍是諄諄建言。法布爾在當時是少數投入冷僻的行為與生態觀察的非主流學者，科學家雖然十分了解觀察的重要性，但是對於「實驗」的概念還未成熟，甚至認為博物學是不必實驗的科學。法布爾稱得上是將實驗導入田野生物學的先驅者，英國的科學家路柏格(John Lubbock)也是這方面的先驅，但是他的主要影響在於實驗室內的實驗設計。法布爾說：

「僅僅靠觀察常常會引人誤入歧途，因為我們遵循自己的思維模式來詮釋觀察所得的數據。為使真相從中現身，就必須進行實驗，只有實驗才能幫助我們探索昆蟲智力這一深奧的問題……通過觀察可以提出問題，通過實驗則可以解決問題，當然問題本身得是可以解決的；即使實驗不能讓我們茅塞頓開，至少可以從一片混沌的雲霧中投射些許光明。」(見《法布爾昆蟲記全集 4》)

這樣的正確認知使得《昆蟲記》中的行為描述變得深刻而有趣，法布爾也不厭其煩地在書中交代他的思路和實驗，讓讀者可以融入情景去體驗實驗與觀察結果所呈現的意義。而法布爾也不會輕易下任何結論，除非在三番兩次的實驗或觀察都呈現確切的結果，而且有合理的解釋時他才會說「是」或「不是」。比如他在村裡用大砲發出巨大的爆炸聲響，但是發現樹上的鳴蟬依然故我鳴個不停，他沒有據此做出蟬是聾子的結論，只保留地說他們的聽覺很鈍 (見《法布爾昆蟲記全集 5》)。類似的例子在整套《昆蟲記》中比比皆是，可以看到法布爾對科學所抱持的嚴謹態度。

在整套《昆蟲記》中，法布爾著力最深的是有關昆蟲的本能部分，這一部份的觀察包含了許多寄生蜂類、蠅類和甲蟲的觀察與實驗。這些深入的研究推翻了過去權威所言「這是既得習慣」的錯誤觀念，了解昆蟲的本能是無意識地為了某個目的和意圖而行動，並開創「結構先於功能」這樣一個新的觀念(見《法布爾昆蟲記全集 4》)。法布爾也首度發現了昆蟲對於某些的環境次機會有特別的反應，稱為趨性(taxis)，比如某些昆蟲夜裡飛向光源的趨光性、喜歡沿著角落行走活動的趨觸性等等。而在研究芫菁的過程中，他也發現了有別於過去知道的各種變態型式，在幼蟲期間多了一個特殊的擬蛹階段，法布爾將這樣的變態型式稱為「過變態」(hypermetamorphosis)，這是不喜歡使用學術象牙塔裡那種艱深用語的法布爾，唯一發明的一個昆蟲學專有名詞。(見《法布爾昆蟲記全集 2》)

雖然法布爾的觀察與實驗相當仔細而有趣，但是《昆蟲記》的文學寫作手法有時的確帶來一些問題，尤其是一些擬人化的想法與寫法，可能會造成一些誤導。還有許多部分已經在後人的研究下呈現出較清楚的

面貌，甚至與法布爾的觀點不相符合。比如法布爾認為蟬的聽覺很鈍，甚至可能沒有聽覺，因此蟬鳴或其他動物鳴叫只是表現享受生活樂趣的手段罷了。這樣的陳述以科學角度來說是完全不恰當的。因此希望讀者沉浸在本書之餘，也記得「盡信書不如無書」的名言，時時抱持懷疑的態度，旁徵博引其他書籍或科學報告的內容相互佐證比較，甚至以本地的昆蟲來重複進行法布爾的實驗，看看是否同樣適用或發現新的「事實」，這樣法布爾的《昆蟲記》才真正達到了啓發與教育的目的，而不只是一堆現成的知識而已。

人文與文學的《昆蟲記》

《昆蟲記》並不是單純的科學紀錄，它在文學與科普同樣佔有重要的一席之地。在整套書中，法布爾不時引用希臘神話、寓言故事，或是家鄉普羅旺斯地區的鄉間故事與民俗，不使內容成為曲高和寡的科學紀錄，而是和「人」密切相關的整體。這樣的特質在這些年來越來越希罕，學習人文或是科學的學子往往只沉浸在自己的領域，未能跨出學門去豐富自己的知識，或是實地去了解這塊孕育我們的土地的點滴。這是很可惜的一件事。如果《昆蟲記》能獲得您的共鳴，或許能激發您想去了解這片土地自然與人文風采的慾望。

法國著名的劇作家羅斯丹説法布爾「像哲學家一般地思，像美術家一般地看，像文學家一般地寫」；大文學家雨果則稱他是「昆蟲學的荷馬」；演化論之父達爾文讚美他是「無與倫比的觀察家」。但是在十八世紀末的當時，法布爾這樣的寫作手法並不受到一般法國科學家們的認同，認為太過通俗輕鬆，不像當時科學文章艱深精確的寫作結構。然而法布爾堅持自己的理念，並在書中寫道：「高牆不能使人熱愛科學。將來會有越來越多人致力打破這堵高牆，而他們所用的工具，就是我今天用的、而為你們（科學家）所鄙夷不屑的文學。」

以今日科學的角度來看，這樣的陳述或許有些情緒化的因素摻雜其中，但是他的理念已成為科普的典範，而《昆蟲記》的文學地位也已為普世所公認，甚至進入諾貝爾文學獎入圍的候補名單。《昆蟲記》裡面的用字遣詞是值得細細欣賞品味的，雖然中譯本或許沒能那樣真實反應

出法文原版的文學性，但是讀者必定能發現他絕非鋪陳直敘的新聞式文章。尤其在文章中對人生的體悟、對科學的感想、對委屈的抒懷，常常流露出法布爾作為一位詩人的本性。

《昆蟲記》與演化論

雖然昆蟲記在科學、科普與文學上都佔有重要的一席之地，但是有關《昆蟲記》中對演化論的質疑是必須提出來說的，這也是目前的科學家們對法布爾的主要批評。達爾文在1859年出版了《物種原始》一書，演化的概念逐漸在歐洲傳佈開來。廿年後，《昆蟲記》第一冊有關寄生蜂的部分出版，不久便被翻譯為英文版，達爾文在閱讀了《昆蟲記》之後，深深佩服法布爾那樣鉅細靡遺且求證再三的記錄，並援以支持演化論。相反地，雖然法布爾非常敬重達爾文，兩人並相互通信分享研究成果，但是在《昆蟲記》中，法布爾不只一次地公開質疑演化論，如果細讀《昆蟲記》，可以看出來法布爾對於天擇的觀念相當懷疑，但是卻沒有一口否決過，如同他對昆蟲行為觀察的一貫態度。我們無從得知法布爾是否真正仔細完整讀過達爾文的《物種原始》一書，但是《昆蟲記》裡面展現的質疑，絕非無的放矢。

十九世紀末甚至二十世紀初的演化論知識只能說有了個原則，連基礎的孟德爾遺傳說都還是未能與演化論相結合，遑論其他許多的演化概念和機制，都只是從物競天擇去延伸解釋，甚至淪為說故事，這種信心高於事實的說法，對法布爾來說當然算不上是嚴謹的科學理論。同一時代的科學家有許多接受了演化論，但是無法認同天擇是演化機制的說法，而法布爾在這點上並未區分二者。但是嚴格說來，法布爾並未質疑物種分化或是地球有長遠歷史這些概念，而是認為選汰無法造就他所見到的昆蟲本能，並且以明確的標題「給演化論戳一針」表示自己的懷疑。（見《法布爾昆蟲記全集 3》）

而法布爾從自己研究得到的信念，有時也成為一種偏見，妨礙了實際的觀察與實驗的想法。昆蟲學家巴斯德（George Pasteur）便曾在《SCIENTIFIC AMERICAN》（台灣譯為《科學人》雜誌，遠流發行）上為文，指出法布爾在觀察某種蟹蛛（Thomisus onustus）在花上的捕食行為，以

及昆蟲假死行為的實驗的錯誤。法布爾認為很多發生在昆蟲的典型行為就如同一個原型，但是他也觀察到這些行為在族群中是或多或少有所差異的，只是他把這些差異歸為「出差錯」，而未從演化的角度思考。

　　法布爾同時也受限於一個迷思，這樣的迷思即使到今天也還普遍存在於大眾，就是既然物競天擇，那為何還有這些變異？為什麼糞金龜中沒有通通變成身強體壯的個體，甚至反而大個兒是少數？現代演化生態學家主要是由「策略」的觀點去看這樣的問題，比較不同策略間的損益比，進一步去計算或模擬發生的可能性，看結果與預期是否相符？有興趣想多深入了解的讀者可以閱讀更多的相關資料書籍再自己做評價。

今日《昆蟲記》

　　《昆蟲記》迄今已被翻譯成五十多種文字與數十種版本，並橫跨兩個世紀，繼續在世界各地擔負起對昆蟲行為學的啟蒙角色。希望能藉由遠流這套完整的《法布爾昆蟲記全集》的出版，引發大家更多的想法，不管是對昆蟲、對人生、對社會、對科普、對文學，或是對鄉土的。曾經聽到過有小讀者對《昆蟲記》一書抱著高度的興趣，連下課十分鐘都把握閱讀，也聽過一些小讀者看了十分鐘就不想再讀了，想去打球。我想，都好，我們不期望每位讀者都成為法布爾，法布爾自己也承認這些需要天份。社會需要多元的價值與各式技藝的人。同樣是觀察入裡，如果有人能因此走上沈復的路，發揮想像沉醉於情趣，成為文字工作者；那和學習實事求是態度，浸淫理趣，立志成為科學家或科普作者的人，這個社會都應該給予相同的掌聲與鼓勵。

楊平世　　2002.6.18 於台灣大學農學院

（本文作者現任台灣大學昆蟲學系教授）

前言

　　築穴做窩，保衛家園，這是動物本能最大的體現。關於這點，高明的建築家鳥兒已經告訴了我們；而更加多才多藝的昆蟲也重複說明了此點——即「母性最能激發本能」。母性主要被指派來綿延種族，這一任務比保存個體更重要。它從沈睡的智慧裡喚起真知灼見；它是座無比神聖的家園，難以想像的心靈之光隱藏在那裡，突然間四射出光芒，為我們留下了理性的影子。母性表現得越明顯，激發出來的本能越強。

　　在母性與本能的關係方面，最值得注意的是膜翅目昆蟲，牠們身上凝聚著深厚的母愛。所有最優秀的本能才幹都是為了後代的飲食、棲息做準備。儘管牠們的複眼絕不會看到自己的子孫後代，但是憑著母性，牠們能清楚地預見到未來需要什麼；為了自己的子女，牠們成為許多技藝的行家。於是，牠們

有的成為棉織品的手工廠主，把棉絮壓製成皮袋；有的做了篾匠，用碎葉編織簍筐。這一個當上泥水匠，建造水泥房屋，搭起礫石屋頂；那一位辦起了陶瓷作坊，把黏土塑成漂亮的雙耳尖底甕、罈罐和大肚缽；另一位則醉心於挖掘藝術，在潮濕溫熱的泥土中開鑿神秘的地下隧道。許多和人類技能類似、甚至常常連我們都不知道的技巧，都被牠們用來整建居室。隨後就是未來小寶寶的食物：蜜團、花粉糕，以及巧妙乾燥的野味罐頭。在這類以家庭未來為唯一目的的工程之中，閃耀著由母性所激發的本能的最高展現。

至於其他種類的昆蟲，母愛通常都很淡薄。在多數情況下，牠們把卵產在適合的地點，讓幼蟲能夠冒著風險找到住所和食物，牠們所做的差不多僅止於此。養育方式既然如此粗糙，才幹也就毫無用處了。里庫格[1]把藝術從他的共和國中趕出去，指責藝術使人委靡。那些按斯巴達[2]方式養大的昆蟲，其高等的本能靈性也就這樣被消除了。母親從溫柔地照顧搖籃裡的嬰兒這樣的天職中解脫；而智力中的特長，所有美德中最美好的東西，也就隨之減弱、消失了。因為，無論對動物，還

---

[1] 里庫格：西元前九世紀斯巴達國家的立法者，制定了以嚴厲著稱的斯巴達制度。——譯注
[2] 斯巴達：古希臘的奴隸制城邦，實行貴族寡頭統治，推行嚴格的軍事教育。——譯注

是對我們人類而言，家庭的的確確都是追求完美的根源。

　　如果說，膜翅目昆蟲對後代的關懷備至，讓人讚嘆不已；那麼，相較之下，那些將後代置於好壞未卜境地之中的昆蟲，就讓人興趣缺缺了。所有的昆蟲幾乎都屬於後者；不過，據我所知，在法國的動物誌中，至少還有一類昆蟲為牠們的家庭準備食宿，就像那些採集花蜜、收藏野味的昆蟲那樣。

　　說來奇怪，能媲美採集花蜜的蜂類所擁有溫柔細膩的母愛的，竟然只有食糞性甲蟲──垃圾堆中的探險家、被畜牧群污染的草坪上的淨化者。若想再找到一位富有本能、稱職的母親，就得從花圃中散發著香氣的花朵，轉到那牲畜撒落在大路上的糞堆。大自然中充滿了類似的對比。我們的美與醜、乾淨與骯髒，對大自然而言，算得了什麼呢？她用垃圾造就鮮花，從少許的糞便中提煉出令人讚不絕口的優質麥粒。

　　儘管食糞性甲蟲做的是骯髒的工作，但牠們卻躋身光榮的行列當中。一般說來，牠們的身體條件相當有利；穿著雖然樸素，卻抹得光亮、無懈可擊；身體胖嘟嘟的，蜷成又短又粗的姿勢；前額或胸廓上的裝飾也很奇特。在標本收藏家的盒子裡，牠們分外引人注目，尤其是在法國境內最常見的烏黑發亮的甲蟲當中，加進幾個熱帶種類的時候，金色的光芒和光滑的

紫銅般光彩就會在盒子中閃閃發亮。

　　食糞性甲蟲是畜牧群形影不離的客人，其中有很多都能散發出一種苯甲酸的微香，這是羊圈的香料。牠們這種田園詩般的習性，震驚了那些專業的昆蟲詞彙編纂家。是啊，他們一向都不太注意語音的和諧，這一回，他們改變了看法，在該類昆蟲的簡介文字開端，寫下以下名稱：梅麗貝、蒂迪爾、雅明達思、科里冬、阿立克西斯、莫波絮絲③。這一系列田園詩般的名稱，都是被古代詩人們叫響的。維吉爾的牧歌中，提供了很多讚美食糞性甲蟲的詞彙。如果還想看到具有詩意的專門術語，就得向與蝴蝶有關的優雅詞語追尋了；此時響起的，會是借自《伊利亞特》④一書裡，希臘和特洛伊陣營中史詩般的名稱。對這長著翅膀、嗜好花朵的昆蟲來說，這些名稱也許火藥味太重了。牠們的性情一點也不能讓人聯想到阿基里斯⑤和阿加克西⑥的長矛。而借用在食糞性甲蟲身上的那些牧歌中的名

③ 此處指昆蟲學家們用文學、歷史人物做為昆蟲的名稱。雅明達思是馬其頓王國三位國王之名。科里冬是古代詩歌中的牧人。阿立克西斯是拜占庭多位國王之名。莫波絮絲是希臘神話中的神祇。——譯注

④ 《伊利亞特》：敘述特洛伊戰爭的史詩，相傳為古希臘詩人荷馬所著。——譯注

⑤ 阿基里斯：《伊利亞特》中的重要人物，力大無比，渾身除腳踝外，刀槍不入。——譯注

⑥ 阿加克西：特洛伊戰爭中，驍勇善戰僅次於阿基里斯的人物。——譯注

稱就好多了，這些名稱告訴了我們昆蟲的主要性格，即頻繁出
沒於牧場。

　　這些牛糞魔術師的首席，就是聖甲蟲。西元前幾千年，聖
甲蟲奇特的行爲就引起了尼羅河河谷農民的注意。當春天來
臨，古埃及農民澆灌四方形洋蔥地的時
候，會不時看到一隻胖嘟嘟的黑色昆蟲從
旁經過，又急匆匆地推動著一團駱駝糞，
倒退著回去。農民看著這轉動的機器，驚
訝得目瞪口呆，那模樣就像今天普羅旺斯
的農民看見牠一樣。

聖甲蟲

　　第一次面對這隻金龜子，沒有人會不驚訝。牠，頭在下，
長長的後腳在上，竭盡全力推動著體積龐大的糞球，以至於經
常笨拙地翻著跟頭。在這情景面前，天眞的埃及農夫肯定會
想：這糞球是什麼？這黑色的昆蟲幹嘛要拼命推著它滾動？而
今日的農民也有同樣的疑問。

　　在拉摩斯⑦和圖特摩斯⑧的古老時代，迷信充斥世間，人

⑦ 拉摩斯：古埃及十一位法老之名。前兩位屬第十九王朝，後九位屬第二十王
　朝。——譯注
⑧ 圖特摩斯：古埃及第十七王朝，四位國王的名字。——譯注

們在這個滾球上看到世界的形象和晝夜循環；金龜子因而獲得神奇的榮耀，為了紀念牠從前的光榮，牠便成了當代博物學家所稱的「聖甲蟲」。

六、七千年來，這奇怪的球狀昆蟲成了談論的對象。牠的習性奧秘，人們清楚嗎？人們確實知道牠用牠的糞球做什麼嗎？人們知道牠怎樣養育家庭嗎？一無所知。即使是最權威的著作，也只是無休止地談論牠那明顯的缺陷。

古埃及人說，聖甲蟲推著糞球從東滾到西，意味著世界在死去。聖甲蟲把糞球埋在地下二十八天，正是一個月球循環周期。在這四個星期的潛伏時間裡，這球狀的種族獲得了生命。第二十九天，這昆蟲度過的第二十九個月與日的交會，也就是世界誕生的第二十九天，聖甲蟲回到埋藏糞球的地方，把糞球掘出來，打開，扔到尼羅河中。循環結束了。聖河的浸泡，讓另一隻聖甲蟲從糞球中爬了出來。

不要大肆嘲笑這法老時代的傳說，儘管其中混雜著荒謬的星象學，其間還是存在著少許真理。而且，絕大部分的嘲笑應歸屬於我們的科學，因為那基本的錯誤──把聖甲蟲在田野裡推滾的糞球，視作牠的搖籃，在我們的書中仍然存在。有關金龜子著作的作者都重複著這一點，從建造金字塔那麼遙遠的年

代以來，傳說都絲毫未變。

　　不時舉起斧頭，砍向如濃密樹叢般根深蒂固的傳統，這是件好事，有利於動搖種種成見形成的桎梏。如此一來，才有可能從無數的糟粕中，解析出比現今已知更加高明的真理，最終綻放出燦爛的光芒。這種懷疑的膽量不時降臨到我身上，尤其在關於聖甲蟲一事上，我更勇於懷疑。今天，我已對那被神聖化的糞球故事一清二楚了。讀者將會看到古埃及的傳說被完美地超越了。

　　我最初幾章對本能的研究，已經非常確切地表明：被昆蟲推在地上四處滾動的圓球裡，絕沒有包含什麼胚胎，也真的不可能包含。那不是卵的住所，那是聖甲蟲的食物，牠急急忙忙拖著它們遠離糾紛，好把它們埋藏起來，在地下餐廳中全神貫注地飽餐一頓。

　　自從我在亞維農附近的翁格勒高原，狂熱地收集與那些現成觀點相反的證據以來，將近四十年過去了，沒有任何證據宣告我的說法不對；恰恰相反，一切都證實了我的說法。無可辯駁的證據，終因得到聖甲蟲的洞穴而到來了。這次是真正的洞穴，我得到了如我所望的眾多洞穴；而且有些時候，我是親眼看著洞穴建造起來的。

我曾經說過，爲了尋找幼蟲的隱蔽所，我進行過徒勞無功的嘗試，在大籠子裡的飼養可悲地失敗了。[9]也許讀者會同情我的悲慘處境，看著我在城市周圍怯怯地，用紙袋偷偷收集過路騾馬留給我的小飼物的禮物。確實，在我以前所處的條件下，這個舉動並不容易。我的那些食客們、大消耗家們，或者說得更確切些，是大揮霍家們，牠們忘記了籠子的不便，在歡樂的陽光中，投身於爲藝術而藝術的運動當中。那些糞球接連不斷地增多，然後在幾次滾動的練習之後，又被棄置不用。那一大堆我在夜色降臨的神秘氛圍中，得到的可憐糞便食物，以令人沮喪的速度被揮霍掉。牠們每日的食物以不足而告終。而且，我從此知道騾馬所恩賜的粗纖維食物，不大適合母性的工作，必須要有更均勻、更具彈性的東西，而這只有綿羊那鬆懈些的腸子能夠提供。

總之，最初的研究使我熟知了金龜子的種類習性，但是由於多個原因，這些研究卻使我對牠們的個體習性一無所知。築穴的問題對我來說仍是前所未有的深奧，想要解決這個問題，城市中的有限資源和實驗室內的精巧設備，是完全無法滿足的。必須住到鄉間，要有陽光下成群的牲畜，有了這些條件，再加上耐心和誠心，就必然會成功。而我，終於如願以償地在

---

⑨ 見《法布爾昆蟲記全集 1——高明的殺手》第一章。——編注

鄉間的獨居生活中，找到了這些條件。

　　以前，食物問題最讓我操心，現在卻極其豐富。在我屋子旁邊的大路上，騾子來來往往，到田間工作然後回來；早晚有羊群經過，去牧場、回羊圈；鄰居的山羊用條繩子繫著，圈在修剪過的草坪上，在我家門口幾步遠的地方咩咩叫著。如果鄰近小範圍的地方缺糧了，小孩子們就會在一盒糖果的引誘下，輪流去收集佳肴，提供給我的小昆蟲們。這些小傢伙們，十之一二會帶著他們的收集品，放在最出人意料的容器裡回來。

　　在這種新的獻祭者行列中，任何落在手裡的凹形物都能派上用場：舊帽底、瓦片、煙囪碎片、陀螺底、破籮筐、做為紀念品的堅硬船形鞋，必要時甚至還用上自己的鴨舌帽。這次的東西太棒了！他們那閃耀著喜悅光芒的眼睛，彷彿在對我說：這是精挑細選的一流貨！於是，拿來的商品根據其價值得到了稱讚，並當場按照約定結了帳。在結束這交易的時候，我領著這些供應者來到籠子前，向他們展示滾動糞球的金龜子。他們欣賞著這似乎在玩弄糞球的可笑傢伙，嘲笑牠摔了跟頭，看到牠仰面朝天，腳足笨拙地使勁亂舞，他們哈哈大笑。這真是可愛的場面，尤其是糖果鼓在腮幫子裡，內心甜滋滋的時候。我的小合作者的熱忱，就這樣維持下來了，用不著擔心我的食客們會挨餓了，牠們的食品儲藏室將會得到充分的供應。

那麼，這些食客是誰呢？首先是聖甲蟲，我現在研究的主要對象。塞西尼翁縣延的山巒帷幕，很可能是牠往北走的極限。地中海植物到了那裡就沒有了（歐石楠和野草莓樹，是地中海植物分布最北端的木本植物代表）。那裡或許也有大個子的球狀昆蟲，是太陽的狂熱朋友。它也是金龜子在北方分布的終結者，在那裡，這具有強大反光能力的昆蟲，大量聚集在朝南的溫暖山坡上，棲息在狹窄的平原地帶。根據所有跡象看來，優雅的包爾波賽蟲和強壯的西班牙蜣螂同樣在那裡止步，牠們和聖甲蟲一樣怕冷。在這些深層習性鮮爲人知的奇特食糞性甲蟲中，還有裸胸金龜、米諾多、糞金龜和屎蜣螂。所有這些，我都引以爲我的籠子的光榮；因爲我事先就確信，牠們地下工藝的詳情會讓我們大爲驚訝。

籠子的體積，大約一立方公尺。除了正面是金屬網，其餘幾面都是木頭做的。這樣，可以避免大量的雨水流進去，把我露天擱置的籠子裡的泥土變成爛泥。過於潮濕，對這些隱士是致命的，這會使牠們無法在狹小的人造城堡中，自由地無限延

伸牠們的挖掘，找到一個適合工作的環境。所以牠們需要有滲透性的土地，有些陰涼，但絕不能變成泥濘。因此，籠子下的泥土混有沙子，用篩子篩過，稍微有點濕，夯

包爾波賽蟲（放大2¼倍）

得鬆緊適中，免得將來的地下通道會倒塌。土的厚度只有三十公分。這在某些情況下是不夠的；不過，如果其中有些喜歡很深地道的種類，譬如糞金龜，那牠們就會知道，我是用橫向寬度來補償在垂直高度上受到的阻礙。

籠子的金屬網正門朝南，可以讓陽光充分照射到籠子裡的居民。反面朝北，由兩個疊放的門板組成，門板是活動的，用釘子或插梢[10]固定。籠子上方開著，用來發放食物、打掃籠子，放進新捕捉到的飼養對象。這是日常用的服務窗口。籠子下面的門板，則用來固定土層，只在一些重大的場合打開，譬如要想當場觀看昆蟲在居所中的奧秘，或者要觀察地下工程的情況。在這些時候，拔掉插梢，卸下上了鉸鏈的木板，土地便毫無遮攔地露出垂直層，這是絕佳的條件，可以小心翼翼地用刀尖，探測食糞性甲蟲工程所在的厚土地。如此一來，我便能夠準確而輕易地取得牠們工作的細節，而這些是在野外辛勤挖掘時，不見得總能得到的。

不過，野外的研究仍然不可或缺，它的重要性強過人工飼養的新發現好幾倍。因為有些食糞性甲蟲，並不在意被抓住，而像平常一樣起勁地在籠子裡工作。但是，其他比較膽小的，

---

⑩ 插梢：拴住門窗或箱盒的木條或金屬。——編注

也許生來就謹慎得多，對我的木板宮殿心存戒心，有時，牠們也會被我持續不懈的關心所引誘，但只是極其慎重地向我交出牠們的部分祕密。而且，要管理好我的昆蟲園，還得知道外面發生的事，就算只是為了知道何時對我的目的最為有利，在大部份的情形下，藉由飼養所進行的研究，不可避免地必須結合實地的觀察。

在這裡，有個對我助益極大的助手，他有空閒的時間，觀察力敏銳，而且他那天真的好奇心和我不相上下，我還從沒找到過這樣的助手，這個牧羊小伙子，是我們全家的朋友。他接觸過一點書，有求知慾；當我向他指出他前一天找到並放在盒子裡的昆蟲時，那些金龜子、糞金龜、蜣螂，以及屎蜣螂之類的術語，不會讓他過於驚訝。

整個七、八月的盛夏，一大清早，牧場上那些滾動糞球的昆蟲們築穴搭窩的時候；晚上，從牧場熱氣開始減退直到入夜以前，他都在我的小昆蟲中閒逛。周圍的昆蟲們都被畜群撒下的食物的香氣引來了。他根據我對昆蟲學提出的種種問題，以及我對他所進行的適當訓練，留心著各種事件，並提醒我注意。他觀察時機，檢視草坪。昆蟲們挖洞形成的小土堆，暴露了牠們的地下室，他就用刀尖把地下室挖出來，刮去土層、挖掘、尋找。對他那朦朧的田園幻想來說，這是絕妙的消遣。

啊！那些在黎明清新中尋找金龜子和蜣螂洞穴時，共同度過的上午多麼美好啊！法羅蹲坐在小山丘上，眼光俯視著下面的羊類庶民們。沒有什麼能使牠從牠高尚的職務中分心，即使是一隻友善的手遞過來的麵包皮。是的，牠並不漂亮，那又長又亂的黑毛被無數鉤形種子弄髒了；牠並不漂亮，但牠那屬於獵犬的頭腦卻極具天賦，能分辨出哪些可以做，哪些不可以做，能看出有一隻冒失的羔羊不見了，落在田壟中了。眞的，好像牠對交給牠看守的羔羊數目一清二楚似的，羊群都成了牠的夥伴，別人連一隻羊腳都別想得到。牠高高立在小山丘上數著。少了一隻。於是，法羅跑開，然後領著那迷失的羔羊回到羊群中來。你這眼光犀利的動物啊，我欽佩你的算術能力，儘管我不明白你那鈍拙的腦袋是怎樣擁有這種本領的。是的，我們信任你，你這勇敢的狗！你的主人和我能隨心所欲地去尋找食糞性甲蟲，在樹林中出沒；當我們不在時，不會有羊離開，也不會有羊去啃咬鄰里的葡萄。

就這樣，清晨時分，我有時和牧羊小伙子，以及我們共同的朋友法羅一起；有時就這一個牧羊人，領著七十頭咩咩叫的羊，在陽光變得難以忍受之前，收集著聖甲蟲與其競爭者們的故事素材。

第一章
聖甲蟲的糞球

　　聖甲蟲露天工作，在地下的時候，不是獨自一人（通常是這樣），就是和客人一起享用牠收集的食品。也許再回來說這些都是枉然，以前說的就夠了，新的觀察完全沒替從前觀察到的細節，增添任何明顯的補充。只有一點值得我們留心，那就是糞球這簡單的食物是怎樣形成的。昆蟲把這糞球收集起來為牠所用，運到適當地點即牠挖鑿的餐廳裡去。現在的籠子，條件比剛開始的好多了，可以盡情地繼續這項工程，為我們提供價值極高的資料，以待日後用來解釋洞穴建造的秘密。所以，我們就再來看一次，聖甲蟲如何加工牠的食物吧。

　　那些被食用的新鮮食物得自於騾馬，最好的要從羊那裡取得。一大堆糞便的香氣四處傳播著訊息。四面八方的聖甲蟲都跑來了，展開牠們紅棕色的觸角瓣①，抖動著，這是十萬火急

的信號。那些正在地下午睡的聖甲蟲，鑿開沙質的天花板，從地下室中奔出來。牠們全都入席用餐了。當然，鄰座之間爲了搶一小塊更好的食物，也會有爭吵，牠們長長的前腳突然翻過來，互相都栽了個跟頭。牠們變得安靜了，暫時沒有別的口角，個個都各居其位開採著糞球。

通常，一小塊本來就差不多圓形的糞塊，是這工作的基礎。這是核心，然後再一層一層地裹上去，變大，最後變成一個杏子大小的糞球。糞核的主人在嚐過之後，覺得滿意了，就把它原封不動地放在那裡；在別的情況下，牠要輕輕地刨，刮乾淨沾了沙子的表皮。在這個基礎上，現在就開始製造糞球了。操作工具是半圓形頭盔上的六齒耙，和前腳的長鏟，前腳外邊緣也同樣武裝過了，有五個強而有力的鋸齒。

昆蟲的後面四隻腳，尤其是較長的第三對，箍著這個核，一刻也不放開；牠圍著正在生產的糞球頂東轉西轉，在工地上，四處尋找增大糞核的原料。頭盔碾呀，剖呀，挖呀，刮呀；前腳也一起開動，收集材料，抱了一大把，就馬上裹到核心上，輕輕拍打。長著鋸齒的前腳鏟子用力地壓幾下，把這新裹上去的一層，夯到牠需要的程度。這樣，一堆接一堆、上下

---

① 觸角瓣：金龜子觸角最前端的扇形開展部分。──編注

左右地加上去，那最初彈丸大小的糞塊不斷增大，最後變成一個大大的糞球。

這個建築者在工作時，絕不離開牠的建築物圓頂：牠圍著球頂轉動，忙著擺弄各個側面；牠彎下身，直到挨著地，再去加工下面的部分；但自始至終，球的基點都沒移動過，而蟲子也一刻不停地纏著它。

我們要得到一個標準的圓，得轉個圈，以旋轉來彌補我們的笨拙。小孩子想做一個大得使足勁也搖不動的雪球，他就在地上滾雪球，因為滾動會讓球的形狀勻稱，而用手直接捏塑加上外行的眼光，可能辦不到。聖甲蟲比我們都要靈巧，牠既不需要滾動，也不需要旋轉。牠一層疊一層地搓揉著，不移動球的位置，甚至也沒從球頂上下來一會兒，也用不著在必需的距離內做做研究，打聽一下整個情形。有牠那曲起來的腳就夠了，那腳像個圓規，活的球體圓規，用來檢測彎曲程度。

不過，我只是極度保留地引用圓規這種說法，因為許多例子讓我深信，本能不需要某套特殊的儀器。如果這些話還需要一個新例證，那麼在此就可看見。雄聖甲蟲的後腳彎得很厲害；反之，雌聖甲蟲的後腳卻近乎直線，不過，雌聖甲蟲更靈巧，能勝任很多工作。我們待會就會欣賞到，牠工作時的那種

美妙與優雅，遠勝過加工這個單調的球。

如果那彎曲的圓規只能發揮次要的作用，或者也許一點用處也沒有，那麼這個糞球為什麼會這麼勻稱呢？只考察牠們做這工作時的工具和環境，我絕對看不出原因。得追究得更遠些，追究牠們的本能天賦，那才是這套工具的指導者。聖甲蟲對製作球體具有天賦，就像蜜蜂對製作六稜柱具有天賦一樣。牠們倆的工作都達到了那種幾何的完美，不需要某種特殊機制的配合；然而這種特殊機制，卻會因為牠們所擁有的外形，必然強加於牠們自身。

目前，我們就先記住這些吧：聖甲蟲一堆接一堆地把收集到的材料層疊起來，製作牠的糞球；建造這個球體時，聖甲蟲既不移動它，也不轉動它。牠不是轉圈的工人，而是高超的塑形藝術家，靠著帶鋸齒的長臂的壓力捏塑糞便，就像我們作坊裡的製模工用拇指捏塑泥巴一樣。更難得的是，牠的成果不是近似一個球，表面凹凸不平；而是一個標準的球，這一點，連人類的工藝也不能不承認牠的技巧。

到了帶著收集成果離開的時候了，要把它埋在遠一點、不怎麼深的地方，安安靜靜地享受。因為得從工地上搬走糞球，按照習性，牠的主人會馬上開始推著它，在地面上四處滾動，

有點像在歷險。要是沒目擊到事情的開端，只看見被昆蟲倒退推著滾動的小玩意，很容易會認爲這個球形是搬運的結果。因爲滾動，所以變圓了，就像一塊本來無定形的泥土，被這麼搬運也會變圓一樣。由表面邏輯而生的想法，完全是錯誤的：剛才，在這個球移動位置之前，我們就看到這個球體形成了。滾動對這種幾何的精確，不具任何作用；它僅僅只是把球表面變成堅硬的外殼，把表面變得光滑一些，也許僅僅是把那些粗纖維嵌到糞球裡去，因爲原來的那些粗纖維會使糞球顯得蓬鬆。滾動了很長時間的糞球，和還在工地上靜止不動的糞球，外形上並沒有區別。

　　這種形狀，自一開工就被一成不變地採用，它有什麼用呢？聖甲蟲從這種球面上得到了什麼好處嗎？昆蟲在把糕點搓揉成球形時，有著極爲周詳的想法；讓我們用一個核桃殼來想像吧！可別使用放大鏡的光學玻璃，免得一下子就看穿了。羊那個比聖甲蟲大得多的胃，幾乎已經把所有可消化的物質都吸收了，給牠們留下的那些食物是沒什麼營養的，而且牠們的口糧又少得可憐，所以必須以數量來彌補品質上的不足。

　　擺在各種食糞性甲蟲面前的，都是同樣的情況。牠們都是些貪得無厭的饕餮之徒，全都是大胃王，就連體積很小的食客也不例外。西班牙蜣螂胖得像個榛果，光一頓飯就要在地下囤

積一塊拳頭大小的餡餅；糞生糞金龜則是在牠的倉庫底，儲藏了一根一拃長、像瓶頸粗細的香腸。

對這些強壯的食客們來說，牠們分得的那一份口糧是很多的。牠們就住在一些活動範圍固定的騾子所拉的糞堆下面，在那裡挖鑿地道和餐廳。食物就在家門口，而且能夠掩護牠們。牠們只需要一堆堆地把食物運進來就行了，不用花很多氣力，想要多少就一趟趟地來回。外面沒什麼東西會暴露這個小城堡的所在地，而在這城堡底下，極其隱蔽地囤積了數量驚人的口糧。但是，聖甲蟲就沒有豪宅的優勢，可以在糞堆下收集食品。牠生性漂泊不定，到了休息的時候，也不大愛和那些強盜同類做鄰居；牠會帶著牠的收穫物，遠遠地找一個地方離群索居地住下來。牠的口糧也許相對要少一些，無法媲美蜣螂巨大的糕點及糞金龜豐富的香腸。但這又有什麼關係呢，就算食物再少，它的體積和重量還是大大超過這隻昆蟲的力氣了，而牠竟然還要直接搬運。這太重了，實在重得不能夾在腳間飛行搬運，也絕對不可能用嘴裡的牙咬住，往前拖。

對這個急著從人群中走開的隱士來說，只有一種辦法可以把一天需要的飯食，直接搬運到牠偏遠的小窩裡儲藏起來：就是把和牠力氣相當的糞料，一塊接一塊地迅速地背著飛走。但是，這樣得來回多少趟，花多少時間，就為了這點小小的收

穫！再說，等牠返回，看到的難道不是已經被眾多賓客享用一空的宴席嗎？這樣的好機會，也許要隔很久才會再出現，應當善加利用，不能稍有耽擱。所以，從這個開採工地上，必須一次就提取食品櫃至少一天容量的食品。

那麼，怎麼辦呢？很簡單。搬不動的就拖，拖不動的就滾，我們那些在路上跑的四輪貨運車的結構，就是證明。聖甲蟲於是選定了球體，這是最佳的滾動形狀，既不需要軸，而且很能適應地形的起伏不平，球面上每一點都是支點，這是施力最小所必備的條件。這就是由糞球所解決的機械問題。牠的工作成果呈球形，並不是滾動的結果，而是在滾動之前即如此；牠將其加工成球形，正是考慮到將來的滾動，因為滾動才使昆蟲的力氣有可能運送這沈重的擔子。

聖甲蟲是太陽狂熱的朋友，牠那圓頭盔上輻射狀的鋸齒，就是模仿太陽的形象。牠得在強烈的光線下開採糞堆，取得食物或築窩的材料。其他大部分昆蟲，像糞金龜、蜣螂、寬胸蜣螂、屎蜣螂，都性喜陰暗；牠們在糞便做的屋頂下工作，沒人看得見，而且只在臨近夜晚的黃昏餘光裡覓食。而聖甲蟲就自信多了，牠在大白天裡歡愉地尋覓、開採，在光線最熱、最強烈的時候收獲，自始至終都毫無遮掩。牠那烏黑的盔甲在糞堆裡閃著光，但是卻沒有任何跡象顯示有其他不同種類的同行，

其他的是在地下分得牠們的那一份。上帝賜給聖甲蟲的那一份是光明，給其他的則是黑暗！

聖甲蟲對那直射陽光的喜好，爲牠帶來了歡樂；牠陶醉在高溫裡，不時輕跺著腳，就是牠開心的表現。不過，這種喜好也有不好的地方。在蜣螂、糞金龜這種比鄰而居的昆蟲之間，我從沒撞見過牠們在收集糞料時，發生口角。牠們在黑暗中行動，誰都不知道身邊發生的事。牠們之中，無論誰占有了一個富足的糞堆，都不會引起鄰居們的垂涎，因爲無法察覺可以爭奪的食物。也許正因爲這樣，那些在黑漆漆地底下工作的食糞性甲蟲，才會和平往來。

懷疑不是沒有道理的。「搶劫」這種弱肉強食的惡劣法則，也並非野蠻人獨有的特權，動物也在實行，而聖甲蟲更是特別濫用這種法則。因爲工作是在光天化日下進行，每個人都知道或能知道同僚們做的事。牠們互相羨慕對方的糞球，而富人和強盜就開始公然爭奪。富人很想走開，而強盜們卻覺得，攔路搶劫同伴，比牠們自己在工地上搓圓麵包要方便多了。糞球的主人像個明星似地站在球頂，抵抗想爬上來的進攻者；突然間用牠帶鎧甲的手臂一揮，把侵略者推開，把牠推個四腳朝天。這隻入侵的聖甲蟲，手腳在空中亂舞了一陣子，站起來，又走上前去。戰爭重新開始，結局卻不盡然都以公理正義爲考

量。搶劫犯帶著牠的贓物逃走了，而被奪去財產的聖甲蟲，只好又回到工地上收集另一個糞球。在衝突之際，突然又冒出另一名盜賊的情況也不少見。牠藉著調解爭鬥雙方的機會，侵占了爭奪中的東西。我願意相信，正是這類糾紛帶來那些幼稚可笑的故事，說什麼聖甲蟲趕去救援在困境中的兄弟，拉牠一把。人們錯把厚顏無恥的強盜，當作樂於助人的幫手了。

聖甲蟲搶劫成性，牠與非洲同伴貝都因人[2]擁有相同的癖好，貝都因人也是大肆掠奪成性。缺糧、飢餓、雌聖甲蟲的挑唆，都不能用來解釋牠的這個怪脾氣。在我的籠子裡，多的是食物；被我抓進籠子裡的聖甲蟲，也許在牠們自由的日子裡，從沒有享受過這樣奢侈的菜肴；但是打鬥爭吵還是屢見不鮮。牠們爭奪糞球到了白熱化的程度，就好像從沒吃過飯似的。確實，生理需要並不是原因，因為很多時候，那些強盜把贓物滾了一會兒就扔掉了。牠們只是為了搶劫的樂趣而搶。這正應了拉・封登[3]的那句話：

雙重利益要實現：
首先是自己的利益，然後就是他人的損失。

---

②貝都因人：阿拉伯遊牧民族。此處因聖甲蟲在非洲常見，故作者謂之非洲同伴。——譯注
③拉・封登：1621～1695年，法國著名作家，以《寓言集》著稱。——譯注

　　了解這種攔路打劫的癖好，那麼，認真加工糞球的聖甲蟲該怎麼辦好呢？只好逃離這個圈子，離開工地，走得遠遠的，到藏身的地底下去享受牠的食品。牠是這麼做了，而且迅速執行，因為牠對同類的習性太了解了。

　　只花一次工夫且盡速運送足夠的食品，這就彰顯出使用簡易貨車的必要性。聖甲蟲喜歡在陽光充足的時候工作，牠的收成都是在眾目睽睽下堆積起來的，對趕到同一工地工作的人而言，毫無秘密可言。貪慾就這樣被激起，因此，為了躲開打劫，就不得不退得遠遠的。這種迅速的撤退得有輕便的貨車，而這貨車在收集時就被加工成球形了。

　　這是出人意料的結論，但是很富邏輯性，甚至可以說得明白些：聖甲蟲把牠的食物加工成球形，因為牠是太陽狂熱的朋友。各種在充足光線下工作的食糞性甲蟲，譬如裸胸金龜和薛西弗斯蟲，都遵守同一個機械原則：牠們都知道球體是最好的滾動器，都醉心於糞球藝術。其他那些在暗處工作的工人，就完全不一樣了，牠們那一堆堆的食物都沒有固定形狀。

　　這些籠子裡的生命體，還向我們提供了一些值得一提的故事素材。我們說過，新換進去的糞便，還溫溫熱熱的，那些在地面上遊蕩的聖甲蟲就急忙衝來了。美味佳肴的香氣，很快也

吸引了在地下打瞌睡的那些食客。小沙丘到處翻騰起來，像火
山爆發似地裂開，隨後便見到這些賓客們從火山中冒出來，用
手掌擦亮滿是灰塵的眼睛。地下室裡的昏昏欲睡和小城堡厚厚
的屋頂，都沒有讓牠們靈敏的嗅覺出錯，從地下出來的昆蟲，
差不多也和其他聖甲蟲同樣迅速地趕到。

這些細節又讓我們想起了，很多觀察家不無驚訝地承認的
事實。從塞特、帕拉瓦、朱翁灣、非洲海岸到撒哈拉，他們看
到，在這些陽光燦爛的沙灘上，大量繁殖著聖甲蟲與其同屬的
半帶斑點金龜、麻點金龜等等。氣候愈熱，牠們愈強壯愈活
躍。牠們為數眾多，不過通常都不露面。即使是昆蟲學家訓練
有素的目光，也可能一隻都找不到。

不過現在情況有變。生理需求所迫，您偷偷離開大家，躲
在灌木叢中。才一站起來，開始梳洗整理一下，咻！不知從哪
裡突然來了一隻、三隻、十隻蟲，撲向您剛剛提供給牠們的飼
料。這些忙忙碌碌的掏糞工，是從很遠的地方趕來的嗎？當然
不是。哪怕牠們是在很遠的地方聞到了氣味，也不可能趕到
的，牠們不可能這麼快就趕到這最近的橫財處。牠們應該是本
來就在那裡，在幾十步路的範圍內，躲在地下打瞌睡。不過，
即使藏身在地底下昏昏沈沈的休息，牠們的嗅覺也總是醒著，
通知牠們有好事情了。於是，牠們就鑿開天花板，馬上趕過

去。那些鑽動的小生靈，使剛才還冷清的地方熱鬧起來了。

　　我們承認聖甲蟲的嗅覺靈敏警覺，而且牠的嗅覺可以不停的運作。狗能用鼻子在地上嗅出氣味，但這是在牠醒著的時候；相反地，聖甲蟲能在土裡聞到牠愛吃的美味佳肴，但這是在睡著的時候。說到嗅覺的靈敏，哪一個更具優勢呢？

　　科學到處吸收它發現的好處，甚至是從垃圾堆裡；而真理卻在沒什麼能玷污它的高度中飛翔。所以，讀者大概會諒解食糞性甲蟲故事中，某些不可避免的細節；對之前和接下來要發生的事會寬容一些。垃圾清潔工骯髒的工地，也許比茉莉花、香精的香水調配工廠，更能帶給我們高深的思想。

　　我斥責過聖甲蟲貪得無厭。現在，該來證明我的說法了。我的籠子太窄，不適合盡興地滾糞球；因此，我的食客們經常不屑把食物堆積起來，只是就地消費。這是大好良機，因為這種公開的進食，比起地下的宴會來，更能讓人了解食糞性甲蟲胃口的大小。

　　天氣悶熱，空氣凝滯，正是我那些隱士們盡享口腹之樂的有利條件。從上午八點到晚上八點，我手上抓著錶，留神觀察一隻露天進食的聖甲蟲。看起來，這隻聖甲蟲碰上了一塊很對

牠胃口的食物，因爲在這十二個鐘頭裡，牠不停地大吃大喝，一直待在原地動也不動地用餐。晚上八點，我最後一次去看牠的時候，牠的食慾似乎並沒有減退，這個好吃鬼還是和開始一樣興致勃勃。這頓豐盛的酒席又持續了幾個小時，直到完全消滅這頓美味佳肴爲止。因爲第二天，那隻聖甲蟲已不在那裡了，前一天牠進攻的那一大塊糞便，只剩下一點碎渣。

一頓飯吃上十二多個鐘頭，貪吃到這種程度，還眞是厲害；但更厲害的，是牠消化的速度。這隻蟲子，前面不停地在咀嚼吞嚥，後頭呢，吃下去的東西又不斷地排出來。那些營養顆粒被吸收了，拉出來的東西連成一條黑色的細繩，就像補鞋匠的蠟線。聖甲蟲就在飯桌上排泄，可見牠的消化有多快。頭幾口吃下去，吐絲機就開始啓動；最後幾口嚥下去一會兒，吐絲機就停了。在進食的時候，那細繩從頭到尾就沒斷過，一直掛在排泄口上。落地的細繩盤成一堆，只要還沒乾，就可以隨意地把它解開。

消化排泄像秒錶一樣準時進行。每隔一分鐘，說得更準確點，是每隔五十四秒，聖甲蟲就排出一點消化了的東西，那條細繩就增加三、四公釐。我用鑷子把愈來愈長的繩子夾走，放到刻度尺上拉開，量一量那繩子有多長。每次量的結果加起來，顯示出在十二個鐘頭裡，繩子總長二‧八八公尺。在晚上

八點，我提著燈去看牠最後一眼之後，牠必定還繼續吃了一段
時間，吐絲機也還在繼續工作。所以，正餐加上宵夜，我的這
個觀察對象共拉出了一條大約三公尺長、沒斷過的糞繩。

　　如果知道這條繩子的直徑和長度，就很容易算出它的體
積。昆蟲本身的準確體積也不難得到，量一量把牠浸到量杯後
排出的水就行了。以此所得的數據還是很有意義的，它們說明
了，單單一次恢復體能的進食，聖甲蟲在十二個鐘頭裡，消化
了和牠自身體積差不多的食物。多厲害的腸胃，消化得真快，
消化力真強啊！頭幾口吃下去，那些消化後剩下的殘渣就排出
來，形成一條不斷加長的細繩，只要還在吃，細繩就不斷增
長。這個驚人的蒸餾器，好像食物不斷，運作也就永遠不會停
下來，原料只要從中經過，就馬上經過胃的反應劑加工，排盡
廢料。這讓人覺得，一個這麼快速淨化垃圾的實驗室，一定會
在公共衛生上發揮某種作用。我們日後還有機會回到這個嚴肅
的問題上來。

第二章
聖甲蟲的梨形糞球

　　那個牧羊小伙子空閒的時候，負責監視聖甲蟲的活動。六月下旬的某個星期天，他興高采烈地跑來這裡跟我說，他覺得現在是做研究的好機會。他無意中看見昆蟲從地下出來，便在牠爬出來的地方翻找，結果在不很深的地方找到了一個奇怪的東西。

　　這個玩意真的很奇怪，徹底動搖了我原來的觀念。這個東西，形狀就像個迷你小梨，好像熟過了頭，少了新鮮的色澤，變成褐色。這個稀奇的東西，漂亮的玩具，就像工坊裡出品的東西，它會是什麼呢？是人工塑造的嗎？是不是梨這種水果的仿製品，讓小孩子收集用的？看起來確實是。孩子們圍著我，用渴望的目光看著這個新玩意；他們想得到它，想把它放進他們的玩具盒裡。這個玩意，形狀比瑪瑙彈珠還要漂亮，比象牙

雞蛋和木陀螺還要別緻。材料呢，說眞的，看起來不是上上之選；但是摸起來很硬，曲線很藝術。無論如何，在有更多了解前，這個在地下發現的小梨，是不會拿去擴充玩具收藏盒的。

這個眞的是聖甲蟲的傑作嗎？裡面會不會有卵或者幼蟲呢？牧羊小伙子肯定地對我說有。他說，他挖的時候不小心把一個一模一樣的梨壓碎了，裡面有顆麥粒大小般白色的卵。我不敢相信他，因爲這個小梨的形狀和我預想中的球形，相差太遠了。

剖開這可疑的東西，弄清楚裡面的內容，這麼做也許有點冒失。即使眞如小伙子確信的那樣，裡面包含有聖甲蟲的卵，我的破門而入也必定會危害裡面胚胎的生命。再說，梨的形狀與所有迄今彙集的觀點矛盾，我覺得梨形可能是偶然的。誰知道以後還有沒有這種偶然，會帶給我和這相同的玩意呢？還是把它原封不動地保存起來，等著看會發生什麼事吧。至於現在呢，最好是實地去了解情況。

第二天一大早，牧羊小伙子就在他的崗位上了。我在山坡上和他碰頭。山坡上的樹最近被砍光了，夏天的太陽烤得人脖子發疼，不過兩、三個鐘頭之內還曬不到我們。在清晨的涼爽中，羊群在法羅的監視下吃著草，我們開始一起搜尋。

　　我們很快就找到了一個聖甲蟲的洞穴，看得出來這個窩剛蓋不久。我的同伴原本用有力的手挖掘，我把我的小鏟子拿給他用。這個輕便結實的工具，我幾乎每次出門都隨身攜帶，我還真是個無藥可救的愛撥弄泥土！我趴在地上，目不轉睛，以便更仔細地察看那被捅開的地下建築的布置設施。小伙子用小鏟子挖著，空著的那隻手，把成堆的泥土抓起來移開。

　　我們成功了！一個洞穴被打開了，在那半敞開的濕熱地道裡，我看見一個完好的梨，橫躺在土裡。是的，這個初次發現的聖甲蟲母親的作品，讓我留下了難以抹滅的記憶。即使是像考古學家那樣挖掘到古埃及的聖骨，即使我從某法老的地下穴墓那琢磨成綠寶石的木乃伊中，發掘出這神聖的昆蟲，我的心情也不會比這更激動。啊！真理突然閃現的那種聖潔的快樂啊！還有其他的快樂能與之相比嗎？牧羊人也很歡喜，他為我的微笑而開心，為我的幸福而高興。

　　「偶然不會再現，同一件事不會出現兩次。」一句古老的格言這樣告訴我們。這已經是我第二次親眼看到這梨形的獨特形狀了。難道這是一般的形狀，而不是例外？那麼，球體，就是聖甲蟲推著在地上滾動著的球體，是不是得丟掉？繼續看下去，我們會明白的。第二個洞穴找到了。像第一個一樣，有一個梨。這兩個玩意像兩滴水一樣相像，就像是從同一個模子裡

出來的。還有一個很有價值的細節，在第二個洞穴裡，在那個像梨一樣的東西旁邊，是聖甲蟲母親。牠愛憐地抱著這個梨，也許正忙於最後修整這個小梨，之後從此永遠離開這個地下室。所有的懷疑都煙消雲散了，我認得這個工人，原來這小梨就是這個工人的工作成果。

上午剩下的時間就只是充分地證實這些事情。在難以忍受的陽光把我從正在開墾的山坡上趕走以前，我得到了一打形狀一樣、大小差不多的小梨。有很多次，我們都在洞穴深處發現聖甲蟲母親在場。

最後提一下後來我發現的事情。整個夏天，從六月底到九月，我幾乎每天都到聖甲蟲經常出沒的地方去拜訪，我的小鏟子挖開的洞穴為我提供了超乎預期的資料。籠中的飼養為我提供了另外一些資料，不過，說真的，很少能和在自由的田野得到的豐富資料相比。總之，在我手下至少挖過了上百個洞穴，總是藏著那形狀別緻的小梨。從來沒有，絕對從來沒有糞球的那種圓形，從來沒有書裡告訴我們的那種球狀。

這個錯誤，我自己以前也犯過，我非常相信大師們的話。我以前在翁格勒高原的研究沒有任何結果，我的飼養實驗也可悲地失敗了，而我又一心想要給青年讀者一個關於聖甲蟲築窩

的看法。所以我接受了變成球形的傳統說法；然後，用類推做引導，利用了一點別的食糞性甲蟲的表現，試著大致勾勒出聖甲蟲卵的外形。我遇上了麻煩。沒錯，類推是一種很好的方法，但是它遠遠比不上直接觀察的事實那樣有價值！我被這個引導所騙，經常不忠實於生活中源源不斷的事實真相，幫助把錯誤永遠流傳下去。所以，我趕緊當眾賠禮道歉，請求讀者把我以前說的關於聖甲蟲可能的洞穴的那點東西當作沒說過。①

現在，讓我們來詳細講講真實的故事吧，只用真正看到過、審查過的事實做為證據。聖甲蟲的洞穴從外面看得出來，當聖甲蟲母親把洞穴封起來的時候，因為一部分洞穴得空著，所以洞外有一堆翻動過的泥土，一個多出來的不能放回原地的小土丘。在這一堆土下，敞開著一個不深的洞，大約十公分；跟在這個後面的，是一條或直或曲的水平地道，最後到達一個拳頭大小的寬敞大廳。這就是卵所在的地下室，在這離地面幾英寸的地方，周身裹著食物的卵，就由那酷熱的太陽孵化著。這也是寬敞的工地，母親在這裡可以自由地活動，把未來小寶寶的食物搓揉塑造成梨形。

這含糞的食物躺著時，長軸線是水平的。它的形狀和體積

---

① 見《法布爾昆蟲記全集 1——高明的殺手》第一章。——編注

都很容易讓人想到聖約翰的小梨。那裡的梨顏色鮮豔，香氣十足，熟得也很早，這些都讓孩子們很開心。梨形糞球的大小變化範圍也很小。體積最大的長四十五公釐，寬三十五公釐；最小的長三十五公釐，寬二十八公釐。

它表面非常勻稱，雖然沒有仿大理石那麼光滑，但是沾著細小的紅土顆粒的外殼是仔細打磨過的。一開始，當它做成不久，還是軟軟的，就像是有黏性的陶土。很快地，這個梨形的大麵包由於乾燥作用，就有了一層堅硬的皮，用手指捏也捏不碎。木頭也不會比這更堅固了！這層皮是個保護層，把這個隱士與塵世隔離開來，讓牠在一種深深的寧靜中享受牠的食物。但是，要是乾燥作用擴展到了中心，危險就變得異常嚴峻。我們以後會有機會再說到，那些以過期變味麵包爲食的蟲子的可憐處境。

聖甲蟲的麵包店加工哪種麵團呢？騾、馬是牠們的供應商嗎？絕對不是。我也曾經以爲是，所有的人看到牠們在一大堆普通的粗糞裡那麼勤奮地收集，盡其所用，恐怕都會這麼以爲。牠們一般在那裡加工滾動糞球，然後在沙地下某個隱居處去消耗它。

那種比較粗糙的，滿是草梗的麵包，對牠自己來說夠了，

但如果是要給後代的，牠就非常挑剔。牠要上等的糕點，營養豐富，容易消化。牠要綿羊賜的美食，不是那種乾癟的畜牲撒下的一條條的黑橄欖，而是那種在不太乾的腸子中形成、加工製作的單層硬餅乾。這才是牠想要的材料，專用的麵團。這不再是騾、馬那沒有脂肪的粗纖維的產品，而是油膩而有黏性的均勻物質，飽含著營養汁液。它的黏性和油膩使它最適合加工成小梨這一藝術作品，它的食用品質又適合新生兒那脆弱的胃。在這個小小的立體物裡，幼蟲能找到足夠的食品。

這樣就解釋了梨形食品的體積為什麼那樣小，小到使我很懷疑這個新發現物的來源，直到我看到雌聖甲蟲出現在這幼蟲儲食間為止。我之前不能在這個小小的梨上看出一隻未來聖甲蟲的食物，是因為聖甲蟲是那麼貪吃，身材又是那麼可觀。

這樣可能也解釋了我以前在籠中飼養失敗的原因。由於對牠的家庭生活極度無知，我給聖甲蟲吃的都是四處撿來的馬糞或騾糞，昆蟲不會讓牠的後代接受這些，因此牠拒絕築穴做窩。現在，有了野外實驗的教訓，我找羊幫忙，把牠當作聖甲蟲的食品供應商，籠中的飼養也就照我所希望的進行了。這是不是說，從馬那裡得來的食物，即使是從最好的馬糞當中挑出來，再適當地剔除粗纖維，也絕不能使用，變成養育後代的梨呢？假如沒有最好的，牠會拒絕普通的嗎？對這個問題，我抱

持謹愼的懷疑態度。我所能肯定的是，為了寫這個故事而探查的一百多個洞穴，從第一個到最後一個，洞穴裡的聖甲蟲全都是靠綿羊爲幼蟲製備食物。

在這個形狀獨特的麵包團裡，卵在哪裡呢？很自然地，人們可能都會把它安頓在圓圓的梨肚子中心。這個中心最能防範外面的突發事件，溫度也最穩定。而且，新生的幼蟲從每個角度都能找到厚厚的食物層，隨便哪一口吃下去，都不會出錯。牠周圍的一切都是一樣的，不需要選擇；隨便把牠的乳齒貼到哪裡，都可以毫不猶豫地繼續吃第一頓精細的餐點。

這觀點看起來好像很合理，合理到連我也上了當。勘察第一個梨的時候，我用小刀的刀鋒一小層一小層地在梨肚中心尋找，幾乎確信會在那裡找到卵。大大出乎我意料的是，那裡沒有。梨的中心不是空的，而是實的，那裡仍然是一塊質地均勻的食物。

我的推斷，應該是所有站在我的位置觀察的人，一定都會同意的，它看起來太合情合理了。但是聖甲蟲卻自有主張。我們有我們引以為豪的邏輯；這揉糞蟲也有牠的邏輯，而且在這種情況下比我們的邏輯還要高明。牠有遠見，能預料到要發生的事情，所以把卵放在別的地方。

在哪裡呢？在梨很細的部分，在最頂端的梨頸。把梨頸縱向切開，必須很小心，以免損傷裡面的東西，那裡挖了一個四壁光滑發亮的洞。這才是胚胎所在的聖龕——孵化室。相對雌聖甲蟲的體積來說，卵非常大，是一個白色的長橢圓形，大概長十公釐，寬五公釐多。一層薄薄的空隙把它和孵化室的四壁隔開，使它與洞穴四壁沒有任何接觸，除了在梨頸頂端的壁後，卵的頭頂黏在那裡。梨通常的擺放姿勢是水平臥放的，除了固定的那一點，卵整個都睡在空中，而空氣就是最有彈性、最溫暖的床。

這下我們清楚了。現在讓我們試著來弄明白聖甲蟲的邏輯，來了解為什麼必須是梨形，一個在昆蟲工業中這樣古怪的形狀。讓我們來探究卵所處的獨特位置的有利之處吧。我知道，冒險涉足事情的前因後果和來龍去脈是很危險的。人們很容易困在這個神秘的領域，入口是變幻莫測的，它讓人進去，然後把那些冒失鬼吞沒在錯誤的泥濘裡。因為危險，是不是就得放棄進入呢？為什麼？

我們的科學，與貧乏的工具比起來是如此偉大，但是在無邊無際的未知面前，又是那麼可憐。關於絕對真理，它知道什麼呢？一無所知。世界只有當我們形成關於它的思想時才會引起我們的興趣。思想消失了，一切就變得枯燥、混沌、虛無。

一堆事實並不是科學，而是冷冰冰的目錄。必須解凍它們，用心靈的爐火賦予它們生氣；必須讓思想和閃光的理性發揮作用；必須闡釋。

那就讓我們知難而上，去爬這個坡，解釋聖甲蟲的行為吧。也許我們可以把我們的邏輯當作昆蟲的邏輯。畢竟，看到理性對我們的支配和本能對動物的支配，是如此驚人的一致，還是很奇特的。

聖甲蟲還是幼蟲的時候，威脅牠的一大危險是：食物乾燥。幼蟲生活的地下室，天花板是差不多十公分厚的一層土。這薄薄的一層隔熱板怎麼能擋得住盛夏的酷熱呢？它把土都烤焦了，即使是深得多的地方，也像燒磚一樣熱。所以，幼蟲的居所溫度很高，我把手伸進去就能感覺到有熱氣冒出來。

食物起碼得放上三、四個禮拜，在此之前食物容易乾燥，最後乾到幼蟲無法下嚥。如果幼蟲牙齒中找到的不是開始時那種軟軟的「麵包」，而只有令人討厭的麵包皮，硬得像石頭一樣難以下嚥，這個可憐蟲就會餓死。牠確實是餓死了。我發現過很多在八月太陽下的喪生者，牠們吃掉了新鮮食品，把裡面挖了一個洞，最後因為再也咬不動那過硬的儲藏品而餓死了。剩下一個厚殼，就像一個沒口的鍋，那隻悲慘的幼蟲就在鍋裡

煮得乾癟了。

即使幼蟲沒有在乾硬得像石頭一樣的外殼裡餓死，那麼，牠成為成蟲後，也會因為不能衝破圍城、擺脫束縛而死在裡面。這一點以後還會更深入地探討，在此不再贅述。現在我們就只關心幼蟲的悲慘處境吧。

我們說過，食物乾燥對幼蟲來說是致命的。關於這一點，我們看到在那鍋裡烤過的幼蟲已經證實了。下面的實驗將提供更確切的證據。九月築穴做窩的季節，我在一些紙盒和杉木盒裡安置了一打左右的小梨，是當天早上從原產地挖出來的。我把這些盒子嚴密地封起來，放在工作間的暗處。在那裡，外面的高溫籠罩著。結果，沒有一個盒子飼養成功：不是卵乾癟了，就是幼蟲孵出來又很快地死了。相反地，在那些白鐵盒子和玻璃容器中，事情卻進展得很順利；沒有一個飼養失敗。

為何會出現這種差別呢？很簡單，由於七月的高溫，在易滲透的紙板和杉木隔熱板下面，蒸發進行得很快，梨形的食物變乾了，小蟲也就餓死了。而在不滲水的白鐵盒子和密封得很好的玻璃容器中，沒有蒸發，食物保持了柔軟性，所以幼蟲也就像在出生地那樣繁衍得很好。

　　要避免乾燥的危險，聖甲蟲有兩種辦法。首先，牠用長長的手臂上的鎧甲，使勁把梨的外層壓緊，做成一個保護層，比中心更均勻、更緊密。如果捏碎一個如此乾燥的食品儲藏箱，那層皮通常馬上就脫落下來，露出中心的核。這讓人想到核桃的果殼和果仁。聖甲蟲母親加工梨形糞球的時候，只壓表皮層幾公釐厚的地方，形成一個外殼，但這樣的壓力不會擴散到裡面，這樣就有了中間體積龐大的核。在夏天最熱的時候，為了保持食物的新鮮，我們的家庭主婦把麵包放在密閉的罈子裡。而聖甲蟲以牠的方式做了同樣的事：經過壓緊的動作，把給子女的糧食用一個罈子密封起來。

　　聖甲蟲做的還不止這些呢。牠是一個幾何學家，能解決最小值的難題。在其他條件相同的情況下，蒸發的多少顯然與蒸發的表面積成正比。因此，為了減少水分的喪失，相應的食物面積要最小；但是這最小的面積要包含最大數量的營養物質，讓幼蟲得到足夠的食物。那麼，什麼形狀，最小的面積包含的體積最大呢？幾何學回答——球形。

　　聖甲蟲於是把幼蟲的口糧加工成球形，暫時忽略那個梨頸。這球形不是盲目的機械條件所必然產生的形狀，也不是在地上滾動得到的意外收穫。我們已經看出，為了有一架貨車，能更方便、更迅速地把收集的食物運到一邊去食用，昆蟲沒有

移動食物的位置，就把它加工成精確的球形。歸結為一句話，我們承認球形在滾動之前就有了。

同樣地，我們馬上可以確定，為幼蟲準備的梨是在洞底加工的。這個梨沒有轉動過，甚至沒有移動過。聖甲蟲非常準確地把它做成需要的形狀，就像造型藝術家用大拇指捏泥人一樣。用牠所具有的工具，聖甲蟲也能得到其他的形狀，曲線沒有梨形成品那麼柔和。比如，牠可以做成粗糙的圓柱體，這是糞金龜通用的香腸形狀；牠也可以把工作簡化到極限，把那些糞塊隨心所欲、沒有固定形狀地扔在那裡。如果那樣，事情的進展就快得多，聖甲蟲也有更多的空閒時間在陽光下歡樂。但是，聖甲蟲選擇球形，即使製作精確的球形難度大得多；牠這樣做，就好像深諳蒸發的定律和幾何學的原理似的。

剩下的，就是要弄清楚梨形糞球的頸部了。它的作用是什麼呢？答案是必然的，而且很明顯。這個頸部的孵化室裡包含著卵。所有的胚胎，無論是植物還是動物，都需要空氣，這是生命的原動力。為了讓充滿生機的助燃劑滲進去，鳥的卵殼像篩子一樣布滿了氣孔。而聖甲蟲的梨形糞球在這一點上和雞蛋殼就很相像。

為了避免食物乾得太快，梨形糞球的外殼是壓得硬硬的一

層表皮。而梨的營養核，就像卵黃，是藏在表皮下的柔軟的球。梨的透氣房，是頂端的小室，也就是梨頸小窩，在那裡，胚胎四周都被空氣包著。為了呼吸換氣，胚胎除了住在像尖角一樣突出、浸在空氣中的孵化室裡，讓氣體透過容易滲透的薄壁，自由地進進出出，牠還能住哪裡比這裡更好呢？

在核的中央，氣流流通很困難。堅硬的外殼沒有像雞蛋殼那樣的氣孔，而中心的核也是緊密的物質。不過，空氣還是會滲透到裡面去，因為過不了多久，幼蟲就會在那裡生活；這隻身體結實的幼蟲，比起那才剛微微發出生命氣息的胚胎來，要求就沒那麼挑剔了。

如果卵是位於已經長大的幼蟲所處的位置，就會因窒息而死。下面就是證明。在一個細頸瓶裡，我把羊糞裝到裡面塞緊，做為這種情況下需要的上等食品。然後我把一根細細的棍子伸進去，用棍子尖挖個洞，象徵孵化室。再小心翼翼地把一枚卵從牠的天然居室裡搬出來，移到這個小洞裡，封上洞口，上面用一層厚厚的同樣的食物壓緊。好了，這是人造的聖甲蟲的梨形糞球，形狀相似。只不過，卵是在核的中央——我們剛才在倉促考慮中認為最適合卵的地方。好了，我們選擇的這個地方是致命的。卵死了。牠缺了什麼呢？似乎就是沒有恰當的通風口。

　　這枚卵被大量冰冷的流質食物核包圍著，外面的熱量很難傳進來，所以這枚卵也沒有獲得孵化所需的溫度。所有的胚胎除了需要空氣，還需要溫度。對鳥類的卵來說，爲了盡可能接近正在孵育牠們的母親，鳥的胚胎位於卵黃的表面，由於它的快速流動，所以不管卵的位置如何，胚胎都在卵黃的表面。這樣牠就更能利用蹲在卵上的母親的暖氣。

　　而聖甲蟲是靠太陽曬熱的地面來孵化的，牠的胚胎也是靠近暖氣的。牠挨著那孵育了眾生的孵化器——大地，從那裡尋求生命的火花。所以，牠不是掩埋在無生氣的糞核中央，而是位在梨形糞球上端的梨頸裡面，四周圍都浸在地面的溫熱氣息之中。

　　空氣和溫度是非常基本的條件，任何食糞性甲蟲都不能忽視。沒錯，食糞性甲蟲的食物塊形狀是多變的，我們以後還有機會看到。除了梨形，根據製造者的種屬不同，還有圓柱形、鳥蛋形、球形和頂針形。但是，儘管形狀各異，其中一個最主要的特點卻是不變的：卵位於緊挨地面的孵化室裡，這是讓空氣和溫度容易進入的好辦法。而在這種精妙藝術上，最具天賦的就是製作梨形糞球的聖甲蟲。

　　我剛剛提過，這一流的揉麵包師傅，其行爲的邏輯性可與

我們媲美。就我們現在談到的來說，我已做過的實驗肯定了這
一點，不過，還有更好的證明方法。讓我們把下面的這個問題
交給我們的科學來闡述吧。胚胎伴著一大塊食物成長，乾燥作
用會很快使食物無法食用。那麼，食物塊怎樣製作呢？為了便
於接受空氣和溫度的影響，卵住在哪裡好呢？

　　這個問題的第一部分已經回答過了。既然蒸發量與蒸發表
面積成正比，我們的知識會說：食物要做成球狀，因為球的表
面積最小，包含的物質體積最大。至於卵，既然牠需要一個保
護套以免受到傷害和接觸，那麼就把牠放在一個薄薄的圓柱形
套子裡，再把這個套子立在球上面。

　　這樣，所要求的條件都滿足了：食物堆成球狀，保持住新
鮮度；卵被一個薄薄的圓柱形套子保護著，毫無阻礙地受到空
氣和溫度的薰陶。最起碼的要求是滿足了，但是形狀太醜，實
用就顧不得美感了。

　　一個藝術家修改了我們由推理得到的粗陋作品。牠把圓柱
形換成了半橢圓形，形狀更加優雅。再把這連在球上的橢圓曲
面修飾得精緻優美，將整個形狀變成一個梨形，一個有頸子的
葫蘆。現在這是一件美麗的藝術品了！

聖甲蟲做的正是美學要求我們做的事。難道牠也有美感？牠知道欣賞梨的優雅嗎？牠當然看不見，牠是在地底的黑暗之中製作梨形糞球的。但是牠摸得到，儘管牠的觸覺很可憐，必須透過粗糙的角質外殼，但畢竟對得到的柔和輪廓並不是沒有感覺呀！

我曾想就聖甲蟲作品提出的美的問題，來測試一下小孩的智力。我得找一些稚嫩的小孩，他們的智力才剛萌芽，還在早期的迷霧中沈睡。總之，他們的智力要盡可能和昆蟲模糊的理解力差不多；當然，這是在兩者的智力可以相當的假設下。此外，我還需要一些已經有清明智慧的小孩，可以理解我的話。所以我選了一些還不懂事的小孩，其中最大的六歲。

我把聖甲蟲的作品和手捏的、經幾何學推理得到的作品，讓這些小孩來評判。我的作品體積和聖甲蟲的相同，形狀是一個球上立了一個矮圓柱。我把他們分別拉到一邊，就像做告解般，免得這個人的意見影響那個人的意見。然後，出其不意地給他們看這兩個玩具，問他們覺得哪個比較漂亮。五個小孩，全都選聖甲蟲的小梨。這種一致讓我震驚。這些粗野的鄉下小孩，還不懂得擦鼻涕，卻對形狀具有某種審美感知力了。他們知道有一種比較美，有一種比較醜。

　　聖甲蟲也是這樣嗎？沒有人可以在深知底細的情況下回答是，也沒有人敢說不是。這是個不能解決的問題，唯一的判斷並不能做為參考。畢竟，這種回答很可能過於簡化了。花對自己美麗絕倫的花冠知道些什麼呢？雪片對自己優雅的六角星形又知道些什麼呢？聖甲蟲很可能就像花和雪片一樣，儘管自己的作品很美，但卻不知道它的美。

　　到處都有美，其明確前提是要有能夠識別它的眼光。這種智慧的眼光，欣賞優美形狀的眼光，在某種程度上，是動物的特權嗎？如果對一隻公癩蛤蟆而言，美的概念毫無疑問就是母癩蛤蟆的話，那麼，除了性這種不可抗拒的誘惑力之外，對動物而言，還有真正的美的魅力嗎？那麼，普遍來看，什麼是真正的美？是秩序。什麼是秩序呢？是整體的和諧。什麼是和諧呢？是……還是就到此為止吧。接在問題後的這些答案，是沒有邊際的，無法達到無可動搖的支點。一小塊羊糞，引起了多少形而上的思考啊！繼續其他的問題吧，是時候了。

第三章
聖甲蟲的造形術

　　現在我們腳踏實地，立足於事實的觀察。聖甲蟲是怎樣製作展現母性的梨形糞球的呢？首先可以肯定，這絕對不是靠著在地上滾動的機械原理加工而成的，因為梨形糞球無論哪個方向都不可能滾動。就算那個葫蘆狀的肚子還可以滾動，那個橢圓形突出的梨頸，裡面可是挖了個孵化室！這個精緻的作品不可能是粗魯的強烈衝撞的結果，正如珠寶商的珠寶不是在打鐵匠的鐵砧上鍛造出來的。由於其他明顯的、先前已提過的原因，我認為梨形糞球的形狀，將從此把我們從陳舊的迷信中解脫出來，那些迷信認為，卵是放在一個被猛烈顛簸推著的糞球裡面。

　　雕塑家為了設計他的傑作，關起門來工作。聖甲蟲也正是這樣。牠關在地下室裡，潛心加工拖進去的糞塊。獲得那些要

加工的大塊食物有兩種情況。一種是聖甲蟲在糞堆裡按照我們已知的那種方法收集優質食物，就地把它揉搓成球狀，之後再滾動它。如果食物只是給牠自己吃，牠就一定僅僅這麼做。

糞球體積龐大，假如地點不適合挖洞，聖甲蟲就會滾動著這重重的包袱上路。牠毫無目的往前走，一直走到一個合適的地方為止。一路上，糞球的形狀不會比原來更完美，但表皮會滾得硬一些，還會沾上土和細小的沙粒。沾了泥土的表皮，真實地標示路程的遠近。這個細節有其重要性，接下來就會對我們有所幫助。

還有一種情況，就是糞塊從糞堆裡提煉出來了，而糞堆附近就很適合牠挖掘地洞——石頭不多，容易挖掘。那麼，就不需要搬運，也用不著作成利於滾動的糞球。聖甲蟲把羊賞賜的鬆軟蛋糕收集起來，一塊塊沒有固定形狀的糞料，就這樣原封不動地儲藏到加工作坊裡面，等到有需要的時候再分成各種各樣的小塊。

通常這種情形很少見，因為地面碎石塊太多，很粗糙。易於挖掘的地點散布在四處，聖甲蟲得帶著牠的負擔到處遊蕩，尋找那些地方。不過，在我的飼養籠裡，泥沙是用篩子篩選過的，所以這種情況反倒很常見。哪個角落都很容易挖掘，所

以，聖甲蟲母親在產卵的時候，僅僅是把離得近的糞塊運到地下，並不需要加工成某種特定的形狀。

這種不用預先加工成便於運輸的球形的儲藏方式，不管是在田野裡，還是在我的飼養籠裡出現，其最後結果都令人大吃一驚。前一天晚上，我看著一塊形狀不規則的糞便從地面消失。第二天或第三天我去拜訪牠的作坊，就會發現那個藝術家正與牠的作品相對著。起初那難看的糞塊，牠抱進去的雜亂碎塊，變成了很規矩的梨形，極其完美。

這個藝術品帶著聖甲蟲製作方法的痕跡：立在洞底地面的那部分沾著少許泥土；其他部分都很光滑，亮亮的。在聖甲蟲加工梨形糞球的時候，由於牠的拍打，加上梨形糞球自身的重量，還很鬆軟的梨形糞球與加工作坊地板接觸的那一面沾上了土粒，其他大部分仍然保持著聖甲蟲賦予它的精細完美。

這些仔細觀察到的細節，其結論顯而易見：梨形糞球並不是旋轉的成果，它不是聖甲蟲在寬敞的作坊裡面滾動出來的。因為用滾動的方式，會使梨形糞球的表面全都沾上土。而且，梨形糞球那突出的頸部也排除了這種製作方法的可能性。梨形糞球也沒有頭尾翻轉；它的上面一點土也沒有，就是最好的證明。用不著移動也沒有旋轉，聖甲蟲就在原地搓揉這個小梨。

牠用棒槌似的長臂輕輕地捏塑著，就像我們在露天裡看見牠捏糞球一樣。

現在來說說田野裡的情形。在田野環境中，糞塊是從很遠的地方搬來的，拖進地洞的彈珠狀糞塊外面全都沾了土。未來的梨形糞球的肚子已經做好了，聖甲蟲會怎麼處理這個糞球呢？如果我的野心只在答案，而不顧及方法，要得到答案並不很困難——只要抓住雌聖甲蟲，連同牠的糞球，整個把牠們從地洞裡轉移到我的昆蟲實驗室，然後密切監視事情的進展就可以了。這種事情，我做過很多。

我把篩過的土，裝到一個短頸廣口瓶裡，然後把土弄濕，夯緊到需要的程度；再將雌聖甲蟲和牠抱著的寶貴糞球放到人造土的表面；然後把這個裝置放在那裡，等待著。我的耐心沒有經歷太長的考驗。這個蟲子迫於卵巢變化，重新開始被打斷的工作。

小蜉金龜（放大6倍）

有時候，我會看到聖甲蟲一直待在土面上，把牠的糞球打碎。牠把糞球捅破，弄碎，扒得四處都是。這絕不是這個絕望的小東西被捉後昏了頭，所進行的破壞行為；而是明智的、考慮衛生的舉動。在那些瘋狂的

爭奪者之間匆匆忙忙收集到的糞球，經常有必要再進行一次審慎的察看；因爲當著那些強盜的面進行仔細地檢查，並不容易。那些包著小屎蜣螂、蜉金龜的糞料，在狂熱的獵食爭奪中，一不小心，就會摻雜到糞球裡去。

這些無意的入侵者，在糞球的內部非常愜意；牠們也會剝削將來的梨形糞球，大大損害合法消費者的利益。必須把這些餓鬼從糞球中驅逐出去。所以聖甲蟲母親要把糞球打碎，弄成碎屑，嚴格地審查；然後再把碎屑重新收集起來，做成球狀。這時，糞球表面就沒有土了。聖甲蟲把它拖到地下，加工成除了支撐點以外都乾乾淨淨的小梨形。

不過，更常見的情形是，糞球被原樣埋到瓶子裡的土中，就像我把它從地洞裡挖出來的時候一樣，外殼粗糙。這是從獵食點一路滾過田野，滾到要加工的地方形成的。在這種情況下，我再次從瓶底看見已成形的梨形糞球時，小梨的外殼嵌滿了沙土，粗糙不平。這證明梨形糞球並不需要聖甲蟲對糞塊從裡到外進行全面改造，只要簡單的拍壓，拉出梨頸就做成了。

絕大多數情況下，事情就這樣按常理發展。從田野裡挖出的梨形糞球，幾乎全都結了一層硬痂，多多少少都不怎麼光滑。如果沒有眼見這層外殼是由於搬運所致，人們還會以爲這

粗糙的外殼證實了梨形糞球是聖甲蟲在地下城堡裡滾動、拉長的結果呢。但我看到幾個少見的光滑梨形糞球，這就讓人徹底打消了這種錯誤的念頭。我的飼養籠裡產出的梨形糞球尤其乾淨。這些小梨讓我們知道，用就近收集、儲藏的不定形糞料加工成梨形，要進行徹底的塑造，但並不是用旋轉滾動的方法。這些光滑的梨形糞球還向我們證實：那些表面不光滑的梨形糞球，粗糙的沾了泥的外殼，並不是在作坊深處滾動加工的標誌，而僅僅表明它們在地面經過了較長的搬運。

要親眼目睹梨形糞球的加工製作並不容易，這個黑暗中的藝術家只要一有光線射到，就頑固地拒絕任何工作。牠需要完全的黑暗來捏塑梨形糞球，而我則需要光線來看牠工作。把兩者結合起來是不可能的，不過我們還是要試一試，把那不願完全展露的真相斷斷續續地抓住。我採用的裝置如下。

還是用剛才的那種短頸廣口瓶，在瓶底鋪上幾指厚的土層。為了有一個四壁透明的加工作坊，我在泥土層上架了一個十公分高的三角架，在架子上安置一個和瓶子直徑一樣的樅木片。這樣圍起來的玻璃房就是聖甲蟲寬敞的地下工作室。在樅木片的邊緣切一個可以讓聖甲蟲和牠的糞球通過的缺口，最後在樅木擋板上堆一層土，與瓶口齊高。

在安裝過程中，擋板上面的一部分泥土會崩塌，從缺口漏到下面的空間，形成一個長長的斜面。這個藝術家發現這個連通的擋板後，會經由這個斜坡進到我為牠準備的小室裡去。當然，牠只會在那個小室是絕對黑暗的情況下進去。於是我做了一個上面封口的紙筒罩，罩在玻璃瓶上。不透明的紙筒罩在瓶上，就有了聖甲蟲要求的黑暗；把它突然掀開，就又有了我需要的光線。

這樣布置好器具後，我開始尋找一個剛退到天然洞穴裡的雌聖甲蟲和牠的糞球。正如我希望的那樣，一個上午就夠我安排好這些。我把聖甲蟲和糞球放到上面一層土上，罩上紙筒，然後等待著。這隻蟲子工作起來執著得很，只要卵還沒安頓好，牠就又會挖一個洞，慢慢拖動糞球。牠會穿透上面那層不夠厚的土，碰上樅木板的阻礙，類似牠在田野挖掘中常常會擋住去路的碎石塊。牠偵查阻擋的原因，就會發現那個缺口，從這個小門爬到底下的小房間。這個小房間對牠來說，既寬敞又自由，就像我給牠搬家前所住的地洞。這些都是我的推測。這些工作還得花上一些時間，所以我最好還是等到第二天，再來滿足我那失去耐性的好奇心吧。

是時候了，來吧！前一夜，我將實驗室的門打開著，因為即使只有一點點開鎖的聲音都會打擾我這個多疑的昆蟲工人，

使牠停下來。爲了更小心起見，我在進實驗室之前，穿上走起路來沒有聲音的拖鞋。好，掀起紙筒。太好了！我的推測是正確的。

聖甲蟲正在玻璃工作室裡。我在牠忙碌的時候突然出現，牠那長長的腳正放在已初具雛形的梨形糞球上。但是，牠被這突如其來的亮光嚇呆了，一動也不動，好像僵住了一樣。過了幾秒鐘，牠轉過身，笨拙地沿著那個斜坡往上爬，想再進到地道黑暗的高處。我看了一下工作成果，記下它的形狀、位置、方向，然後重新用紙筒罩上，讓裡面再次暗下來。要是我們想繼續進行這樣的實驗，這種冒然窺視就不能持續太久。

這個突然而短促的探訪，揭開了這神秘工程的基礎資訊。剛開始的圓形糞團，現在突出來一大塊，外形圍起來有點像個不怎麼深的火山口。這讓我想起一些史前時期的瓦罐，圓肚、開口邊緣很厚、頸子用一條小溝槽收緊，只不過這一個的尺寸是縮小的。這個梨形糞球的粗坯，揭示了聖甲蟲的製作方法，這方法和不知道拉坯轆轤的第四紀人類用的方法一樣。

那正被捏塑的糞球，一側被勾勒了一圈，挖出一圈溝槽，這溝槽就是梨頸的起點。這個球還被拉出了一個又圓又鈍的突起。突出部分的中心被壓過，把糞料都擠壓到邊緣去，出現一

個火山口，邊緣不規則。這最初的工作只需要一圈圈地纏繞和擠壓就夠了。

傍晚，我又悄無聲息地做了一次突然的造訪。這個雕塑家從上午的不安中回過神後，又下到牠的工作室裡去了。現在我的把戲又讓牠淹沒在光亮之中。牠被我挑起的怪事弄得驚慌失措，馬上逃到上面一層去避難。這個可憐的母親，被亮光折磨著，要往上走到黑暗中去，但是步伐猶豫不決，極不情願。

工程已有進展。火山口變深了，厚厚的邊沒有了，它變薄、收攏、拉長，形成了梨頸。而且，這東西沒移動過。它的位置、方向，就是我上午記下來的。接觸地表的那面一直在下方，在同一個點上；朝上的那面一直在上方；已成梨頸的火山口是朝右的，就一直朝右。據此得出的結論，完全證實了我以前的說法：沒有滾動，只靠拍壓搓揉來加工。

第二天，作第三次觀察，小梨已經完工了。梨頸昨天還是半開的口袋狀，現在已經封住了。所以，卵也產下了。工程已完工，只需要全面粉光整修就行了。我打擾牠時，這位一絲不苟、追求完美幾何的母親，正在對梨形糞球修修補補呢。

我錯過了工程中最複雜的部分。我大致看清楚了卵的孵化

室的形成過程：開始時圍在火山口的突出物，在腳的拍壓下變小變薄，拉長成一個開口不斷縮小的口袋。對這種工作，人們還可以有令人滿意的解釋。但是當人們想到聖甲蟲那僵硬的工具：寬大的鋸齒狀鎧甲，動起來就像木偶般生硬笨拙的動作，人們就無法解釋孵化室的優雅完美了。

這種粗糙的工具去挖礦石倒是一流，聖甲蟲怎麼能用它們來建造育兒房，建造那內部精細光滑的孵化室呢？那腳上的鋸齒奇大無比，活像是一個採石用的鋸子，當聖甲蟲把它從口袋的小開口伸進去的時候，那種輕柔，是不是可以和畫筆媲美？為什麼不呢？我們早說過了，現在重複一遍：「工具並不造就工人」。聖甲蟲能用牠所具有的任何一種工具發揮其專業才能。牠就像富蘭克林說的那種優秀工匠，會用鉋子鋸，會用鋸子刨。聖甲蟲就是用牠刨土的大鋸齒釘耙當作抹刀和畫筆，把孵幼蟲的小房間的泥牆塗抹得平順光滑。

最後還有一個關於孵化室的細節。在梨頸的頂端，有一處總是顯得與眾不同：有幾根很粗的纖維豎在那裡，而其他地方都細心地抹平了。那是雌聖甲蟲安頓好卵之後，用來封住小開口的塞子；而這塞子蓬鬆的結構，說明了它沒有經過拍壓。而梨形糞球的其他地方都被壓得實實的，連一丁點突出的纖維都沒有。

　　為什麼最頂端布置得這樣例外、奇特，而其他地方都被聖甲蟲用腳有力地拍壓呢？因為，卵就靠在這塞子後面，如果用力擠壓它，把它往後推，這個塞子就會把壓力傳到胚胎身上，胚胎就會被壓死。聖甲蟲母親清楚這種利害關係，所以用一個沒有壓過的塞子封住開口。這樣孵化室的空氣流通得更好，而卵也避開了擠壓拍打所引起的致命震盪。

第四章
聖甲蟲的幼蟲

在地洞薄薄的天花板下面，聖甲蟲的卵處於強烈日照的影響之下，太陽是牠最主要的孵化器。但陽光是會變化的，所以胚胎的甦醒也不會有確定的日子。日照強烈的時候，產卵後五、六天就有小蟲了；溫度稍低一點，要到第十二天才能見到幼蟲。六月和七月正是孵化的時節。

一出褓褓，新生兒就迫不及待地去咬孵化室的四壁。牠開始吞食牠的房子，不過不是隨意的，而是謹慎行事，避免犯錯。如果牠咬屋子兩側很薄的地方，也沒什麼會阻擋牠，因為那裡也和其他地方一樣，用的是上好的材料。不過，如果牠用大顎去啃咬突出頂端最薄弱的地方，牠會由於還沒擁有足夠的黏著劑，而把防護圍牆捅個缺口。而我們將會看到，由於外在因素引發種種類似事故的時候，幼蟲使用的就是這種黏著劑。

　　如果小幼蟲在牠的食物堆中隨意亂吃，就會身處外面突發事件的威脅當中。至少，牠很可能會從搖籃裡滑出來，從開著的天窗摔到地下。而一旦從住所裡掉出來，這個小幼蟲就完蛋了。牠會找不到母親為牠儲存的食物，即使找到了，牠也會被那結了痂的殼攔住。這新生的小聖甲蟲，儘管身上還沾著卵的黏液，智力卻已經很發達，完全明白危險，而且會用成功可靠的策略來避開危險。那些高等動物在小的時候絕不會有牠這麼高水準的智力，牠們的母親這時還守在身邊呢。儘管幼蟲四周都是一樣的食物，都很對牠的胃口，但是牠卻只進攻房子的地基，那裡連接著體積巨大的糞球，可以讓這個消費者隨心所欲地四處咀嚼磨牙。

　　誰能向我解釋牠對這個進攻點的偏愛呢？這一點的食物與其他地方沒什麼區別呀。難道是薄薄的牆壁影響了牠柔嫩的皮膚，讓這個小生物知道牠離外界很近嗎？這種影響又會表現在哪一方面呢？再說，牠才剛出生，對外界的危險，又知道些什麼呢？我迷糊了。

　　或者說，我又搞清楚了。我從另一個方面領悟到好幾年前土蜂和飛蝗泥蜂教給我的東西。這兩個聰明的食客是解剖專家，能清楚地區分能與不能；牠們慢慢地吞食獵物，但是不到吃完絕不把獵物殺死。[1]聖甲蟲也掌握了一種棘手的進食藝

術。雖然牠用不著操心食品的儲藏問題（食品是不會腐爛的），但至少牠要小心不要咬錯方位，讓自己暴露在外。在這可能致命的吞食中，最初的幾口又是最可怕的，因為幼蟲是那樣脆弱，牆壁又是這麼薄弱。所以，要保護自己，幼蟲具有原始的靈感，沒有靈感誰都不能活下來。牠聽從本能的命令，本能告訴牠：「你要咬這裡，千萬別咬別的地方。」

於是，即使其他地方的食物再誘人，幼蟲也不會去碰，只在合乎規定的地方啃著。牠從梨頸的基部開始進食，幾天之內，牠都沈浸在這個圓鼓鼓的糞塊中，逐漸變得又肥又胖，把那骯髒的糞料轉化成胖嘟嘟的幼體。牠的身體閃著健康的象牙白光澤，還帶著一點深灰色反光，身上一點也不髒。糞料沒有了，說得更好聽點，是化在生命的熔爐裡了，只留下一個空空的圓洞，幼蟲住在裡面，在穹頂下彎著背，身體折成兩截。

在此之前，技藝高超的昆蟲還未曾向我展示這麼奇特的一幕。因為我一心想看看在洞穴裡的幼蟲，就在梨肚子上開了一個半平方公分的小天窗。那個隱士的頭馬上出現在洞口，來打聽發生了什麼事。牠看清楚這個缺口後，頭又消失了。我隱隱約約看見牠白色的背部在小小的洞穴裡轉動。很快地，我剛剛

① 見《法布爾昆蟲記全集 3──變換菜單》第二章。──編注

開的小窗就被一團褐色的、軟軟的東西封住了，而且那軟軟的一團東西又很快的變硬。

我本以為幼蟲的洞穴裡是些半流質狀的漿液，突然移動的背部證明幼蟲正在繞著自己轉動，大把大把收集這種東西；轉了一圈後，再把抱著的東西當作灰漿，塞到牠認為很危險的缺口上。為了證實我的猜想，我又掀開封口的塞子。幼蟲又出動了，把頭探到小窗子上，然後縮回頭，在原地轉動，就像一個果核在果殼裡轉動一樣。馬上又有了一個和前一個同樣大小的塞子。這一次，因為我預先知道即將要發生的事，所以看得比較清楚。

我先前犯了個多大的錯誤啊！不過，我並不因此覺得難為情，因為這個小傢伙保護自己的手段，經常是我們想都不敢想的。牠轉動之後，出現在缺口的不是頭部，而是尾部。幼蟲並不是抱了一團從四壁刮下來的飯團，而是在缺口處拉了一泡屎來封住那個開口。這樣就經濟多了。幼蟲要精打細算，口糧是不能浪費的，可吃的東西太少了。再說，這種水泥的品質也很好，很快就會凝結。只要腸子裡總是滿的，這種應急修補措施就進行的非常迅速。

確實，牠腸子裡的庫存之豐富令人驚訝。有五、六回或更

多次，我接連把塞上去的塞子拔開，而那灰漿似的東西也一次又一次大量分泌出來，似乎那個儲藏室取之不盡用之不竭，隨時為這個泥水匠效勞。聖甲蟲幼蟲已經像成蟲一樣是個排泄冠軍了，牠的腸腔這麼聽話，其他任何動物都不會如此，待會的解剖會做出部分的解釋。

粉牆匠和瓦匠都有他們的抹刀。幼蟲勤勞地修復自己窩上的缺口，牠同樣也有牠的抹刀。牠身體的最後一節，被斜斜地截去，形成一個傾斜的平面，一個大圓盤，周圍有一圈垂下來的肉。在大圓盤的中心，開著一個鈕扣眼似的小洞，是黏著劑分泌的開口。這整個就是牠的大抹刀，扁扁平平的，帶著一圈凸邊，防止從體內擠壓出來的東西白白流走。

擠出來的東西一旦成堆，整平和壓縮的工具就開始運作，把黏著劑送到凹下去的缺口，用力壓進那塌下去的缺口裡，讓那些水泥變得堅固、平坦。用抹刀抹平之後，幼蟲就轉過頭來，用寬大的前額敲打、壓緊，並用嘴角修整得更完美。等上一刻鐘，修補過的地方就會和殼的其他部分一樣硬，因為水泥凝固得很快。從外面看，壓在開口處的東西不規則地突起，看得出這個地方修補過，不過那是幼蟲的抹刀不能及的地方；在殼裡面就什麼痕跡都沒有，被破壞過的地方仍然和往常一樣平滑。一個粉牆匠封我們房屋的牆洞時，也許還無法做的更好。

幼蟲的才能並不止於此。用牠的黏著劑，牠還能修補碎掉的罐子。讓我們來解釋一下吧。梨形糞球的外殼又硬又乾，像個結實的蛋殼，我就把它比喻成一個裝了新鮮食品的罐子。我在田野挖掘時，有時碰上困難地帶，小鏟子用得不好，不時會把罐子碰碎。我把碎片收集起來，把幼蟲放到原位，再把碎片拼好，用一小張舊報紙包起來，固定住這個拼裝起來的罐子。

在帶它回家之後，我發現這個小梨竟又變得和原來一樣結實，儘管形狀也許不好看，有長條的疤痕。原來在一路上，幼蟲已經把牠破碎的蝸居修復好了。牠用噴射出來的黏著劑把碎片之間的縫隙黏合起來，又在裡面塗上厚厚的一層灰漿，把牆壁加固。撬開不規則的外殼來看，這修復過的居室可以和原來完好無損時相媲美。在這用高超技術修補過的保險箱裡，幼蟲又找到了牠所需要的深深寧靜。

現在該來想想這種粉塗手段的動機了。是不是註定要生活在完全的黑暗中，所以小窩上一有洞出現，幼蟲都會塞上，免得那討厭的光線射進來呢？但是，幼蟲看不見呀，牠暗黃色的頭顱上沒有任何視覺器官的跡象。僅僅沒有眼睛並不足以否認光線的影響，也許光線只是被幼蟲柔嫩的表皮隱約地感覺到了呢？得做些實驗來找出答案。

　　我差不多是在黑暗之中挖那個缺口的，只有一點點光，勉強能讓我用工具撬洞。洞口一挖開，我馬上就把這個糞球放到一個盒子的暗處。幾分鐘以後，這個缺口又堵上了。儘管是在黑暗之中，幼蟲還是準確地判斷，密實地將牠的小屋封起來。

　　我把一些幼蟲從牠們出生的梨形糞球中取出來，放到塞滿食物的小圓瓶裡飼養。我在那堆食物中，挖了一個小井，底部做成一個半圓形。這個小凹洞，和一個被挖去了一半的梨形糞球差不多，是個用來代替天然洞穴的人造窩。我把實驗用的幼蟲放到裡面，隔離起來。居室的變化並沒有引起牠們明顯的不安。牠們發現我選的食物很對自己的胃口，就以平日的食慾在圍牆上啃起來。遷居絲毫沒有引起這些泰然自若的大肚客的慌亂，我的飼養也就毫無阻礙地進行著。

　　然後發生了一件值得紀念的事。我挖的小井只相當於梨形糞球底下的一半，而所有的遷居者們都動手慢慢地把這個小窩補圓。我給牠們提供了地板，牠們就想在那上面加一個天花板，一個圓屋頂，就這樣把自己關在一個球形的圍牆裡。牠們用的材料就是自己腸子裡產出的黏著劑；建造工具就是抹刀，也就是身體最後一節的那圈突出圍著的斜面。牠們把分泌出來的建築石膏抹到小洞邊緣，等石膏凝固以後，就把這些石膏當作支點，接著建第二層稍微往內傾的邊緣。這樣一層接一層地

建下去，整體的曲線也就愈來愈明顯。而且，牠尾部不時地轉動，最後確定了這個球形組裝物。幼蟲就是用這種方法，大膽地凌空建造牠的穹頂，把我開了個頭的球體修補完整；而我們的建築師建造穹頂時不可少的鷹架和門拱支架，牠都不需要。

有幾隻幼蟲把工程簡化了。玻璃瓶的內壁有時就在牠要建築的工程範圍之內。它表面光滑，正符合這些細心的拋光工的喜好，而且彎曲度在某種程度上看來和牠們預計的也很吻合。於是牠們利用了這一點，也許並不是為了節省時間和勞力，而是覺得那緊鄰著的光滑彎曲的內壁就是牠們自己造的。就這樣，在穹頂下保留了一塊大大的玻璃窗，這正合我的需要。

好了，透過這樣一扇玻璃窗，那些幼蟲接連好幾個禮拜，整天都受到我房中強烈光線的照射，但是牠們和別的幼蟲一樣安靜，吃東西、消化，一點也不急著用一塊水泥來擋住牠們本來討厭的光亮。所以，幼蟲那麼急急忙忙地去堵住我在牠的洞穴上開的缺口，並不是為了避開光線。難道是因為怕風，因此即使是很小的縫隙，牠都會仔細地糊上，免得風從縫隙中鑽進來？這也不是答案。我屋裡的溫度和牠窩裡的溫度一樣；而且，我在捅缺口的時候，空氣很平靜。我並不是在暴風雨的時候去探訪這個隱士的，而是在安靜的屋子裡，在更深沈、更寧靜的瓶子裡。

因此，即使冷氣流會刺痛幼蟲敏感的皮膚，也不能成爲理由；不過，風還是個必須不惜一切代價避開的敵人。如果風從缺口大量地灌進去，帶進七月酷暑的乾旱，那麼食物就會因爲乾燥作用縮成不能吃的硬餅乾，幼蟲也會因此變得有氣無力，面色蒼白，過不了多久，就會餓死。作母親的已盡其所能，利用球形和緊密的外殼來防止子女們悲慘地餓死，但子女們也不能鬆懈，要仔細看管自己的口糧。

如果牠們希望一直都有鬆軟的麵包吃，就得輪到自己好好地塞緊這個裝食物的罐子。裂縫是可能有的，而且是非常危險的，重要的是得立刻堵上。假如我沒搞錯，這可能就是幼蟲成爲一個粉牆匠的原因，牠手拿抹刀，還有一個隨時準備提供水泥的工廠。這個瓦罐修理工修理牠裂開的罐子，就是爲了使牠的麵包保持鬆軟。

一個重要的反對意見出現了。我看到牠那樣勤奮地去糊的裂縫、缺口、通風窗，都是我用鑷子、小刀、解剖針這些工具弄出來的。如果說，幼蟲就是爲了防止人的好奇心引起的災難，才具有這樣奇特的才能，這是無法讓人接受的。牠生活在地下，對人類怕什麼呢？沒有，或者說幾乎沒有。自從聖甲蟲在太陽底下滾糞球以來，我可能是第一個打擾牠的家庭的人，讓牠透露眞相，告訴我內情。在我之後，也許還有別人，但必

定寥寥可數！因此，答案不是這個，人的破壞干預不值得讓幼蟲擁有抹刀和水泥。那麼這堵縫的藝術是做什麼用的呢？

請稍安勿躁。在洞穴平靜的外表之內，在那看似絕對安全的蝸居裡，幼蟲仍然有危險。從小到大，誰沒面臨危險呢？有生命，就有危險。儘管這個問題之前幾乎沒被提到過，對小聖甲蟲而言，我已經知道三、四類可怕的事故。植物、動物，還有看不見的物理因素，都在處心積慮地企圖陷害牠，破壞牠的食品儲藏櫃。

在綿羊提供的糕點周圍，競爭是激烈的。當雌聖甲蟲趕到，拖出牠那一份來加工成糞球的時候，那一小塊糞料通常都在某些食客的支配之下，而這些食客之中最不起眼的往往是最可怕的。尤其是小個子的屎蜣螂，縮在糞料底下做得十分起勁。有幾個貪吃的，還喜歡鑽到糞塊最厚的地方，浸在糞泥中央。斯氏屎蜣螂就屬於這一類，牠的身子烏黑發亮，鞘翅上有四個紅點。還有最小的蜉金龜科昆蟲（小蜉金龜），把牠的卵產在糞塊肥沃的地方。而雌聖甲蟲在匆忙之中，不可能徹底仔細地檢查牠收集到的糞球。有幾個屎蜣螂被剔除了，而其他埋在糞塊中央的就沒被發現。再說，蜉金龜的胚胎也很小，足以躲過雌聖甲蟲的警戒。這塊被入侵的糞塊，就這樣被聖甲蟲母親拖到地洞裡搓揉成形。

　　我們果園裡的梨有蛀蝕牠們的害蟲，而聖甲蟲的小梨裡有破壞性更大的害蟲。那偶然包在裡面的屎蜣螂蛀空梨形糞球，在裡面搗亂。這貪吃鬼吃得心滿意足以後，就想要出去，牠在小梨上打洞，那圓孔大得差不多可以放進一支筆。蜉金龜做的事情更糟，牠的後代孵出來了，就在那些食物之中生長、蛻變。我在筆記中記下了幾個這種被破壞的梨形糞球，各個方向都被捅穿了，布滿了孔洞，那些不是有意寄生在糞球中的小食糞性甲蟲就從這些開口中爬出來。

　　如果在梨形糞球上鑽氣窗的寄生蟲太多，聖甲蟲的幼蟲就會夭折。牠的抹刀和水泥還不夠做這麼多的工作，只能應付破壞程度不那麼嚴重、入侵者不多的情況。這時，幼蟲會很快地堵住牠周圍被打開的所有通道，抵抗侵略者；牠討厭這些傢伙，要把這些入侵者都攆走。這樣梨形糞球中心就不會乾化，牠也因此得救了。

　　此外，很多隱花植物也夾雜在糞球之中。它們夾進肥沃的糞球裡，把它一塊塊地像鱗片一樣剝開，鑽出一條條裂縫，還埋下種子。如果糞殼上被這種植物鑽出裂縫，而幼蟲不用黏著劑糊住這些會引起乾燥的氣窗，來保護自己的蝸居，那麼幼蟲也活不長了。

　　第三種會招致幼蟲完蛋的情況是最常見的。就算沒有動植物的破壞，梨形糞球本身也常會一塊塊地脫落、脹開、碎掉。這是不是因為雌聖甲蟲在加工製作的時候，壓得太緊，引起外層發生反應的結果？還是由於梨形糞球裡面開始發酵了？是乾縮的結果，就像黏土乾縮、裂開一樣嗎？很可能都是。

　　不過，還沒有什麼能明確地證實這一點，我觀察了那些可能引起乾燥作用的、很深的裂縫，那裂開的罈子並不能好好地保護裡面柔軟的麵包。但我們用不著擔心這自然裂開的縫隙會把事情搞糟，幼蟲會馬上採取補救措施。分配給牠的本事，放到牠身上的水泥和抹刀，不會沒有用的。

　　現在來給幼蟲畫個大致的草圖，不要停留在一條條地數觸鬚、觸角這些枯燥的細節上，這沒有任何意義。這是條胖嘟嘟的幼蟲，皮膚潔白細嫩，那透過透明的皮膚看到的消化器官帶點灰白的光澤。牠彎成一個尖拱，像個鉤子，有點讓人想到鰓金龜的幼蟲，不過身材更難看。背部鉤子突然彎曲的地方，也就是腹部的第三、四、五節，鼓成一個大駝背，像個氣泡，也像個鼓鼓的袋子，那一段的皮膚好像就要被裡面裝的東西撐得裂開

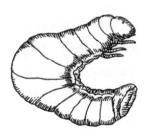

聖甲蟲幼蟲

了。總體來說，這個昆蟲像個托起來的布袋。

相對於整個身體來說，幼蟲的頭很小，稍微外突，淡紅棕色，稀疏地立著幾根細細的白毛。腳比較長，結實有力，末端有尖尖的趾節。幼蟲並不把腳當作前進的器官。我把幼蟲從糞球裡拿出來，放到桌上，牠坐立不安，笨拙地扭來扭去，還是沒能移動。那一再噴出的水泥，透露出這個四肢不靈的小傢伙的不安。

這裡還要提一下牠尾部的抹刀，那是最後一節體節被截出的一個傾斜的圓面，邊上有一圈突起的肉墊。斜面中心開著排糞口，排糞口很奇怪地轉了個方向，朝上開著。我們可以用兩個詞形容這個昆蟲──大駝背和抹刀。

米爾桑[2]在他的《法國鞘翅目昆蟲的博物學》中也描寫了聖甲蟲的幼蟲。他一絲不苟地、詳細地告訴我們牠的觸鬚、觸角的數量和形狀。他看到肛門和棘毛；他看到了很多放大鏡下面的東西；但他沒看到幾乎是幼蟲身體一半的大布袋，也沒看到身體最後一節的奇形怪狀。我覺得這個詳細的解說家肯定搞

---

[2] 米爾桑：1797-1880年，法國博物學家，寫過有關鞘翅目昆蟲、蜂雀、臭蟲的著作。──譯注

錯了，他講的幼蟲絕不是聖甲蟲的幼蟲。

　　要結束幼蟲的故事，還得說上幾句牠內部的結構。解剖會向我們展示那奇特水泥的生產工廠。牠的胃、或者說消化道，是從脖子開始的一條又長又粗的管子，接在一段很短的食道後面，其長度大約是幼蟲體長的三倍。在聖甲蟲幼蟲胃的尾端的四分之一處，旁邊掛了一個脹得鼓鼓的大食袋，這是一個附加胃，裡面儲藏了食物，食物的營養成分在那裡被徹底吸收。消化道太長，不能筆直地在幼蟲的體側延伸，所以伸到附加胃裡，又繞了回去，形成一個大大的環狀把手，把幼蟲的背都占滿了。也就是因為放了這個把手和旁邊的食袋，背才鼓成一個駝背。幼蟲的布袋也就成了第二個肚子，也就是肚子的一個分支；如果只有原來的肚子，是容不下這麼龐大的消化器官的。此外，還有四根又細又長的馬氏管[3]，混亂地纏在一起，劃出了消化道的界線。

　　接下來的是腸，窄窄的、管狀的，往上繞著。接在腸之後的是直腸，直腸轉了個方向，又往下延伸。直腸特別大，腸壁特別粗，有很多橫向褶皺，整個直腸都被裡面裝的東西撐得鼓

---

[3] 馬氏管：以義大利醫生馬爾比基（1628～1694年）命名的昆蟲主要泌尿器官。
　　——譯注

鼓的。這裡就是堆積消化殘渣的
寬敞倉庫，也就是隨時準備提供
水泥的有力噴射管。

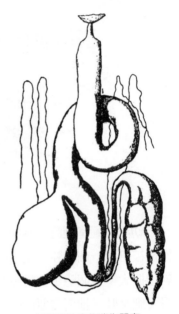

聖甲蟲幼蟲的消化器官

第五章
聖甲蟲的蛹和破殼而出

　　幼蟲在蛹室裡吃著食物做的牆而長大。梨形糞球的大肚子慢慢被挖成一個空腔，屋子的空間也隨著裡面居民的長大，相對地擴大。這個隱士在隱蔽所深處，既有吃的，又有住的，變得又肥又胖。牠還需要什麼呢？還得費點心思注意衛生問題。在這麼小的窩裡，幼蟲占了差不多全部的空間，所以排泄比較困難；如果沒有缺口要修補，那鼓脹的腸不停製造的黏著物，也得找個地方放著。

　　是的，幼蟲吃東西並不挑剔，但飯菜也不能太奇特。最低等的動物也不會吃自己或同類已經消化過的東西。胃這個蒸餾器已經把最後一丁點有用的元素都提煉出來了，再也沒有什麼可提取的了，除非換一個化學家，換一套器官。綿羊的胃比幼蟲的大了好幾倍，牠把自己認為是毫無價值的殘渣拉出來，而

這些對腸胃功能也很厲害的幼蟲來說，卻是上好的東西；所以我也毫不懷疑，幼蟲的殘羹剩飯會讓其他種類的消費者很滿意。但是，目前對幼蟲的嘴巴來說，這些殘羹剩飯卻是討厭的東西。那麼，在一個這樣仔細計算過的小窩裡，那占地方的廢渣往哪裡擺呢？

我以前講過黃斑蜂的奇特方法。[1]牠為了不把儲藏的蜂蜜弄髒，便將那些消化後的殘渣做成了一個漂亮的箱子，那簡直是細木鑲嵌的傑作。聖甲蟲的幼蟲在與世隔絕的隱居中，只有這些垃圾要處理，而這些東西又讓牠非常不舒服，於是牠掌握了一項本事，雖然沒有像黃斑蜂那樣的技術，但卻更舒服，我們留神看看牠的辦法。

幼蟲從梨頸的基部開始進攻，總是吃牠面前的東西，而不去觸動那一面保護自己所必需的薄牆。於是，幼蟲身後就有了一塊空地，廢物就存放在那裡，這樣就不會把食物弄髒了。孵化室也就這樣被最先吃剩的渣滓堆滿；然後，漸漸地糞球裡也有了一段放垃圾的地方。梨形糞球的上部又逐漸恢復了開始的密度，而基部的厚度卻在減少。這樣一來，在幼蟲身後雖然堆積著不斷增加的排泄物，但幼蟲身前卻是還沒碰過的、日漸減

① 見《法布爾昆蟲記全集 4——蜂類的毒液》第八章。——編注

少的食物。

四、五個星期之後，幼蟲發育完全了。梨形糞球突出的肚子被挖出了一個偏心的圓洞，靠梨頸的一端牆壁很厚，而另一端卻很薄。這種不對稱的形狀是由於前方哨食和後方填充的方法所導致的。東西吃完了，現在得布置一下牠的小窩。要把小窩墊得軟軟的，給皮膚柔嫩的蛹居住。幼蟲最後幾口已經刮到了允許範圍的極限，所以最好把這邊這個半球加固一下。

為了這個意義重大的工程，幼蟲很小心地保存了那豐富的水泥。抹刀開始發揮作用了，這一次可不是修補斷垣殘壁，而是把那一半薄薄的牆壁增加兩三倍的厚度，再把整個窩用灰漿粉光一遍。最後，牠的窩會在尾部的滑動下抹得很平，摸上去柔軟光滑。用這種水泥建的牆比原來的牆更堅固，幼蟲最後把自己封在一個結實的保險箱裡，這個箱子用手捏、用石頭砸都很難打破。

房子準備好了。幼蟲蛻皮，變成了蛹。在昆蟲世界裡，很少有誰能比得上這稚嫩生物那樸實無華的美麗：鞘翅折在前面，像塊有著大褶子的長圍巾；前腳曲在頭下，就像成蟲裝死時的樣子，讓人想起纏著亞麻繃帶、姿勢呆板的木乃伊。牠身體半透明，帶著蜂蜜似的乳黃色澤，看上去像是用琥珀雕刻出

來的。假設這是一塊堅硬的、無法腐蝕的礦物質，那牠就像是
一件美麗的黃寶石首飾。

在這個形狀和顏色都很樸素的寶物中，有一點特別吸引
我，最後還爲我解決了一個更高層次的問題。牠的前腳有沒有
跗節呢？這件大事讓我忘掉了這件首飾的結構細節。所以，我
們還是回到一開始讓我感興趣的問題來。這個問題的答案最後
還是出現了，儘管姍姍來遲，卻是千眞萬確、無可爭議的。我
原來研究上的種種不確定，被非常明顯的常識取代了。

出於一個奇特的例外，聖甲蟲成蟲和牠同屬的前腳都沒有
跗節；沒有那種由五個關節組成的跗節，而這個構造在高等的
鞘翅目昆蟲，即五跗節類昆蟲中卻是一般的法則。聖甲蟲其他
的腳卻又符合一般的法則，有完全成形的跗節。那鋸齒般的前
腳是生來如此，還是偶然形成的？乍看之下，很可能是一種偶
然。聖甲蟲熱衷於挖掘，勇敢地前行。無論是行走，還是挖
掘，總是和粗糙不平的地面接觸。當牠倒著滾動糞球向前行的
時候，前腳成了牠的支撐桿，因此就比其他的腳容易扭傷，使
那嬌弱的跗節變形、脫臼，於是後來的聖甲蟲從出生開始就完
全失去跗節了。

如果這個解釋會讓一些人發笑，我得趕緊讓他們醒悟。前

腳沒有跗節並不是一次偶然的結果。證據就在眼前，無可辯駁。我用放大鏡仔細觀察聖甲蟲蛹的腳：牠的前腳沒有一丁點跗節殘存的痕跡；那鋸齒般的腳像是突然被截斷的，沒有末端附加物的形狀。而其他的腳則恰恰相反，跗節再明顯不過，而且形狀醜陋，蛹的褓襁和液體使它變得疙疙瘩瘩，就像是凍瘡凍出來的。

如果蛹的證明還不夠，那麼再來看看成蟲的證明。成蟲扔掉牠那木乃伊一樣的舊衣服，第一次在蛹室裡翻動時，揮動的就是牠那沒有跗節的前腳。這下子，可以千真萬確地斷定，聖甲蟲生來殘缺，牠前腳沒有跗節是天生的。

時髦的理論會回答：好啦，就算聖甲蟲生來就被切掉了前趾，但是牠的遠祖可並不是這樣。那時，牠們遵守一般的法則，包括那乾瘦的腳都有正常的結構。但是，有些聖甲蟲腳上那嬌嫩的跗節，在艱苦的挖掘和搬運工作中磨損掉了，這個構造是個累贅，派不上用場。而牠們發現這偶然的截肢很適合牠們的工作，於是，為了後代的利益，就把截去的肢體傳給後代。所以，現在的聖甲蟲是得益於祖先的長期演化改良，在生存競爭的鞭策下，逐漸把這偶然的有利結構穩定下來。

哦，多幼稚的理論啊，在書上可以得意洋洋，但一面對現

實就顯得那麼貧乏。還是聽聽我的吧。如果前腳沒有跗節是一個很有利的條件，聖甲蟲就把這偶然的殘肢從古時候忠實地遺傳下來；那麼，別的腳尖端的附加部分，也都是些沒有力量的細細纖維，幾乎沒什麼作用，而且太嬌嫩，會被粗糙的地面磨損，那為什麼這些跗節卻沒有因為偶然而失去呢？

既然聖甲蟲不是登山運動員，而只是個普通的行人，牠用不著像鰓金龜那樣用足尖懸在細枝上；所以如果牠用足尖武裝的硬刺作支點站立，就像是使用包了鐵皮的棍子尖一樣。這樣看來，聖甲蟲完全不需要剩下四隻腳的跗節，可以把它們扔到一邊。這幾個跗節在牠行走時遊手好閒，加工搬運糞球時也沒什麼用。是呀，如果這樣，那可是個進步呀；道理很簡單，越不給敵人可乘之機，這樣做就越值得。剩下的就是要知道，偶然是不是有時會使事情發展到這個狀態。

答案是肯定的，而且經常如此。十月，好時光快結束的時候，聖甲蟲在挖洞、滾糞球、加工小梨之中，已累得筋疲力盡了；大部分都因工致殘，被磨去了跗節。在我的飼養籠裡，我看到各種不同截肢程度的聖甲蟲。有一些蟲，後面四隻腳的跗節整個掉了；有的留下了一段、一對關節或一個關節；受傷最輕的也僅存了幾隻沒受損的跗節而已。

　　這才是理論提到的截肢，但這不是發生在遙遠過去的偶然。每年冬天將至的時候，大多數聖甲蟲都肢體殘缺。但是在這最後的工作時期，比起那些沒有經過生活苦難的聖甲蟲，我並不覺得牠們的行動有太多不便。兩者行動起來一樣迅速，搓揉起麵包來一樣靈巧（這個麵包，可以讓牠們在地下泰然地捱過嚴酷的初冬）。牠們身體雖有殘缺，做起食糞性甲蟲的工作來，卻毫不遜色。

　　這些肢體殘缺者在地下度過惡劣的季節，春天醒來，重新爬上地面，參加第二次或第三次生命的盛宴。但牠們也還在養育後代呀！牠們的後代應利用這種改良演化呀！這種演化自世間有聖甲蟲以來，每年都在重複，完全有時間穩定下來，轉變成牢固的習性。但是牠們的後代沒有。所有聖甲蟲一出糞殼，都無一例外地長著合乎常規的四隻帶跗節的腳。

　　理論啊，您對此作何感想呢？前兩個沒有跗節的腳，您給的解釋還像那麼回事；但其他四個有跗節的腳，可是明確地把您駁倒了。您把幻想當真理了吧？

　　那麼，聖甲蟲生來殘缺的原因到底是什麼呢？我得乾脆地承認我一無所知。這兩隻沒有跗節的腳確實很奇怪；在數不盡的昆蟲種類裡，它們這樣奇特，以至於讓許多大師，甚至是最

有名的大師，都犯了令人遺憾的錯誤。先聽聽拉特雷依這位昆蟲學權威的話吧。在他論及古埃及人刻畫於紀念碑的昆蟲的學術文集[2]中，他引用了霍魯斯阿波羅的作品——用紙莎草紙[3]保存下來讚美聖甲蟲的唯一文獻。他說：

人們一定想弄清楚霍魯斯阿波羅關於聖甲蟲跗節數的猜想：他認為有三十個。這種估算，以他觀察腳的方式來看，非常正確，因為每一個跗節是由五個關節組成；假如把每個關節都看成一個跗節，六隻腳的每個腳末端的跗節都有五個關節，很明顯，聖甲蟲有三十個跗節。

對不起，了不起的權威，關節的總數只有二十；因為前兩隻腳沒有跗節。一般的法則牽住了您的鼻子。其實您是知道這個獨特的例外的，但您忽視了，您說有三十個跗節，一時之間被那過於肯定的法則主宰了。是的，這個例外您知道，您的論文裡附了聖甲蟲的插圖，不是根據埃及人的紀念碑而是根據昆蟲本身畫的插圖，插圖非常正確，無懈可擊：圖中聖甲蟲前腳沒有跗節。您的失誤可以原諒，因為這個例外太奇怪了。

②見《自然史博物館論文集》第五冊，第249頁。——原注
③紙莎草紙：紙莎草是一種生長在尼羅河沿岸的植物，埃及人取其莖製成紙莎草紙，將文字書寫其上。——編注

　　米爾桑在《法國的金龜子》一書中，重複了霍魯斯阿波羅的話，認爲昆蟲有三十個跗節的理由是：這個數目就是太陽穿過一個黃道星座所需的天數。他重複拉特雷依的解釋，不過解釋得更動人。還是來聽聽他的吧。他說：「把跗節的每個關節看成一個跗節，人們會承認這隻昆蟲曾仔細地被審查過。」

　　仔細審查過？被誰？霍魯斯阿波羅？去他的！被您，權威！百分之百肯定是您。法則的絕對性讓您一時之間迷糊了；而且在您畫聖甲蟲的圖片時，錯得更厲害：把聖甲蟲畫成長了一對帶跗節的前腳，和其他的腳一樣。您是那麼細心的描繪家，但也爲這種失誤做出了犧牲。法則的普遍性讓您忽視了例外的特殊性。

　　霍魯斯阿波羅自己看見了什麼？大概就是我們今天看見的。如果拉特雷依的解釋正確，一切看起來都像他說的那樣，這個古埃及作者最早以跗節的關節數爲依據，認爲有三十個跗節，這種計算是根據一般的資料得出的。他犯了一個大錯，但並非罪大惡極。幾千年後，像拉特雷依和米爾桑這樣的權威也同樣犯了這個錯誤。在這個問題上，唯一有罪的，是昆蟲獨特的結構。

　　也許有人會說：「爲什麼霍魯斯阿波羅看到的不是準確的

真實情況呢？可能他那個時期的聖甲蟲有跗節，但今天已經失去了。多少個世紀堅忍不拔的工作可能已經改變了牠。」

要回答這個演化論者的反駁，我希望人們能出示一隻和霍魯斯阿波羅同時代的聖甲蟲給我看。古埃及人在地下墳墓那麼認真地保存了貓、白鸛鳥、鱷魚，也應該保存了聖甲蟲。但我只有幾張圖片，牠們是複製的，原樣是刻在紀念碑上的聖甲蟲，或是項鍊上以小石頭雕做護身符的聖甲蟲。儘管古代藝術家在整體形象的雕刻上非常忠實，但他們的作品上都沒有留意到跗節這種小細節。

這樣的資料，我知道得很少，我也很懷疑雕刻是否能解決問題。即使人們在哪裡找到了有跗節的畫片，問題也不會有進展。因為失誤、不小心，或是對於「對稱」的偏愛可能都是理由。如果「懷疑」在一些人的思想裡紮了根，就只能用一隻真正的古代聖甲蟲才能冰釋。我期待有這麼一隻聖甲蟲，但在此之前，我深信法老時代的聖甲蟲和今天的聖甲蟲沒什麼不同。

這個古老的埃及作者寫的書很難理解，那不合常理的比喻常常令人猜不透，不過，還是再談談他吧。他偶爾有些簡要的介紹，正確得令人驚訝。這是意外的巧合嗎？還是仔細觀察的結果？當然，我傾向於後者，因為他的說法和某些生物細節完

全吻合，而這些生物細節，我們的科學至今都還不清楚。聖甲蟲的隱秘生活，霍魯斯阿波羅知道得就比我們多。

他告訴我們：「聖甲蟲把糞球埋在地下，在那裡藏了二十八天，和月亮運轉一周的時間相等。在這段時間裡，聖甲蟲的後代獲得了生命。第二十九天，昆蟲知道這是日月交會和世界誕生的日子，牠打開糞球，把它扔到水裡。從這個糞球裡出來的動物，就是聖甲蟲的後代。」

撇開月亮運行、日月交會、世界誕生以及其他星相學上的奇談怪論，讓我們記住：在二十八天之內，聖甲蟲生出來了；也記住：在聖甲蟲破殼而出的過程中，水是必不可少的條件。從真正的科學範圍來看，這是準確的事實。這是想像的？還是真實的？這個問題值得考察。

古代人不知道昆蟲變態的奇妙之處。對他們而言，一隻幼蟲就是一條從腐爛中生出來的小蟲。這可憐的生物，沒有什麼美好的未來，無法從卑賤狀態中解脫出來；牠是隻一出現就要消失的小蟲。他們覺得在這隻小蟲的軀殼之下，並沒有醞釀什麼高等生命。牠就只是一個生物，被人忽視到了極點，而且很快就要回到牠出生的腐爛物之中。

　　所以對這個古埃及作者來說，聖甲蟲的幼蟲也是很陌生的。即使他看到了一個住著一隻大腹便便的聖甲蟲幼蟲的糞球，他也絕不會猜到這污穢難看的小東西就是日後樸實優雅的聖甲蟲。那個時代流傳久遠的觀點認為，這神聖的昆蟲無父無母。對幼稚的古代人而言，這是個可以原諒的錯誤，因為昆蟲的性別不可能從外表區分。他們認為聖甲蟲是從糞球中出生的，而且牠的誕生是從蛹算起，這琥珀色的珠寶已經展現了聖甲蟲成蟲的特徵，而且完全清晰可辨。

　　所有古代人都認為聖甲蟲是從牠能夠被認出的時候開始有生命，而不是在此之前。因為如果那樣，就會出現幼蟲，而幼蟲的血統卻還沒有人知道。根據霍魯斯阿波羅的說法，聖甲蟲的後代在二十八天內獲得了生命，所以這二十八天代表著蛹期的天數。在我的研究中，這個數字受到特殊的重視。蛹期是變化的，但變化範圍很小。收集到的記錄，最長的時間是三十三天，最短的二十一天。二十多次觀察得到的平均數是二十八天。二十八這個數字，也就是四個星期，出現得比其他數字都多得多。霍魯斯阿波羅說得很對：在陰曆一個月裡，真正的聖甲蟲獲得了生命。

　　四個星期過去了，現在聖甲蟲最後成形了。對，只是形狀，而不是膚色。牠蛻去蛹的舊衣後，膚色極其怪異。頭、

腳、胸都是暗紅色，只有頭盔的鋸齒和前腳的鋸齒帶著煙燻似的黑褐色。腹部是不透明的白色；鞘翅則是半透明的白色，染了點淡淡的黃色。這威嚴的服飾，融合了主教穿的披風的紅色和祭司穿的長衣的白色，與這神聖的昆蟲很相配，只是這衣服是暫時的，它會慢慢變黑，變成單一的黑色。還有一個月的時間，角質盔甲會變得堅硬，膚色會得到最後的確定。

終於，昆蟲成熟了。牠從即將獲得解脫的快樂和不安中甦醒了。至今還是黑暗之子的牠，急著活躍在陽光下。衝破蛹殼，從地下冒出，來到陽光下，這願望是如此強烈；但是，獲得解脫的困難也不小。那出生時的搖籃，現在已變成了可憎的牢籠，牠能不能從中出來呢？這要看情況了。

通常，聖甲蟲是在八月時成熟破殼而出的。但是除了少數例外，八月經常是炎熱乾燥、驕陽似火的季節。如果那時沒有陣雨偶爾緩和一下氣喘吁吁的大地，那麼，那要衝破的小屋、要打穿的圍牆，就會讓聖甲蟲的耐心和力量落空。在那麼堅硬的蛹殼面前，牠無能為力。過長的乾燥期讓原來柔軟的糞料變成無法穿越的城牆，像盛夏的火爐裡燒出的磚頭一樣硬。

當然，我不會忘了將聖甲蟲放在這樣困難的情況下做實驗。我收集了一些梨形糞球，裡面包著的聖甲蟲成蟲正要出

來，因為時候已經不早了。這些糞殼又乾又硬，我把它們放在一個盒子裡，讓它們保持乾燥。幾個蛹殼裡先後傳出尖銳銼刀的窸窣聲。這是囚徒們正在用頭盔上的釘耙和前腳刮著牆壁，努力想打開一條出路。兩、三天過去了，解脫運動看起來沒有進展。

我幫助其中的兩隻聖甲蟲，用刀尖在殼上開了個天窗。我以為，這個開口會為裡面的隱士提供一個有可能擴大的進攻點，讓解脫變得容易一些。但是，沒有用，我的幫助並沒有讓牠們做得比其他聖甲蟲快。

不到兩個星期，所有的殼都安靜了下來。這些囚徒，都白費力氣，最後因筋疲力盡而死去了。我打碎蛹殼，發現裡面躺著那些犧牲者。小小的一撮灰，體積才相當於一顆小豌豆，這就是那些強而有力的工具——銼刀、鋸子、釘耙，從那無法征服的城牆上刮下來的。

我把另外一些同樣硬度的梨形糞球用一塊濕毛巾裹起來，放到一個密封的小瓶子裡。濕氣滲進去以後，再把裹著的毛巾拿走，把梨形糞球留在瓶子裡，塞上瓶塞。這一次事態的發展就完全不同了，梨形糞球的外殼被濕毛巾軟化得恰到好處，順利地被打開了。裡面的囚徒若不是以背為支點，高舉的腳用力

抵住，把殼從中推開；就是盯著某一點刮，把外殼一點點地刮下來，開鑿出一個大缺口。大功告成了。這些聖甲蟲都毫無困難地獲得了解放，幾滴水就讓牠們得到太陽下的歡樂。

這是霍魯斯阿波羅第二次說對的地方。不過，並不是像這個古老作者說的那樣，是母親把牠的糞球扔到水裡，而是烏雲實現了自由的沐浴，是雨水讓最後的解脫成為可能。在自然狀態下，事情應該會像我的這個實驗那樣發展。八月，燙人的土地裡，糞殼在薄薄的泥土板壁下，像磚一樣被焙燒，大多數都硬得像石頭。聖甲蟲不可能打破這籠子從中出來。但是，如果來一場陣雨──這是聖甲蟲的後代和植物種子，在熱得像爐灰一樣的土中所等待的新生洗禮，只要下一點雨，田野就會重新復甦。

雨水滲透了泥土。這就像我實驗時的濕毛巾。糞殼與濕土接觸後，重新恢復了原來的柔軟，保險箱軟化了，聖甲蟲就用腳抓，用背推，牠自由了。九月的頭幾場雨，預示秋天的來臨，聖甲蟲此時離開出生時的地洞，活躍在牧場草坪上，就像上一代在春天時活躍在這裡一樣。在這之前一直很吝嗇的烏雲，最後來幫牠成功解脫。

泥土如果破例早一點涼爽下來，那麼聖甲蟲也會早一些破

殼而出。但是在通常的情況下，夏天無情的驕陽把大地烤得灼人，聖甲蟲雖然迫切地想來到陽光下，也不得不等待初雨把堅不可摧的硬殼變軟。對牠來說，一場暴雨是事關生死的大問題。霍魯斯阿波羅重複了古埃及占星術士的話，準確地看到了聖甲蟲誕生時，水所發揮的作用。

把那古老的天書和真理片斷扔開吧！別忽視了聖甲蟲破殼而出之後最初的行為，還是去看看牠在野外的早期生活吧。八月，當我聽到那囚徒在牢籠裡無力地翻騰時，我打碎了這個殼，把牠單獨放到飼養籠裡，和裸胸金龜相伴。籠裡的食物又多又新鮮。我原以為，在這麼長的禁食之後，應是吃東西恢復元氣的時候了。但是，牠沒有，儘管我在那誘人的食物堆上邀請牠，招呼牠，但這個新生兒對那些食物不屑一顧。牠首先需要的是享受陽光的快樂。牠爬上金屬網，沐浴在陽光下，動也不動地沈醉在陽光裡。

第一次沐浴在燦爛的陽光裡，食糞性甲蟲遲鈍的腦袋在想些什麼呢？也許什麼都沒有。牠無意識地享受著像花朵在陽光下綻放般的快樂。

聖甲蟲終於奔向食物而來了。一個糞球加工好了，符合所有的規格。牠不需要學習，第一次嘗試，就做了一個球形，那

經過長期練習的聖甲蟲做的糞球也不會比這個更規則。牠挖了個洞，安安靜靜地享受剛才揉搓的麵包。這個新手完全沈浸在自己的藝術當中。以後長久的實踐經驗並不會增加牠的才能。

牠的挖掘工具是前腳和頭盔。爲了把清理出來的土塊運到洞外去，牠和牠的前輩一樣，熟練地用起單輪推車來，把土塊背在前額和前胸上，頭低下去，鑽到灰塵裡前進，把背著的東西扔到離洞口幾寸遠的地方。牠像個挖土工人，不慌不忙地再回到地下，用單輪推車搬運。挖土工人的工作還要很長時間，清理飯廳的工程需要整整幾個鐘頭。

最後，糞球儲藏好了。房門關上了，完工了。有了可靠的小窩和麵包，快樂萬歲！一切都是最好的。幸福的生物！你從沒看過那些你根本還不認識的同類做過這個工作，也從沒學習過，但你就熟悉了你這一行的本領，爲自己掙得了莫大的寧靜和食物，而這在人類生活中是很難得到的！

第六章
寬頸金龜和裸胸金龜

　　如果把聖甲蟲剛剛告訴我們的知識無限制地推廣，把很小的細節都加諸同一系列的其他食糞性甲蟲身上，那我們就錯了。結構的相似並不等於本能的類似。工具相同，也許會有共同的資本；但在主要問題上還可能有很多差異變化，這是由內在才能（連器官都不能影響）所決定的。

　　隨著昆蟲學隱蔽角落的開發，研究這些差異，研究這些原因不為人知的特性，對觀察者來說，差異本身就是最富吸引力的部分。人們花費了時間和精力，有時還得發揮創造力，最後才只能把這隻蟲子的活動弄清楚。既然這隻是這樣，那個構造相近的鄰居在做什麼呢？牠有多少程度的習性與前者相同？牠有沒有屬於自己的習慣、自己的烹調技術或前者不知道的手藝特色？這是很有意思的問題，因為這些內在才能的不同，比起

鞘翅和觸角的差別，更能顯現出兩種生物之間不可逾越的區分與特點。

在我的家鄉，金龜子屬共有聖甲蟲、半帶斑點金龜和寬頸金龜。前兩種是怕冷的蟲子，不大會離開地中海；第三種就往北走得比較遠。半帶斑點金龜不會離開沿海地帶，在朱翁灣、塞特、帕拉瓦海灣的沙灘上很多。我以前欣賞過牠滾糞球的壯

半帶斑點金龜

舉，和牠的同類聖甲蟲一樣熱衷。遺憾的是，儘管我們是老相識，但我無法關注牠，我們隔得太遠了。我還是把牠託付給願意在金龜子的傳記中增加一章的人吧！有一點差不多是肯定的，牠也有值得書寫的特長。那麼，在我周圍的小範圍內，要把研究做完整，只剩下三種當中最小的寬頸金龜了。儘管寬頸金龜在沃克呂茲其他地方分布很廣，但在塞西尼翁周圍卻極其罕見。也正因為少見，我不能進行野外觀察，唯一的方法是在籠裡飼養偶然得到的幾隻研究對象。

關在金屬網罩裡，寬頸金龜不像聖甲蟲那樣歡愉活潑，沒有輕快地舞蹈。在打劫者和被打劫者之間沒有爭鬥，也不會單純為了藝術而加工糞球。不會忘情地滾半天糞球，然後扔到垃圾堆裡，什麼用場也派不上。這兩個滾糞球的工人，血管裡流

的是不一樣的血。

寬頸金龜

這個有著寬寬的前胸的昆蟲，性格安靜一些，不大會浪費碰上的好東西。牠小心地進攻這天賜佳肴（綿羊是這美味的主要提供者）；牠在一堆堆收集來的糞料之中，選出最好的，裹到糞球裡。牠忙於自己的工作，不去打擾別人，也沒人來打擾牠。寬頸金龜用的是和聖甲蟲一樣的方法。球體總是最容易搬運的，而且是在原地加工成形後才滾動的。牠把糞料一堆堆地加到糞球上，用前腳輕拍、搓揉、捏塑、磨平。在挪動位置前，牠就得到了一個標準的球形。

有了一個要搬運的大糞球，滾球工人就帶著牠的戰利品，到要挖地洞的地方。跑這段行程時，牠也仿效聖甲蟲，頭在下，後腳立起來，頂著滾動的機器，倒退地推著。這都沒什麼不同，除了做得有點慢。等一等，牠們生活習性中有個很大的差別，馬上就把這兩個昆蟲區別開了。

我把一個正被搬運的糞球和牠的主人抓了起來，放在一個裝滿陰涼沙子的花盆裡。用一塊玻璃片蓋上，這樣既可保持沙子必要的涼爽，讓光線透進去，又能防止寬頸金龜逃走。如果把牠放到我的食客們共同開採的飼養籠裡，我很可能會搞混；

而這種隔離軟禁就可以避免誤會，我就不可能把一個人的工作成果歸於好幾個人。隔離的方法可以讓我更方便追蹤每一隻昆蟲的工作。

被關起來的母親並不怎麼為所受的束縛生氣。不一會兒，牠就開始掘沙，帶著糞球消失在沙裡。我們給牠一點時間安頓，進行牠的打掃工作。

三、四個星期過去了。昆蟲沒有再出現在沙面上，這證明牠的母愛是多麼耐心而持久。最後，我小心地一層一層挖空花盆。一個寬敞的大廳露出來了。這個洞裡挖出的土塊像鼴鼠丘一樣堆在沙面上。這是秘密的房間，母親的房間。牠在這裡守護著即將出生的子女，大概還要繼續守下去，很久很久。

最初的糞球沒有了，取而代之的是兩個小梨形糞球，完美優雅得令人讚嘆；是兩個，而不是根據已有的資料、理所當然是一個。我發現小梨的形狀比聖甲蟲的梨形糞球還要優美，還要纖細。它們小巧的體積也許是我偏愛的原因：「最小的最美。」這兩個小梨縱向長三十三公釐，突出的肚子最寬處長二十四公釐。撇開這些數字，我們得承認，這個矮胖的雕塑家，動作雖然遲鈍笨拙些，可是雕塑藝術卻能與牠著名的同屬昆蟲相媲美，甚至有過之無不及。我原本以為牠只是某個蹩腳的學

徒，現在我卻看見了一個手法熟練的藝術家。不能以貌取人，
這個建議眞對，甚至對昆蟲也一樣。

　　早點挖開那個花盆，我們就會知道梨形糞球是怎樣得到
的。結果，我看到的有時是一個很圓的糞球和一個毫無原來糞
球痕跡的小梨；有時只有一個梨形糞球，剩下的差不多像個半
球，是從原來的糞球上剝下來的一塊，單獨加工捏塑而成的。
這樣，牠的工作方法就能從這些現象中推斷出來了。

　　寬頸金龜在地面一堆堆地從糞堆裡收集糞料所加工的糞
球，只不過是牠臨時的作品。把它塑成球狀，唯一目的是方便
搬運。牠也許做得很專心，但並不堅持：只要一路上這個戰利
品不散開，沒有滾動障礙就行了。所以，球的表面沒有徹底加
工，沒有細心地被壓緊磨平。

　　但是，在地下，要給卵準備一個營養箱，這又是另一回事
了。寬頸金龜用肚子緊緊箍著這個糞球，把它分成大致相等的
兩份，其中一半立刻開始加工，另一半就擱在一旁，留待以後
加工。牠把半球先捏成一個彈丸，這是以後梨形糞球的大肚
子。這一回，塑造就要分外精細了；這關係到幼蟲的將來，過
於乾燥的食物會讓幼蟲面臨死亡的危險。所以，寬頸金龜一點
接一點地敲打彈丸的表面，仔細地拍緊，按照規則的曲線把球

磨平。這樣做成的小球，有著幾何學般的精確，即使有誤差，差也只差那麼一點。不要忘了，這高難度的工作是沒有經過滾動就做成的，乾淨的表面就是證明。

剩下的工作是根據聖甲蟲的做法猜出來的。小糞球上挖了一個小口，變得像個肚子鼓鼓的、開口不深的瓦罐。瓦罐的口拉長，形成一個袋子，裡面裝著卵。把袋子口封上，將外面磨平，和球體完美地連接起來，小梨就完工了。現在加工另外半個糞球，操作方法相同。

這個工程最明顯的特點，就是這優美、規則的形狀並不是靠滾動得來的。我已經舉出了這種原地加工的許多證據，而且，某一次偶然的觀察，讓我可以再加上一個更明顯的證據。有一次，唯一的一次，我看到寬頸金龜的兩個小梨方向相反地擺放著，兩個梨的大肚子緊密地連在一起。其中一個已經做好的梨形糞球沒告訴我們什麼新的東西，但另一個卻說明：由於我所不知道的原因，也許是地洞不夠寬，昆蟲把第二個梨連在第一個上，加工它的時候，與第一個梨黏在一起；很顯然，有這麼一個附著的東西，任何滾動、挪移都是行不通的。但是，梨形糞球的形狀仍然那麼完美、優雅。

從本能的觀點來看，這兩種捏塑梨形糞球的藝術家，分屬

不能合而爲一的兩個種類；而區分牠們的特徵，在有了這些細節後，已是一目了然；而且，這比什麼前胸、鞘翅之類的特徵更具有決定性。在聖甲蟲的地洞裡，只有一個梨形糞球；而在寬頸金龜的地洞裡，有兩個。我有時甚至懷疑如果收集的糞料更多，會不會有三個。關於這一點，西班牙蜣螂會更明白地告訴我們。聖甲蟲這滾糞球工在地下利用糞球時，並不再細分，糞球還是像在採集工地上做成的樣子；而寬頸金龜就把牠的糞球分成兩等分，體積變小了，每一半加工成一個梨——糞球數量增加了一倍，有時甚至有可能增加兩倍。如果這兩種食糞性甲蟲的起源相同，我倒想知道，這明顯的家庭經濟差別是怎麼產生的。

裸胸金龜則在更小範圍內重複聖甲蟲的故事。如果怕單調而閉口不提裸胸金龜的故事，也許就少了一份資料，能夠證實真理的某些概況；然而真理卻是一再重複出現的。所以我們就說明一下，不過簡略些。

裸胸金龜，這名稱是因爲這類昆蟲鞘翅邊緣的缺口露出部份的胸部。在法國，裸胸金龜屬有兩種：一種（圓裸胸金龜）鞘翅光滑，這種很常見，到處都有；另一種（鞭毛裸胸金龜）鞘翅下面有淺淺的小窩，好像長了痘子後留下的疤痕，這種比較少見，牠喜歡待在南方。我家附近的平原，盡是石塊，綿羊

圓裸胸金龜
（放大1⅓倍）

在薰衣草和百里香之間吃著草，而那兩種裸胸金龜就在此地大量繁殖。裸胸金龜的形狀讓人想起聖甲蟲的形狀，不過牠的體積小得多。此外，牠們和聖甲蟲的習性相同，收集食物的地點相同，做窩的時間也相同——五、六月一直到七月。

由於從事的是相同的職業，裸胸金龜和聖甲蟲，與其說是在外界的力量下拉在一起做鄰居，還不如說是喜歡聚在一塊。牠們挨家挨戶地住在一起的情況並不少見，我還常常看見牠們坐在同一堆食物旁用餐。陽光強烈的時候，糞堆旁有時有很多賓客，而裸胸金龜占絕對多數。

有人說這些昆蟲是行動迅速的慣竊，成群地在田野裡搜索，一發現豐富的獵物，就全部一起撲上去。儘管表面上看起來那麼一大群，好像證實了是這麼一回事，但我很懷疑。我更願意相信，這些裸胸金龜是由靈敏的嗅覺引領著，從四面八方一個一個來的。我曾經看到一次這樣的集會，裸胸金龜一個個從地面上各個地方跑來，而不是成群尋找，然後停下來。不管那些了。這些鑽動的昆蟲有時很多，甚至可以一把把地採集。

但是，牠們不會給你多少時間採集。一旦知道有危險（牠

們很快就知道了），大多數裸胸金龜就飛快地逃走；剩下的蜷起身子，躲到糞堆下。一轉眼功夫，喧囂、騷動就被完全的安靜取代。這突如其來的恐慌，一瞬間就把整個鬧哄哄的工地變得空蕩蕩的。聖甲蟲卻沒有這種恐慌。儘管牠工作時被人突然撞見，被人仔細甚至是肆無忌憚地觀察，牠都無動於衷地繼續工作。「害怕」對牠來說是陌生的。儘管生理構造相同，從事的行業也一樣，可是昆蟲的心理特徵卻完全變了。

從另一個方面來看，心理差別更明顯。聖甲蟲對滾糞球非常狂熱。牠最大的快樂，最大的樂趣，就是幾小時、幾小時地把做好的糞球倒退著滾來滾去；或者說，在火一樣的陽光下玩弄著糞球。而裸胸金龜，儘管也用滾糞球工來形容牠，但牠對這個球沒有那種熱情。如果不是想躲到隱居地安安靜靜地吃一頓，不是用它做為幼蟲的口糧，裸胸金龜才不會想去揉一個糞球，更不會起勁地滾動它，不會等玩夠了這種劇烈的體操再把它扔下。

不管是在飼養籠裡還是在野外，裸胸金龜都是就地享用美食。如果牠中意某一堆糞堆，牠就會一直留在那裡。先做一個圓麵包，然後運到地下某個藏身處去消費，這不太會是裸胸金龜的做法。據我觀察，這個昆蟲名字雖然得自於糞球，但牠的糞球卻只是為了後代才滾動的。母親在工地上提煉出幼蟲生長

需要的糞料，然後就在採集工地上揉成糞球。接著，牠像聖甲蟲那樣，頭朝下，倒退著滾動糞球，最後把它儲藏到地洞裡，按照卵的生長要求加工成糞球搖籃。

當然，正滾動著的糞球絕沒有包著卵。產卵不會在公路上進行，而是在地下隱秘的地方。挖一個洞，兩三法寸深，不要太深。洞相對於要容納的東西要寬敞一些，這足以運動自如的空間又一次證明了糞球是只靠捏塑而製成的。卵產好了，洞也就挖空了，只有洞口是滿的，堆滿沒有放回原位的土塊，那小鼹鼠丘就是證明。

我用隨身的小鏟子鏟了幾下，這個簡陋的小城堡就顯露出來了。母親通常都在場，忙著安排瑣碎的家務，然後永遠地離開這個家。小洞中央躺著牠的成果——卵的搖籃，也是未來幼蟲的食物。其形狀和大小就像麻雀蛋，不管是哪一種裸胸金龜都一樣，我把牠們搞混也沒什麼麻煩，因為牠們的習性和工作很像。如果沒碰上母親在場，就不可能指出剛挖出來的糞球，究竟是鞘翅光滑的裸胸金龜的成果，還是鞘翅上有小窩的裸胸金龜的傑作。最多是體積稍大一點的也許能證明是前者的，可是這個特徵卻完全不值得信任。

包含著卵的糞球的形狀，兩頭不均衡，一頭大而圓，另一

頭呈橢圓突起或伸長成梨頸，這又向我們重複了我們已知道的
結論。這樣的形狀不是滾動形成的，儘管只有這樣才能產生一
個球。這一塊糞料，有時是在採集工地上和搬運的過程中，就
已經差不多變圓了；有時因糞堆離洞很近，可以馬上儲藏，裸
胸金龜就隨意地把糞料放在那裡，要得到含卵糞球的形狀，母
親還要揉搓這一大塊糞料。總之，一旦進了牠的小窩，牠就會
像聖甲蟲一樣，做起造型藝術家的工作。

糞料非常適宜這樣的揉捏。借用了綿羊提供的最具可塑性
的物質，這塊糞料可以像捏黏土一樣輕易地塑造成形，這樣就
做成了堅硬平滑而又精美的蛋形糞球，這個像梨一樣的藝術
品，那光滑的曲線可以和鳥蛋媲美。

在這個蛋形糞球裡，裸胸金龜的胚胎在哪裡呢？關於這個
問題，如果從聖甲蟲那裡得來的推理是正確的，如果空氣和溫
度也要求卵盡可能地靠近周圍的熱空氣，還要被一層圍牆保護
著，那麼，顯然的，卵應安放在糞球較小的一頭，在一層薄薄
的防護牆後面。

果然，它就在那裡，在一個小巧的孵化室裡，周圍包著一
圈空氣墊，透過薄薄的隔牆和一個毛塞子可以很容易地換氣。
這個位置並不讓我感到驚訝，我已經從聖甲蟲那裡得知，一開

始就是這樣料想的。這一回，我不再缺乏經驗，所以用小刀尖
直接刮去糞球尖尖的突起。卵出現了，本來模糊預料到的、但
還有些懷疑的推理，得到了很好的證實。儘管條件不同，但一
些主要事實卻一再出現，推理最終變得確信無疑了。

聖甲蟲和裸胸金龜不是在同一個學校裡培養出來的雕塑
家，牠們的傑作輪廓各不相同。用的雖然是一樣的材料，但前
者製作的是梨形糞球，後者以蛋形居多。不過，儘管有這些分
歧，兩者都符合卵和幼蟲發育要求的基本條件。對幼蟲而言，
牠在時機成熟之前需要未乾的食物。把食物塊做成圓球形，面
積最小，蒸發也變慢了，也就在盡可能的範圍內滿足了幼蟲的
需求。而卵則需要讓空氣和泥土溫度輻射很容易滲進去，這就
有了兩種解決方式，一種是透過梨頸，另一種則是透過蛋形糞
球突出的一端。

在六月產卵，兩種裸胸金龜的卵不到一個星期都能孵化出
來。孵化時間平均是五到六天。只要看過金龜子的幼蟲，就知
道這兩種小滾糞球工的幼蟲的基本特徵。牠們的幼蟲都是胖胖
的，弓成鉤子狀，背著個駝背或布袋，布袋裡裝著一部分功能
強大的消化器官。身子尾部被斜著截去了，形成一個抹糞便的
抹刀，這是和聖甲蟲幼蟲習性相似的標誌。

　　確實，在這裡要重複的，是在大滾糞球工故事裡已描繪過的特異現象。裸胸金龜幼蟲的排泄也相當快，隨時都能準備水泥去修補受到破壞的小窩。爲了觀察洞穴裡的情形，並且想引誘牠們表演粉牆匠的手藝，我在殼上開了缺口，牠們馬上就把那個缺口塞住了。牠們把裂縫糊住，把碎片黏合起來，把散了架的小窩重新拼湊起來。臨近蛹期，牠們就把多出來的水泥粉塗成一層灰泥牆，把家裡的牆壁加固。

　　相同的危險導致了同樣的保護措施。和聖甲蟲的糞殼一樣，裸胸金龜的糞殼也會有裂開的危險。空氣自由進出引起的致命後果，就是會把應該保持柔軟的食物風乾。但裸胸金龜幼蟲的腸子總是滿滿的，比誰的腸子都聽話，能讓受到威脅的幼蟲擺脫困境。對此，用不著再多說，聖甲蟲已經告訴我們夠多的了。

　　裸胸金龜的幼蟲期，根據我籠中飼養的經驗，是十七到二十五天，蛹期則是十五到二十天。這些數字當然是變動的，不過範圍很小。所以我把兩個階段都定在近似三個星期。裸胸金龜的蛹期沒什麼特別，值得一提的只有成蟲第一次露面時的奇怪穿著。頭、胸、腳都是鐵紅色，鞘翅和腹部則是白色。這便是這隻金龜子展示給我們的服裝樣式。我們還要加上一點，八月的高溫把牠的蝸居變成了保險箱，這個囚徒無法打開。想重

獲自由，得等九月的頭幾場雨幫忙，把牆壁重新軟化。

在一般狀況下，本能的完美、清晰，是令人嘆為觀止的；但是，在異常條件下，本能的愚蠢、無知卻又讓我們驚訝。每種昆蟲都有牠擅長的技巧，牠一系列的行為都是邏輯連貫的。牠是牠那一行的大師。牠那連自己也不明白的遠見，超越了我們的科學；牠那無意識的靈感，蓋過了我們有意識的理智。不過，撇開正常的軌道，闖進光彩後的黑暗。在這種黑暗中，沒有什麼能把已熄滅的火光重新點燃，即使是世上最強的刺激物──母愛的刺激，也不例外。

我已經舉過很多關於這種奇怪的對立的例子。一些理論在這種對立上擱淺了。現在我在食糞性甲蟲身上又找到了一個例子（食糞性甲蟲的故事就到此結束），而且也很驚人。在這些做球形糞球、梨形糞球、蛋形糞球的昆蟲的家裡，我們清楚地看到了牠們的後代，並驚訝不已；可是，另一種相反的驚訝還在等著我們呢：這個搖籃，剛剛還是關懷備至的對象，現在母親對它卻漠不關心。

我同時觀察了聖甲蟲和兩種裸胸金龜。在為幼蟲準備舒適小窩時，牠們都表現出同樣令人欽佩的熱忱；但是之後卻突然都同樣對幼蟲漠不關心。

　　在產卵前，或是卵已經產好了，但是母親還沒來得及按照自己小心謹慎的戒條去仔細修飾糞球之前，我就在地洞裡把這個母親突然捉住，安置到裝滿土的花盆裡，放在人造土的表面上，這樣牠的工作多少會快一些。

　　在這個遷居地，只要在那裡安靜下來，母親就不會猶豫太久。牠一直都抱著牠的寶貝東西，決心在遷居地挖個洞。洞挖了多少，牠就把這個球拖進去多少。這是牠的聖物，最要緊的是在任何時候都不能鬆手，甚至是在挖掘不便的時候都不行。很快地，牠就在盆底開了個小室，即將在那裡加工梨形或蛋形糞球。

　　這時我來打擾牠了。我把盆底朝上倒過來。一切都混亂了：地道入口和地道盡頭的小屋沒有了。我把這位母親和牠的糞球從廢墟中拿出來，把盆重新裝滿土，又開始同樣的實驗。但只要幾小時，雌蟲就能夠鼓起被災難動搖的幹勁。這是第二次，這個要產卵的母親帶著給幼蟲的食物鑽到了地下；也是第二次，等牠安居好了以後，我把花盆倒過來，把一切都攪亂。實驗又開始了。牠的母愛是如此執著，只要需要，昆蟲就會帶著牠的糞球挖掘，直到筋疲力盡。

　　兩天之內，一連四次，我就這樣看著同一隻金龜子母親，

頂住我的騷擾，以令人感動的耐心，一再地開始建設被破壞的家園。我覺得再繼續這種嘗試不太好。讓母愛經歷這樣的磨難，會讓人心裡不安的。再說，我相信，昆蟲遲早會因爲筋疲力盡、目瞪口呆而拒絕進行新的挖掘。我的這種實驗進行多次，全都證實了這一點：把雌蟲和牠沒完工的糞球從地下掏出來，母親會以不知疲倦的熱忱繼續挖掘，把已具雛形但尚未產卵的搖籃放到安全的地方。對於一個還是聖物的糞球，母親過分的不信任、猜疑和謹愼，以及牠的遠見，都讓我們驚訝。實驗者設下的種種障礙與意外事故把一切都擾亂了，但沒什麼能讓牠偏離要達到的目標，除非疲憊不堪。在牠身上，有種無法摧毀的執著。後代的未來需要將這塊食物埋在地下，牠就會把這塊食物埋在地下，不管發生什麼事。

現在來看事情的另一面。卵產好了，地下的一切都安排好了，母親從地下出來了。我在牠出來的時候撿起牠，挖出梨形或蛋形糞球，然後把工人和工作成果並排放在剛才的地面上。如果母親要小心地把糞球埋到土裡，這就是時候了，否則就永遠沒機會了。卵就在糞球裡，一束陽光就會讓這薄外殼下脆弱的東西失去生機。像這樣暴露在盛夏的高溫裡一刻鐘，一切就都完了。在這麼危險的情況下，母親會做什麼呢？

牠什麼也沒做。牠甚至好像根本就沒發現這個東西的存

在；可是在昨夜，卵還沒安置好的時候，這個東西對牠還那麼
珍貴。產卵之前，牠熱忱得過分；產卵之後，牠就視若無睹
了。產品完工了，就再也不關牠的事了。牠對待梨形或蛋形糞
球的樣子，就像對待一塊石頭一樣。牠唯一想做的就是離開。
我看見牠在把牠囚禁起來的圍牆周圍來來回回地走動。

　　這個昆蟲的本能就是這樣表現的：牠頑強地把沒生命的糞
塊埋起來；把有生命的扔在地面。對牠而言，將做的工作就是
一切，做好的工作就毫無意義。牠只看見未來，不記得過去。

第七章

西班牙蜣螂的產卵

　　為了卵，昆蟲的本能實現的，竟是我們用理智的經驗和研究建議昆蟲做的事情；這並不是微弱的哲學理解力所能闡明的結果。科學的嚴謹激起了我的不安。不是我一心要給科學一副可憎的面孔。我相信人們能講出美好的事物，而不是只用討厭的術語。「簡潔明白」是玩弄筆桿的人最高明的手段，關於這點我盡量留意。那讓我停下來的不安，是屬於另一個範疇。

　　我懷疑我是不是受到了假象的蒙蔽。我想：「裸胸金龜和聖甲蟲都是野外製作糞球的專家。那是牠們的職業，但不知道是怎樣學來的，也許是由生理構造強制決定的，特別是牠們那長長的腳中有幾隻微微地彎曲著。如果牠們為了卵工作時，只不過是在地下繼續發揚滾球藝術家的專長，那麼這又有什麼值得驚訝的呢？」

撇開梨頸和蛋形糞球突出的一端不談（這是解釋起來更加困難的細節），那麼，還剩下最重要的食物團——昆蟲在地洞外重複製作的、球形的食物團。這個食物團是聖甲蟲在太陽下只玩弄而絕不作他用的小球，是裸胸金龜在草地上平和地搬動的小彈丸。

那麼，這個在夏季高溫下最有效防止乾燥的球形是用來做什麼的呢？從物理原理上來說，糞球以及糞球的近親糞蛋，它們的特點是無可非議的；但是，這形狀和要克服的困難只有很少的相關。這種昆蟲是因為擁有在野外滾糞球的生理構造，所以在地下還是捏著糞球。所以即使到最後，幼蟲嘴巴裡也還滿意地吃著軟軟的食物，這對幼蟲是再好不過的，但是我們用不著為此讚美牠的母性本能。

要成功地說服自己，我需要另一種儀表堂堂的食糞性甲蟲，其日常生活和滾糞球的藝術截然不同；但是當產卵的時候，其習慣又猛然來個大轉彎，把收集的東西堆成球形。我周圍有這樣的食糞性甲蟲嗎？有。這是美麗和肥胖程度都僅次於聖甲蟲的昆蟲——西班牙蜣螂。牠的前胸削截成一個很陡的斜坡，角長得很奇怪，高高地豎在頭上，極為引人注目。

西班牙蜣螂

　　牠身子矮胖，縮起來又圓又厚，行動遲緩，確實與練體操的聖甲蟲和裸胸金龜沒有共同之處。牠的腳一點都不長，受點小小的動靜就折在肚子下裝死，根本不能與滾糞球工那高蹺般的腳相比。只要看看這短短的、不靈活的外形，人們就很容易猜到這昆蟲不喜歡帶著滾動的糞球去做麻煩的長途跋涉。

　　確實，蜣螂性喜定居。在夜間或黃昏，一旦找到食物，牠就在糞堆下挖洞。這是個能容下一個蘋果粗細的小洞。糞堆就形成了牠的屋頂，最起碼也就在牠的門檻邊。牠把糞料一堆一堆地拖進洞，那體積巨大的食物塊，沒有任何確定形狀就陷進洞裡，而這也正是這個蟲子貪吃的有力證明。只要這個寶藏還在，蜣螂就不會再出現在地面，而是沈浸在桌邊的快樂之中。只有在把食品儲藏櫃消耗光了之後，牠才會放棄這個蝸居。那時，牠就在晚上重新開始尋覓、發現，再挖掘一個新的臨時落腳點。

　　有這種不用事先加工就能吞食垃圾的本事，很顯然，蜣螂目前完全不知道搓揉捏塑麵包球的藝術。再說，牠那短短的、笨笨的腳看起來根本就與這種藝術無緣。

　　五月、六月或再晚些時候，產卵的時間到了。這隻昆蟲，用那些骯髒的糞料把自己的肚子脹得鼓鼓的，精力充沛，可是

要爲後代辦嫁妝可把牠難住了。像聖甲蟲和裸胸金龜一樣，牠這時也得把綿羊那軟軟的產物做成單獨的一塊麵包。這塊麵包也和聖甲蟲、裸胸金龜的育兒糞球一樣營養豐富，就地整個埋到地下，外面什麼殘渣都沒留下。爲了節儉，牠還得把碎屑都收集起來。

人們看到牠沒有移動，沒有運輸，也沒做什麼準備工作。那塊糕點就在原地被抱到洞裡去了。爲了幼蟲，昆蟲又重複了牠爲自己做的事。至於地洞，一大堆鼴鼠丘說明了它的存在。這是在二十公分深的地方挖的一個寬敞的洞穴。我覺得，這個洞比起蜣螂在舉行盛宴的時候所居住的臨時小屋，要寬敞、完美得多。

不過，還是讓這隻昆蟲自由地工作吧。靠偶然機緣得到的資料是不全面的、片片斷斷的，而且資料之間的關係有疑問。籠中的飼養就可取得多，而且蜣螂也非常順從。首先我們還是來看看食物的儲藏吧。

在黃昏的微光中，我看見牠出現在洞口。牠從底下爬上來收集食物。牠沒花多少時間尋找，因爲我在牠家門口提供了很多食物，而且小心地更換。牠膽子小，稍有動靜就準備逃走；牠慢慢地、機械似地走到食物處。用頭盔撥動、翻找，前腳拖

出食物。一堆很小的食物被拖出來了，掉下來成了碎屑。昆蟲倒退地拖著它，消失在地下。兩分鐘後牠又來了。牠總是很謹慎，在跨出門檻之前，就用展開的觸角瓣察看周圍環境。

我刻意把牠和糞堆隔開兩三法寸。對牠而言，要冒險走到那裡，是個嚴肅的問題。牠本來喜歡食物就在洞口上方，而且就在牠家的屋頂上。這樣可以避免爬出地面，因為出來會引起不安。可是我想的卻是另外一回事。為了觀察方便，我把所有的食物都挪到一邊去。慢慢地，這個膽小鬼放下心來，習慣了露天，習慣了我的出現；再說，我總是盡量小心謹慎。因此，牠又不停地一再抱住食物往洞裡拖。這些食物總是一些沒有形狀的碎塊、碎屑，就像用小鑷子夾下來似的。

關於儲藏方法知道得夠多了，還是讓這隻昆蟲去工作吧。牠繼續忙了大半夜。天亮時，地面什麼都沒有了，蜣螂不再出來了。只要一個晚上，牠就把寶藏堆積起來了。我們再等一等，給牠一些閒暇去隨心所欲地整理收集的東西。在這個禮拜結束前，我在籠子裡挖掘，翻開儲藏食物的地洞。

就像在田野裡一樣，這是個寬敞的大廳，屋頂不平，很低，但地板差不多是平的。在房間一個角落裡有一個開著的圓形缺口，像瓶口似的。這是進出的門，連著一條傾斜的地道，

通向地面。這個在新鮮泥土裡挖的洞，四壁都細心地壓緊了，很結實，不會在我挖掘引起的震動下坍塌。看，爲了未來，這隻昆蟲施展了所有的挖掘才能，費盡了全部力氣，建造了一個堅固耐久的建築。如果說那個臨時小屋只是在大吃大喝時匆匆忙忙挖的小洞，既不規則，也不怎麼牢固；那麼，這個屋子就是一個大得多、建築考究得多的地下室了。

我不知道雌雄蜣螂是不是都參與建造這傑出的工程，反正我常常看見一對蜣螂在即將產卵的洞穴裡。也許，這寬敞、豪華的房間就是舉行婚禮的大廳；新郎協助建造寬大的屋頂，勇敢地表達了自己的愛情，而婚禮就在寬大的天花板下完成。我甚至還懷疑雄蜣螂是不是也幫配偶收集儲藏食物。在我看來，牠這麼強壯，如果牠也一堆堆地收集食物，並把食物運到地下室去，兩個人通力合作，那麼這個細緻的工作就會進展得快一些。一旦這個小屋食物充足了，牠就悄悄地引退，回到地面，到別處去安居，讓雌蜣螂繼續進行那溫情的工作。牠在這個家的作用也就結束了。

我們看到那麼多小顆粒的食物運到這個小城堡裡，現在我們發現了什麼？一大堆亂七八糟、散開的顆粒嗎？一點也不。我在那裡發現的總是一個整塊的個巨大圓麵包，把屋子撐滿了，周圍只剩下一條窄窄的通道，勉強夠雌蜣螂轉個身。

這麼大的一塊，是真正的大蛋糕，不過它沒有固定的形狀。我碰到過雞蛋形，形狀和體積像火雞蛋；我也發現過扁扁的橢圓形，像平常的洋蔥；我還看到大致像個球樣的形狀，讓人想起荷蘭乳酪；我還看到過朝上的一面圓圓的，稍微鼓起，像普羅旺斯的鄉村麵包，或者更像復活節慶祝用的蒙古包樣的烤餅。不管是哪種形狀，表面都很光滑，曲線很均勻。這下子，人們不會搞錯了：雌蜣螂是把先後運進來的、無數的食物碎屑集攏，搓揉成單獨的一塊；牠攪拌、混合、壓緊，把所有的顆粒變成一塊均勻的食物。有很多次，我都撞見女麵包師傅站在那個巨大的麵包上。在這個大麵包前，聖甲蟲的糞球就顯得太微不足道了。在這個偶爾會有十公分寬的凸面上，牠散步著，輕輕拍打著實心塊，把它變結實、變均勻。這種稀奇的場面，我只能瞄一眼。這個女麵包師傅一旦發現我，就會順著彎曲的斜坡滑下去，縮在麵包下面。

要進一步觀察這個工作，研究內部細節，得用點手段。這大致上沒什麼困難。也許是我長久以來經常與聖甲蟲打交道，讓我在研究方法上更靈巧了；也許是蜣螂沒那麼謹慎，比較能忍受囚禁斗室的不便。總之，我可以毫無困難、隨心所欲地注意觀察築窩的整個過程。我用了兩種方法，每一種都能告訴我一些特點。

　　雌蜣螂在飼養籠裡製作了大塊的糕點，我就把這糕點連同雌蜣螂從地下搬出來，放到我的屋子裡去。容器有兩種，有光還是沒光，隨我而定。如果需要有光線，我就用廣口玻璃瓶，直徑和牠們挖的地洞差不多大，也就是十公分左右。每個瓶底有層薄薄的新鮮沙子，薄得讓蜣螂無法鑽進去，避免牠和滑溜溜的玻璃接觸，這樣一來可以讓牠產生錯覺，以為那是一塊和剛離開的地方一樣的土地。我把雌蜣螂和牠的大麵包放到這層沙上。

　　不用說，即使是在非常柔和的光線下，昆蟲也會受到驚嚇，什麼都不做。牠需要完全的黑暗，而我只要用一個紙套罩住瓶子，就可以做到。只要小心地把套子抬起一點，我就能在我認為恰當的任何時候，借著屋裡的微弱照明，出其不意地偷看正在工作的囚犯，有時甚至能觀察一段時間。這個方法，比起當初我想看聖甲蟲怎樣捏塑梨形糞球要簡單多了。性格比較溫厚的蜣螂很適合這種簡化的設計，而如果換了聖甲蟲，這樣是不會成功的。我在實驗室的大桌子上放了十多個這種可以時明時暗的裝置，誰要是看到了，可能會錯以為蓋在這灰紙袋下的，是一系列殖民地風格的食物拼盤呢。

　　如果用的是不透光的容器，我就用花盆裝滿新鮮沙子並壓緊。把花盆下半部布置成一個小窩，用紙板做小窩屋頂，擋住

上面的沙子。雌蜣螂和牠的糕點占據下面的部分，或者只要把雌蜣螂和食品放在沙子表面。牠會自己挖個洞，把食物藏進去，做成小窩，就像平常一樣。不管哪種情況，都得用一塊玻璃片當蓋子，擋住這些俘虜。我要靠這些不透光的裝置來了解一個複雜的問題，以後我會闡明這個問題。

那麼，這些用不透光的套子罩起來的玻璃瓶，會告訴我們什麼呢？很多事情，非常有趣。儘管形狀多變，但這個大圓麵包的圓曲線不是由滾動得來的。仔細觀察天然洞穴，可以確信，像這樣的實心塊不可能在一個屋子裡滾動，它幾乎占據了屋裡全部的空間。再說，昆蟲不可能有這麼大的力氣去撼動那麼大的包袱。

不時地察看玻璃瓶，就會看到玻璃瓶向我重複著同樣的結論。我看到雌蜣螂趴在食物塊上，這裡摸摸，那裡摸摸，輕輕拍打，把突出的地方抹平，修整得更完美，但是我從沒撞見過牠想把那一大塊東西翻轉過來的樣子。這就很清楚了，滾動是完全排除在圓麵包形成原因之外的。

這個揉麵包師傅的勤奮與耐心，讓我懷疑起以前沒想到過的一個製作細節。為什麼要對這塊食物進行這麼多的修補？為什麼在利用它之前要有這麼長時間的等待？真的，昆蟲一直在

壓、在打磨，使麵包變得光滑，在決定利用的時候，已經過了
一個多星期。

當麵包師傅把麵團攪拌好了以後，他就把麵團攏到一堆，
放到和麵槽的一個角落裡。麵包發酵的溫度，在體積大的食物
內部能醞釀保存得更好。而蜣螂也知道這個做麵包的秘訣。牠
把收集的食物全部堆成一團，細心地揉成一個臨時的圓麵包，
給它一些時間透過內部作用來發酵，讓這個麵團滋味更好，也
讓這個麵團有一個便於以後加工的硬度。只要化學變化還沒完
成，麵包舖的小伙計和蜣螂都會耐心等待。對蜣螂而言，內部
發酵時間比較長，至少需要一個星期。

發酵完成了。麵包舖的小伙計把一大塊麵團再細分成小麵
團，再把每個小麵團做成一個麵包。蜣螂也是這樣做的。牠用
頭盔上的大刀和前腳上的鋸齒切出圓形槽口，從那一大塊麵團
裡鋸下一塊，這切下的一塊已具有規則的體積了。切菜刀的動
作毫不猶豫，沒有再增加或再切的修修補補，一下子乾脆地切
開，就得到了大小符合要求的麵團。

現在就是加工這個小麵團的時候了。牠用短短的腳盡量抱
住這個麵團。牠的短腳看起來不怎麼適合這種工作，所以只能
用壓的方法來把麵團弄圓。牠認真地在這個還沒定型的麵團上

移動，爬上爬下，上下左右地轉動。牠有條不紊地壓著，這裡多壓點，那裡少壓點。牠以一種始終不變的耐性修飾著，這就是為什麼在二十四小時之後，那凹凸不平的麵團，就變成了李子大小的完美球形。在這個擁擠的、難以走動的工地一角，這個矮胖的藝術家一次也沒把麵團推離過牠的基地，就完成了牠的作品。牠花了那麼長的時間，在那樣持久的耐心下，終於做成了一個符合幾何的準確球形，而這球形本應是牠那笨拙的工具和狹窄的活動空間無法做到的。

牠還要花很長時間來修飾，慢慢地磨平這個球，輕輕用腳抹來抹去，直到最小的突起也消失。看起來似乎細微的雕琢永遠也不會結束似的。不過，到第二天傍晚，這個球就被認為可以了。雌蜣螂爬上建築物頂，用力壓著，在那裡壓出一個不深的火山口似的坑。卵就產在這個像盆子似的坑裡。

然後，牠用極其粗糙的工具，以極端的謹慎和驚人的細緻，把火山口的邊緣拉攏，在卵上方形成一個拱頂。雌蜣螂慢慢地轉動，把材料一點一點地耙攏，往高處拉並封起開口。這是所有工程之中最棘手的工作。壓力沒掌握好，沒算準，都可能危及薄薄屋頂下的胚胎。封頂的工作不時地停下來。雌蜣螂低著前額，動也不動，好像在聆聽下面的洞穴，了解裡面發生了什麼事。

　　看起來，一切都好。於是這個耐心的工人又重新開始，從邊側一點一點耙到屋頂，屋頂慢慢變尖，變長。一個上端小小的雞蛋形就這樣代替了開始的球形。或多或少突起的一端裡，有個卵的孵化室。這細緻的工作又要花二十四小時。加工糞球、在糞球上挖個小盆、在盆裡產卵、再把卵封在盆裡、把圓糞球變成雞蛋形糞球，這段時間時針總共走了四圈，有時還要花更久的時間。

　　昆蟲又回到那已被切了一塊的大圓麵包旁。牠又切下一小塊，用同樣的動作，把這一小塊變成一個雞蛋形糞球，在糞球裡產了一個卵。多出來的可以做第三個，甚至常常還能做第四個。如果雌蜣螂只是利用堆積在地洞裡的糞料產卵的話，我還沒看見過蛋形糞球的數量超過這個數目。

　　卵產好了。現在母親待在牠的小窩裡，這個小窩差不多讓三、四個搖籃撐滿了，它們一個挨著一個豎立著，尖的一端朝上。雌蜣螂現在要做什麼呢？也許是離開，這麼久沒吃東西了，該到外面去恢復一點體力了。誰要是這麼想誰就弄錯了。牠仍然待在那裡。而且，自從牠到地下去以後，牠什麼都還沒有吃，那個大圓麵包連碰也沒碰一下，因為那是要平分給後代的食物。說到給後代的財產，蜣螂的一絲不苟真是令人感動：為了不讓後代缺糧，這個具有奉獻精神的人寧可自己挨餓。

　　牠挨餓還有第二個動機：在搖籃邊守衛著。從六月末起，地洞就很難找到了，因為暴雨、颶風，還有行人的腳踩來踩去，洞都消失了。在我能看到的幾個地洞裡，母親總是在場，在一堆糞球旁昏昏欲睡；每個糞球裡，一條快發育完全的胖胖的幼蟲正在大吃大喝。

　　我的那些不透光的裝置，就是那裝滿了新鮮沙子的花盆，證實了我從田野裡了解到的情況。我把雌蜣螂和食物在五月上半月埋到沙子裡，以後牠們就沒有再出現在玻璃蓋下的沙面上。牠們產完卵之後，就過著與世隔絕的生活，和那些糞球度過了沈悶的夏天。毋庸置疑，牠們是在守護著糞球，正如揭穿了地下秘密的玻璃瓶告訴我們的一樣。

　　牠們重新爬到外面來時，秋天的頭幾場雨已經下過。不過，這時，新的一代已經完全成形了。母親在地下高興地認識了牠的後代，這在昆蟲中是很少見的特權。牠聽著兒女們刮著蛹室的聲音，牠看著牠們打破那個自己認真加工過的保險箱；如果晚上的涼爽還不夠軟化那些囚室，說不定牠還會去幫那些筋疲力盡的孩子呢。母親和牠的子女一起離開地下，一塊加入秋天的節慶；那時，陽光溫和，綿羊所賜與的美食在路上隨處可見。

　　花盆裡的飼養告訴了我們另一件事。一開始，我就分別在幾個花盆的沙面上，放了從地下搬出來的成對蜣螂，慷慨地為牠們提供食物。每一對都鑽到地下去了，在地下安家，累積財富。十多天以後，雄蜣螂又出現在玻璃片下的沙面上；而另一隻卻沒有動靜。卵產好了，營養球捏好並慢慢變圓了，在盆底堆積起來了。為了不打擾母親的工作，父親就從母親的閨房裡走出來。牠爬到外面，想另外找個棲居之所。但是牠沒有在這個圍起來的狹窄花盆裡找到落腳處，所以就待在沙面上，勉強躲在一點點沙子下，或是藏在食物碎屑下。儘管牠喜歡待在很深的地下，喜歡涼爽和黑暗，但牠還是執拗地待在露天裡，在乾旱中，在光亮之中駐守了三個月。牠拒絕藏到下面去，害怕打擾下面正在進行的神聖事業。牠這麼尊敬母親的閨房，真得給牠一個好評價。

　　再回去看那些玻璃瓶，它們在我們眼前一再重複了被泥土遮住了的事實。三、四個有卵的糞球，一個靠著一個排列著，差不多把圍起來的大廳全占用了，只剩下窄窄的走道。開始的圓麵包，幾乎什麼都沒剩下，只有些碎屑，而且母親只在有食慾的時候才會享用。不過對母親來說，食慾不是很重要的事，牠首先操心的是牠的蛋形糞球。

　　牠不斷地從一個糞球走到另一個糞球，摸一摸，聽一聽，

在我的眼中挑不出任何瑕疵的地方修修補補。牠那長著角的腳儘管粗糙，但在黑暗中卻比我的視網膜在白天還要敏銳，能夠發現新出現的裂縫和混在其中的缺憾。最好是把這些消滅，防止空氣進入使食物變乾燥。這個小心謹慎的母親在牠堆積的糞球縫隙之間鑽來鑽去，監視著牠的一窩孩子；哪怕是一點點事故，牠都要處理好。如果我打擾了牠，牠就會用鞘翅邊摩擦腹部尾端，不時發出輕微的響聲，就像一聲聲呻吟。雌蜣螂在牠堆積的糞球旁，時而細心地看護，時而昏昏欲睡，就這樣交替著度過了後代發育需要的三個月時間。

這麼長的看護期，我覺得我知道其中的原因。那滾糞球的聖甲蟲和裸胸金龜，在地洞裡只有一個小梨或糞蛋。那些糞塊有時是從很遠的地方搬運過來的，所以糞塊的大小必然受到牠們力氣的限制。這些食物，對一隻幼蟲來說是夠了，但對兩隻而言卻遠不夠。而寬頸金龜卻是例外，牠給後代吃的東西雖不多，但牠知道把滾動來的戰利品分成很小的兩份。

其他兩種金龜子必須為每個卵專門挖個洞。當新家裡的一切都整理得井井有條（這些很快就能做好），牠們就拋棄這個家不管，到別處去，碰到好的機緣就重新開始滾糞球、挖洞、產卵。擁有流浪的天性，牠們就不可能長時間守護著家園。

聖甲蟲是深受流浪性格之苦的。牠的梨形糞球，一開始非常規則，但是很快就出現裂縫了，布滿了要脫落的鱗片，鼓脹了起來。各種隱花植物都來侵犯梨形糞球，破壞它；糞球因此膨脹起來，變形或裂開。我們已經知道幼蟲是怎樣對付這種災難的。

蜣螂的習性並不一樣。牠不會遠距離地滾動要儲備的食物，而是一小塊一小塊的就地儲藏，而且就在一個地洞裡堆積了足夠所有的卵吃的食物。母親沒必要再出門了，就待在家裡，監護著。在母親長期警戒的保護下，蛋形糞球一點裂縫也不會出現；因為只要一出現裂縫，馬上就會被堵塞。糞球上也不會滿是寄生植物，因為一塊地如果一直有犁耙在整理，那麼地裡什麼寄生雜草都不會長。我親眼看到的十多個糞球都證明了，母親的警覺是多麼有效：沒有一個糞球有裂縫或裂開，也沒有一個被細小的真菌侵入；真是沒有比這更完美的外表了。但是如果我把這些糞球從牠們的母親那裡拿走，放到瓶子裡、白鐵盒裡，它們就會和聖甲蟲的小梨命運相同：沒有母親的守護，輕重不一的傷害就會降臨。

關於這一點，我們可以透過兩個例子弄清楚。我從一個雌蜣螂的三個糞球中拿走兩個，放到白鐵盒裡，不讓它們變乾。一個星期還沒過完，它們就被一株隱花植物覆蓋了。隱花植物

幾乎在這塊肥沃的土地上到處蔓延；那些低等真菌也夾雜其間，感到非常愜意。現在這兩個糞球變成了結晶的胚芽，鼓得像個紡錘，還長滿了短短的絨毛，掛著露水；最後變成了小小的、圓圓的人頭狀，黑得像塊炭。我沒時間查資料，也沒用顯微鏡觀察，無法確定出現的這些微小的植物到底是什麼；它們還是第一次吸引我的目光。不過這點植物學知識沒什麼要緊，我們只要知道原來暗綠的蛋形糞球不見了，因為糞球上緊貼了一層結晶狀的白草皮，還夾雜著一些黑點。

然後，我又把這兩個糞球放到還在守著另一個糞球的雌蜣螂身邊，重新蓋上不透光的罩子，讓蜣螂安安靜靜地待在黑暗裡。一個小時過後，還不到一個小時，我再去看它。寄生植物已經全部消失了，連最後一條細枝都被割掉，連根拔除了。剛剛還那麼厚的植被，現在就算用放大鏡來看，也找不到一點影子了。雌蜣螂那犁耙一樣的腳經過哪裡，糞球的表面就又恢復了良好衛生環境所必需的乾淨。

再做一個更重要的實驗。我用小刀尖把糞球朝上的一頭捅破，露出了卵。這個人工缺口與自然情況下出現的差不多，不過更大一些。我把這個被破壞的搖籃還給雌蜣螂，如果牠不干預，這個搖籃裡的寶寶就會死於非命。但是，一旦四周暗了下來，牠馬上就開始行動。牠把刀子弄下來的碎屑攏成一堆，黏

合起來。缺的一些材料，就用從糞球側邊刮來的碎屑補上。一會兒工夫，那個缺口就補好了，看不出被我捅過的任何跡象。

我又來一次，而且把危險加大了。四個糞球都遭到了小刀的攻擊，孵化室被鑽破了，裂開的屋頂下，卵只剩一個不完整的避難所。面對如此嚴重的災難，蜣螂母親的兢兢業業令人驚嘆。在很短的時間內，一切又都恢復了正常。啊，我相信，有這個即使睡覺也睜著一隻眼的看護人，那常常使聖甲蟲的梨形糞球變形的裂縫與隆起，就不可能出現了！

四個糞球，是蜣螂在結婚時用地洞裡的圓麵包所做成的糞球總數。這是不是說，產卵的數量就限制在這個數字呢？我想是的。我甚至覺得一般情況下還要少一些，三個、兩個，甚至只有一個。我把那些食客孤立地放在裝滿沙子的花盆裡，一旦牠們儲藏了必需的食物開始築窩，牠們就再也沒有出現在外面；牠們也不會再到外邊來收集我已經換過的食物，只是看守著容器底的糞球。所以，糞球的個數不可能增加，總數是有限制的。

如果有寬敞的地方，也許產卵的限制就小一些。三、四個糞球就把地洞擠滿了，再也沒有空餘的地方安置其他糞球；而雌蜣螂，出於喜好和義務而待在家中，也必須待在家中，不會

想到去另外挖一個住所。沒錯，如果房子更寬一些，就會減少一些空間障礙；但是，屋頂太寬就會有坍方的危險。如果我來動手，爲牠造一個不會搖搖欲墜的大房子，那卵的數量是不是會增加呢？

是的，差不多增加了一倍。我的人造房屋很簡單。我把瓶子裡才完工的三、四個糞球，從雌蜣螂身邊拿走。開始的大麵包已經一點不剩了。我又用裁紙刀的刀尖搓揉了另一個大麵包，來代替原來的那個。我這個新型麵包師傅大致重複了蜣螂一開始做的那些工作。讀者們，不要嘲笑我的麵包店：科學的氣息淨化了那裡。

我的圓麵包很受蜣螂的歡迎，牠重新開始工作，產卵，以三個完美的蛋形糞球來答謝我。我多次實驗得到的最多數目是七個，而原來的大圓麵包還留了一大塊。蜣螂不再利用它，至少不用它來給後代做窩，而是留給自己。牠的卵巢看起來空了。這下可以確定了：挖的地洞很寬敞，雌蜣螂就用我做的圓麵包多產了差不多增加一倍的卵。

在自然條件下，不可能有類似的情況發生。沒有誰好心地用小刀把糞料刮成麵包放到蜣螂的洞裡。一切都證明這隻深居簡出的昆蟲（牠打定主意不到涼爽的秋天不出門）生殖力非常

有限。牠的後代有三個，最多四個。我還挖出過只有一隻蛋形
糞球的蜣螂呢。那時雖然還是夏天，但產卵期已經結束很久
了，牠正守護著牠唯一的寶寶呢。也許牠的食物不夠再有一個
後代，所以只好把做母親的快樂降低到最低限度。

　　我用裁紙刀做的那些麵包很容易就被牠們接受了。那麼，
我們就藉著這個現象再做幾個實驗。不再做那麼大的圓麵包，
那太浪費糞料。我揉了一個蛋形糞球，形狀和大小都模仿牠照
顧的那幾個已經有了卵在內的糞球。我的模仿很成功，如果事
先把人工的和天然的混在一起，之後我也分辨不出來了。把這
個沒有卵的糞球放到瓶子裡，挨著別的有卵的糞球。受到騷擾
的昆蟲馬上縮到洞裡的一個小角落，藏到一點點沙子下面。我
就這麼讓牠安靜了兩天。

　　然後，我驚奇地發現，那隻雌蜣螂正趴在我做的那個糞球
上，把球的尖頂挖了一塊下來。下午，牠在那裡產好卵，那挖
下來的一片也封上了。我只能從位置上看出我做的糞球和蜣螂
本身的產品的區別。我將我的糞球放在那一堆胚胎的最右邊，
我第二次去看的時候，它還是放在最右邊，昆蟲正在加工它。
牠怎麼能認得出，這個和其他糞球一模一樣的糞球裡面沒有卵
呢？牠怎麼敢毫不猶豫地在那個小尖頂上挖個洞呢？從外表看
來，說不定這個尖頂下有個卵呢？已經完工的糞球是不准再挖

開的呀。是什麼跡象告訴牠，可以在這個很唬人的人工仿製品上挖洞的呢？

我試了一次又一次，結果都一樣：雌蜣螂沒有把我的作品和牠自己的混在一起，而且還利用我做的糞球，在裡面產了一個卵。只有一次，可能是餓了，我看見牠在吃我做的糞球。這和前一種情況一樣，證明牠能清楚地區分有沒有卵在糞球裡。是什麼奇蹟，讓牠餓的時候不去咬那些有卵的糞球，而是向那些外表一模一樣，裡面什麼都沒有的糞球進攻呢？

難道是我的糞球做得不好？裁紙刀的木刀柄沒把糞球壓緊，表面不夠硬？還是糞料出了問題，發酵程度不夠？這些製作糕點的問題太複雜，超出了我的能力範圍。還是向做麵包的大師求助吧。我向聖甲蟲借了一個牠在籠子裡開始滾動的糞球。我挑了一個小一點的，和蜣螂要用的一樣大。沒錯，這個糞球是圓的；不過，蜣螂的糞球也經常是圓的，甚至產了卵以後還常常是圓的。

好了，聖甲蟲的麵包，品質是無可挑剔的，這可是麵包王揉的麵包；但其命運和我做的麵包一樣。蜣螂有時在裡面產了一個卵，有時把它吃了，可是蜣螂自己揉的麵包卻從來沒有發生過這種意外事故。

雌蜣螂能在這種混淆中摸清情況，捅開那沒有生命的糞球，而不去碰已經有了小寶寶的糞球來區分能與不能。這種現象在我看來，如果牠只靠與我們的感官能力類似的器官指引，是不可能解釋得通的。不可能用牠的視覺做為指引，牠是在完全的黑暗中工作的。即使牠是在大白天裡活動，難度也不會減低。當兩者混在一起時，它們的形狀和外表都是一樣的，即使是我們最敏銳的眼睛也可能弄錯。

嗅覺也不可能成為指引：兩種糞球的材料都沒變，都是綿羊的糞便。也不可能是觸覺在發生作用。套著一層角質層，觸摸的能力會好到哪裡呢？非得分外敏感才行。再說，就算承認牠的腳特別是跗節，還有觸鬚、觸角或者您設想中的任何地方，有某種天分，能分出軟和硬，粗糙和光滑，圓和不圓；但是聖甲蟲的糞球又會大聲警告我們，這種理由站不住腳。無論是揉捏的材料和程度，或是糞球表面的硬度和形狀，聖甲蟲的糞球都和蜣螂的完全相同；但是，蜣螂卻不會搞錯。

把味覺牽扯到這個問題裡來是沒有任何意義的。剩下的就只有聽覺了。如果時間再晚一點，我還不敢說這個理由不對。因為晚一點，幼蟲孵出來了，這個專心的母親可以認真地聽出幼蟲在裡面啃咬牆壁的聲音；但是現在殼裡只有一個卵，所有的卵都是靜悄悄的。那麼，雌蜣螂還有哪種本事呢？我不會說

牠的本事是為了打敗我的陰謀詭計，這個問題比較高深，昆蟲
是不會因為想公開躲避實驗者的手段，而具有什麼專門才能
的。雌蜣螂還有哪種本事，能避開牠平常工作中所出現的困難
呢？我們不要忘了：牠一開始捏出的是個球形。這個圓圓的
球，不管是在形狀還是大小方面，都和已經有了卵的糞球沒有
任何差別。

　　沒有一個地方是安全的，即使是在地下；如果母親受到了
過分驚嚇，混亂之中從糞球上掉了下來，跑到別的地方去避
難，那牠之後怎麼找到牠的糞球呢？如果要在這個糞球頂部向
下壓出一個小口，那牠怎麼把這個糞球和別的區分開來，避開
壓死一個卵的風險呢？這時，牠得有一種可靠的指引。是什麼
呢？我不知道。

　　我以前已經說過很多次，現在我又重複一遍：昆蟲的感官
能力極其靈敏，和牠們從事的行業相當一致。這種感官能力我
們甚至不可能猜到，因為我們身上沒有和牠們相似的地方。天
生失明的小孩是不會有顏色的概念的。我們在面對這籠罩著我
們的深不可測的未知時，就好像是生而失明的兒童：有成千上
萬個問題出現，卻不可能得到答案。

第八章
西班牙蜣螂母親的習性

　　在西班牙蜣螂的故事中，有兩點特別要記住：對後代的養育和做糞球的藝術才能。

　　儘管卵巢的生殖力很有限，但是這個種族和那些產卵多的昆蟲一樣興旺，因為母愛可以彌補卵巢的貧乏。那些繁殖數量眾多的昆蟲，在簡單地安排了一下之後，就把孩子丟給好壞莫測的機緣。牠們的後代常常死了一千個，只活下來一個。牠們是為生命這個盛宴提供有機物的工廠；牠們的子女，絕大部分一出生，甚至還沒出生，就被吞噬了。為了整體的生存，死亡把那些多餘的打倒了。那些註定要活下來的活著，不過是以另一種形態。這些生育沒有節制的昆蟲，不知道也不可能知道什麼是母愛。

　　蜣螂的習性與之完全不同。三個、四個卵就是牠全部的孩子。怎樣才能更完善地預防無情的事故呢？對蜣螂少之又少的卵和其他昆蟲成群的卵而言，生存是殘酷的鬥爭。雌蜣螂知道這一點，爲了保護牠的子女，牠犧牲了自我，放棄了外面的樂趣，夜裡也不出來舒展身體，不去挖掘新的糞堆，儘管挖掘糞堆對食糞性甲蟲來說是一種痛快至極的活動。牠躲在地下，待在一群孩子中間，不再離開保育室。牠時刻監視著，掃去那些寄生植物，糊上裂縫，把所有可能意外出現的破壞者趕走：粉蟎、小的隱翅蟲、小雙翅目昆蟲的幼蟲、蜉金龜、屎蜣螂。到了九月牠才和孩子們重新爬到地面上來。這時，牠的子女已不再需要牠了，牠們獲得了自由，可以隨心所欲地活著了。即使是鳥類也沒有比雌蜣螂更無私的母愛。

　　第二點，根據我們所能探知的真理，這個產卵時做糞球的專家，爲我們證明了那個曾引起我不安的定理。這隻昆蟲沒有捏糞球的工具，再說加工糞球這個技巧對牠自己的幸福並沒有好處。牠身上沒有任何天賦和嗜好，能把原樣埋下去的食物搓揉成球；牠完全不知道球形，不懂用球來儲藏新鮮食物。但是，一種平常生活中沒有任何預示的靈感，突然讓雌蜣螂把留給幼蟲的食物捏塑成球形或鳥蛋形。

　　蜣螂用牠短而不靈活的腳，把給子女們的食物加工得精巧

結實。可想而知困難是比較大的，但是專心和耐心能夠克服困難。兩天之內，最多三天，圓圓的搖籃就完工了。這個矮胖子，怎麼解決「完全對稱」的問題呢？金龜子長長的腳能像圓規的支腳一樣纏著牠的工藝品，裸胸金龜也一樣。但是，蜣螂的腳沒有纏抱所必須的長度，在牠的裝備裡看不出容易加工球形的本事。牠立在糞球上，一點一點地加工，以專心來彌補工具的缺憾。牠不斷地從糞球這一頭檢查到那一頭，以此來判斷球的曲線是不是端正。堅持不懈終於讓牠完成了看起來笨拙的牠不可能辦到的事。

於是，所有人心中都會產生這樣一個問題：為什麼昆蟲的習性中會有這樣突然的轉變？為什麼牠要如此不知疲倦地從事一項和自己的組織器官不相稱的工作？球形有什麼好處，要花這麼多的時間去完成它？

對這些疑問，我只看到了一個可能的答案：要讓食物保持新鮮，就必須把它堆成球形。我們再回想一下，蜣螂是在六月築巢的；整個夏天，牠的幼蟲就在離地面幾寸深的地方生長發育。那麼，在熱得像蒸籠一樣的洞裡，如果母親不把食物做成最不易蒸發的形狀，食物很快就會變得不能食用。儘管蜣螂的習性、結構和金龜子的都大不相同，但牠們的幼蟲可能遇到的危險是一樣的。為了避開危險，蜣螂採納了大滾糞球工的法

則，我們曾經強調過這個法則的高度智慧。

　　毫無疑問，在別的氣候條件下，還有很多可以和這五個會做圓罐頭的昆蟲[1]匹敵的昆蟲[2]；我就把牠們一起交給哲學家去思考吧。讓他們去研究這些昆蟲，是牠們發明了體積最大而面積最小的罐頭，來保存容易乾燥的食物。我還要問一問這些哲學家，那麼富有邏輯的靈感，那樣理智的預測，怎麼能從這些昆蟲晦暗的智慧裡誕生出來呢？

　　我們還是立足於平凡的事實吧。蜣螂的糞球是個蛋形，輪廓有時很明顯，有時不明顯，有時和球形差不多，比裸胸金龜的作品稍微難看一點。裸胸金龜的糞球很像一個梨，起碼也讓人想起鳥蛋，尤其是麻雀蛋，因為它們的大小差不多。而蜣螂

[1] 指聖甲蟲、寬頸金龜、兩種裸胸金龜和西班牙蜣螂。——譯注
[2] 這些話，我很早就寫下來了，那時我剛收到從阿根廷寄來的、研究潘帕斯草原上一種美麗的食糞性甲蟲——亮麗法那斯的書。這筆財富，歸功於布宜諾斯艾利斯的薩爾中學的朱迪里安修士。這個基督教學校狂熱的昆蟲學家寄來的書，證實了我的猜想，讓我欣喜到了極點。
這另一個大陸的食糞性甲蟲真是活生生的寶貝，他也懂得用體積最大、面積最小的形狀來保護食物，不讓食物過早乾燥。他個頭不大，糞團和蜣螂的一樣：蛋形，和球形差別不大。他也很清楚通風的重要性。在糞球上端、孵化室的屋頂，蓋了一層薄薄的纖維物質，形成一個很透氣的毛塞子；外殼其他地方就是一層緊密均勻的糞料。兩個大陸的食糞性甲蟲的藝術都建立在相同的原理上。潘帕斯草原的滾糞球工和蜣螂的手藝相同之處就是這些。但是他在地洞裡只產一個卵，和聖甲蟲一樣。——原注

的糞球更像貓頭鷹、梟、鵰梟這類夜間猛禽下的蛋，尖的一頭稍稍突起。

　　蜣螂的糞球平均長四十公釐，寬三十四公釐。整個外表都被壓過了，壓得緊緊的，變成一層硬殼，只有一點土沾在上面。尖的那一頭，如果仔細觀察，就會發現一圈紅暈，疏落地插著短短的纖維。雌蜣螂把卵產在糞球上挖出來的小窩窩裡，然後慢慢地把小窩的邊緣拉攏。我想，尖的一頭就是這樣來的。要把這個小窩完全封起來，牠小心地耙著，把糞球其他地方的一點糞料耙到窩上面來。這樣就形成了孵化室的拱頂。拱頂尖如果塌下來就會砸傷卵，所以壓的時候分外謹慎，還得留下一圈空間，不用外殼護著，而是塞了粗纖維。這一圈粗纖維，就像一張滲水的毛毯，在毯子下面，馬上就可以發現孵化室，如此一來空氣和高溫來拜訪卵的小屋時就很方便。

糞球的切面和蟲卵

　　蜣螂的卵和聖甲蟲以及別的食糞性甲蟲的卵一樣，體積原本就已經很引人注目，在孵化之前又長大很多，兩倍、三倍地增加。潮濕的小屋裡滿是流質食物，那都是牠的營養。鳥蛋是透過鈣質外殼的氣孔進行氣體交換，這種呼吸工程在消耗物質

的同時又給予物質生機。這是解體同時又是新生；不變的外殼
下，內容的總量不會增加，而是減少。

　　但是在蜣螂卵和其他食糞性甲蟲的卵裡，卻是另一回事。
雖然空氣總是會幫助牠們，讓牠們生氣勃勃；卻還有更多新的
養料，補充到母親產卵時卵巢提供的營養儲備裡。孵化室裡蒸
發的物質透過卵那層纖弱的膜滲進去，卵吸收了這些蒸發的物
質，膨脹起來，體積也就增加了三倍。如果人們沒有留心觀察
這種逐漸的增長，那麼，看到卵後來竟然大得和牠的母親不成
比例，肯定會大吃一驚的。

　　這些營養維持了很長的時間，因為孵化需要十五到二十天
的時間。利用卵不斷吸收到的補充物質，幼蟲生下來就已經很
大了。牠不再是很多昆蟲展示的那種虛弱小蟲，不只是有生命
的小不點；而是一個可愛的生物，健壯而又柔嫩，幸福地生活
著，轉動著，靠著牠胖胖的背在小窩裡滑動。

　　幼蟲像白緞一樣又白又滑，只在頭頂上帶點淡黃。我發現
牠身體最末端已經有了抹刀的雛型，就是我們看到金龜子在堵
住屋子的缺口時，用的那個有垂邊的斜面。這個工具預示了金
龜子以後的本事。你也是，可愛的小蟲，你以後也會有一個裝
糞的布袋，也會是一個喜歡用腸子提供的水泥來工作的粉牆

匠。不過，在這之前，我要拿你做個實驗。

　　你頭幾口是在哪裡進食？我平時看見你孵化室的內壁上有暗綠色的泥漿閃現著，這泥漿是半流動的，就像薄薄的一片片分泌出來的馬鈴薯。那是不是專給新生兒脆弱的胃準備的特別佳肴呢？是母親為小孩吐出來的美味甜點嗎？我最初在對聖甲蟲進行研究時是這樣以為的。現在，看到不同的食糞性甲蟲的孵化室裡，包括粗野的糞金龜，都有類似的泥漿。我開始猜想這會不會只是簡單的滲透結果，是那些流質的食物精華滲過疏鬆多孔的糞料，然後像露珠一樣積在孵化室的內壁上。

　　雌蜣螂比別的食糞性甲蟲都容易觀察。有很多次我去驚擾牠的時候，牠都立在圓圓的糞球上，在球頂挖個碗口形的洞；但是我從來沒發現什麼現象與牠吐東西給卵有關。我馬上檢查牠正在挖的洞，也沒發現什麼不同。不過，也許是我錯過了最好的時機。再說，那個忙碌的母親，我只能大致地瞄一眼；我一掀開紙罩，有了光，牠便停止了所有的工作。在這樣的條件下，這個秘密可能就無限期地錯過了。我們還是繞開這個困難，試著弄清楚雌蜣螂胃裡加工的某種特殊乳製品，是不是剛生下來的幼蟲所必需的。

　　我從飼養籠裡偷了一隻聖甲蟲的糞球，它剛做好不久，主

人正興高采烈地滾動它呢。我刮去糞球表面的一小塊土層，在這塊乾淨的地方戳了一個一公分深的小坑，把一隻剛孵出的蜣螂幼蟲安頓在裡面。這個新生兒還沒有吃過一丁點東西。牠現在住的小窩，內壁和糞球的實心沒有任何區別。窩裡沒有奶油狀的漿液，不管是母親分泌的，或者只是單純地滲透形成的。這種變化會有什麼後果呢？沒什麼壞事。幼蟲像在牠出生的地方一樣生長發育得很好。那麼，我原來是上了假象的當了。那細膩的漿液只是單純的滲透，它差不多總是附在食糞性甲蟲捏塑的孵化室上。幼蟲一開始吃東西時，比較容易找到它，但它並不是必需的。今天的實驗就是證明。

那隻接受實驗的幼蟲住在一個完全敞開的小井裡，但這種狀況不會持續很久。沒有屋頂，小小的幼蟲感到不舒服，牠喜歡在黑暗中修身養性。牠會採取什麼方式來蓋住敞開的屋頂呢？那水泥抹刀還不能用，牠還沒吃什麼東西來消化，那個儲藏黏著劑的布袋裡什麼都還沒有。

儘管還是個新生兒，但這隻小蟲自有牠的辦法。不能當粉牆匠，就做疊石頭的建築師。牠用腳和牙床從牆上扒下一小塊一小塊的糞料，然後一塊接一塊地放在小洞的洞邊。這個防禦工事進展很快，一塊塊積起來的小顆粒形成了一個屋頂。當然，這屋頂一點也不結實；只要我一搖，它就會塌下來。但

是，幼蟲馬上就開始吃東西了，腸子也立即就滿了，幼蟲就這樣及時得到供應，牠把水泥噴射到屋頂的縫隙，把屋頂加固起來。那個搖搖欲墜的擱板經過水泥加固後，就變成了結實的天花板。

讓這條幼蟲安寧，去看看其他半大的幼蟲吧。我用小刀尖把糞球尖尖的那一頭戳穿，開了一個幾平方公釐的小天窗。幼蟲馬上出現在窗口，不安地想弄明白這個災難是怎麼回事。牠在窩裡轉了一圈，又出現在缺口上，不過這一次是有斜邊的大抹刀出現在缺口上。一束泥漿噴到缺口上。這水泥太多了，品質也不好，四處散開來，流走了，沒有很快地凝結。於是新的水泥一次又一次地噴射出來。

但是沒有用。這個粉牆匠徒勞地重新開始，一切努力都是枉然。牠又用腳和觸角接住那些流下來的水泥，但那個小開口還是沒能堵上，噴出的黏著劑太稀了。

可憐的幼蟲絕望了。還是學學你的小妹妹吧，用牆上挖下來的小碎片搭個架子，再把你那流動的水泥漿噴到這多孔的架子上就行了。但是這隻胖胖的幼蟲，太相信自己的抹刀了，根本想不到這個方法。牠為了把缺口封上，累得筋疲力盡還得不到滿意的效果，而那剛出生的小小幼蟲卻靈巧地做到了。小時

候知道怎麼做的事情，長大後卻不知道了。

這麼說，昆蟲的技藝，有些秘訣是在某個階段才用的，過後就丟掉，徹底被忘掉了。遲幾天，早幾天，牠們的才能就變了。那還沒有水泥的小蟲有疊石頭的辦法；而大一點的幼蟲，水泥多的是，就對那種建築技術不屑一顧。也許是牠已不再懂得這種建築技術了，儘管牠本身擁有這種技術所必需的工具，甚至比小幼蟲的更好。幾天之前牠還虛弱無力時就能巧妙完成的事，現在身強體壯的牠卻想不起來了。這樣的記性真可憐啊，如果在牠那扁平的腦袋裡還有記性的話。不過，雖然這隻昆蟲忘了那立竿見影的方法，但久而久之，牠噴出的水泥中的水分蒸發了，缺口最終還是補上了。用這個抹刀差不多花了半天工夫。

我想試試在這種情況下，雌蜣螂會不會去幫這隻灰心的幼蟲。我們看見過雌蜣螂認真地為卵修補被我砸破的天花板。那麼，對已經長大的幼蟲，牠會不會像對待胚胎那樣呢？那個粉牆匠在被捅破的糞球裡焦躁不安、無能為力時，蜣螂母親會去幫助牠修復嗎？

為了讓實驗更具說服力，我選了幾個雌蜣螂完全不認得的糞球來讓牠修復。這幾個糞球是在野外撿來的，形狀不規則，

表面凹凸不平，這是由於糞球是躺在石子地上的緣故。這種地方不太適合建立大的工作間，糞球也就沒有準確的幾何形狀。而且，糞球外面還結了一層淡紅色的痂；這是因為從田野帶回來的路上，我把它們埋在含鐵的紅沙裡，免得顛簸損傷。總之，這些撿來的糞球，和那些在寬敞乾淨的瓶子裡加工做成的、無懈可擊的糞球相比，相差太大了，而且瓶子裡做成的糞球沒有泥土黏在上面。我在撿來的兩個糞球頂開了個缺口，糞球裡的幼蟲，堅持牠的方法，馬上用力去堵這個洞，但是沒有成功。我把一個糞球罩在鐘形罩下，做為對照；另一個放到瓶子裡，那隻蜣螂母親正在瓶子裡看守著牠的小孩：兩個標準的糞球。

我沒等多久。半小時後，我掀開紙罩。蜣螂趴在那個外來的糞球上，正忙碌著，專心到根本沒顧及光線射了進來。如果是在沒那麼緊急的情況下，牠可能馬上就會丟下手頭的工作，蜷縮起來，躲避討厭的光線了；但現在牠卻沒走開，繼續鎖定地做牠的工作。牠就在我的眼前，刮去那層紅痂，再把從表皮上刮下來的碎屑塗在缺口上，把缺口黏合起來。很快地，那個缺口就嚴密地封起來了。這個封條貼得這樣巧妙，我真是為之驚嘆。

那麼，雌蜣螂在修補這個不是自己生產的糞球時，鐘形罩

下的另一個糞球裡的幼蟲在做什麼呢？牠在不停地努力，但是沒有結果，白白地浪費了很多不能馬上凝固的黏著劑。我是上午就開始做這個實驗的，但這條幼蟲一直到下午才把那個缺口堵上，而且還堵得不好。相比之下，那個養母不到二十分鐘就把這個災難補救過來了。

雌蜣螂做的還不只這些。牠不但以最快的速度修補好了缺口，救了那隻苦惱的幼蟲，而且那一天和接下來的一天，牠都守在這個缺口已經堵住了的糞球邊，小心地用觸角把糞球的土層刷掉，把凹凸不平的地方刮平，磨光粗糙的地方，讓曲線變得規則起來。這個一開始醜陋骯髒的糞團變成了一個蛋形糞球，其精確度可以和在瓶子裡加工成的糞球相媲美。

雌蜣螂對一隻別人家的幼蟲都這麼關心，這是值得注意的。我得繼續這個實驗。我把另一個和前一個一樣的糞球放到瓶子裡。這個糞球的頂端也破了，開了一個更大的缺口，大概有四分之一平方公分。困難加大了，修復也會更令人讚賞。

果然，這回要堵上洞口困難多了。那條胖娃娃似的幼蟲，狂亂地揮動著手腳，把屎拉到開著的缺口上。收養牠的雌蜣螂俯在洞口上，好像在安慰幼蟲。這情形，就像奶媽俯在搖籃前一樣。雌蜣螂伸出援助的腳，奮力地工作；牠在張開的洞口邊

刮著，收集堵塞洞口的材料。這一次，糞料已經半乾了，很硬，沒有彈性。不過沒關係，幼蟲不停地噴出黏合水泥，雌蜣螂就把刮來的碎屑和在水泥裡，讓水泥變硬，再把它塗在洞口上，洞口就這樣封上了。

這種麻煩的工作花了整整一下午。這對我是個教訓，我以後會謹慎些，選軟一點的糞球；不把糞料挖走，而是只把小塊的糞料稍微抬一點，露出幼蟲。這樣雌蜣螂只要把這些碎糞塊壓下去，重新糊上就行了。

我就這樣對第三個糞球進行實驗。這個糞球只用了很短的時間就補好了，沒留下一丁點小刀破壞的痕跡。我就這樣繼續實驗，第四個、第五個……每個實驗之間，我都給雌蜣螂留了比較長的時間休息，實驗持續進行，一直到瓶子裡裝滿了糞球才停下來。那個瓶子就像裝滿了李子，裡面有十二個糞球，其中十個是從外面拿進來，用小刀戳破過的，但又都讓它們的養母給修復好了。

這個奇特的實驗有幾個有趣的現象，如果瓶子的容量允許，我可能還要繼續這個實驗。蜣螂的熱情，在修補了那麼多破損的糞球後並沒有減退，自始至終都兢兢業業，這些都說明了我並沒有耗盡牠的母愛。不過，我們還是就此打住吧，這已

經足夠了。

　　首先引起我們注意的是糞球的擺放方式。三個糞球就足以把瓶子裡的那塊地板占滿，所以其他的糞球就一層層交叉疊放上去，最後正好堆了四層。這一堆東西沒什麼順序，簡直就是個迷宮，中間留著彎曲狹窄的通道，蜣螂要從中穿過也很費事。當蜣螂把這一堆糞球都整理好以後，自己就趴在這一堆糞球的下面，貼著沙子。這時候我把一個新的糞球捅破放進去，就放在那個糞球堆的上面，放在第三層或第四層。然後重新罩上紙罩，耐心地等幾分鐘，再回去看那瓶子。

　　雌蜣螂正立在那個被戳破的糞球上，忙著修補缺口。牠在最底層，怎麼知道上面發生的事呢？牠怎麼知道上面有隻幼蟲需要幫助？處在困境中的胖娃娃大聲喊叫，奶媽就會趕來。但幼蟲什麼也不會說，發不出聲音。牠絕望地舞動手腳，沒有任何聲響；但是守在一旁的母親聽得到這個啞巴的聲音，牠能感受到沒有聲響的聲音，能看到看不見的東西。我糊塗了，每個人都會被牠們這神秘的感覺弄糊塗的；就像蒙田所說，牠們的感覺和我們的常理這麼不同，將我們的智力攪得暈頭轉向。我們還是繼續其他的問題吧。

　　我以前說過膜翅目是昆蟲中最有天賦的，但牠們對待別人

的卵卻有點粗暴。壁蜂、石蜂和其他的膜翅目昆蟲有時還會做出一些殘忍的事。在牠們產完卵後，出於一時的報復或無法解釋的反常舉動，牠們會用鐵鉗般的觸角殘忍地把鄰居的卵從窩裡拖出來，丟在路邊。卵就這樣被牠們毫無憐憫之心地踩死、捅破，甚至吃掉。這和寬厚的蜣螂差多遠哪！

是不是我們就此認為食糞性甲蟲的後代之間是互相關心的呢？我們是不是要授予牠崇高的榮譽，認為牠幫助了孤兒？那就太可笑了。雖然雌蜣螂這麼細心地救助別人的兒女，但可以肯定的是，牠以為牠是在為自己的兒女忙碌。我的實驗對象自己有兩個糞球，我又給牠多加了十個，把這個瓶子像裝李子一樣塞得滿滿的。但牠對這意外出現的子女的關心，和對自己真正的家人的關愛並無二致。由此可看出，牠的智力連大致的數量，一個和多個，少和多，也不能分辨出來。

這是瓶子裡太黑了的緣故嗎？不是。因為如果光線真的是牠缺少的嚮導，那麼當我頻繁地把不透明的罩子掀開光顧的時候，就給了牠機會去弄清楚，去認出這些堆積起來的陌生糞球。再說，難道牠就沒有別的方法知道嗎？在天然地洞裡，牠的三個（最多四個）糞球全都豎立在地上，只排列成一行。但是我給牠補充的糞球是堆成四層的。

蜣螂如果要爬到這堆糞球的頂部，就要穿過天然地洞中從未出現過的迷宮；牠得與堆積起來的每一個糞球擦肩而過，碰觸它們。但蜣螂並沒有因此把糞球的數目數清楚。對牠而言，這一堆從上到下的糞球全都是一家子，是牠的後代，都應該受到同樣的關懷。在牠的算術中，我偽造的十個糞球和那兩個眞正的糞球是同一回事。

把這個奇特的算術家交給那些向我大談昆蟲智慧的光芒的人吧，就像達爾文那樣。從兩個答案中選一個：要不是根本就沒有什麼智慧光芒，就是蜣螂的智力極其神奇，是昆蟲中的聖文生・德・保羅[3]，非常同情那些可憐的孤兒。請選擇吧。

爲了維護所謂的定律，他們很可能不會在那荒唐的答案前退縮，於是，富有同情心的蜣螂終有一天會出現在演化論者的道德裡。難道不是嗎？他們不是已經這樣做了嗎？因爲同一個原因，他們不是已經讓一種蟒蛇具有善感的心靈，失去了主人，就會悲哀至死嗎？啊！多情的蛇！這些爲了把人類重新變回大猩猩而編造的故事，眞讓人受益匪淺！每次看到這類故事，我總會微微發笑。我們就不要堅持了吧。

---

[3] 聖文生・德・保羅：1581-1660年，法國天主教聖職人員，曾創立遣使會、仁愛會。——編注

現在，我的蜣螂朋友，就讓我們來談談那些不會引起什麼風波的事吧。你願意告訴我，你遠古時的聲譽是從哪裡來的嗎？古埃及人在紅花崗岩和斑岩上歌頌你。哦，我可愛的帶角昆蟲，他們讚美你，就像對聖甲蟲那樣，讓榮譽環繞你。在昆蟲等級裡，你是在第二等級的；霍魯斯阿波羅向我們說過兩種長角的、神聖的食糞性甲蟲，一種頭上只有一個角，另一種有兩個。前者說的就是你，我瓶中的客人，否則至少也是一種和你很相近的食糞性甲蟲。如果古埃及人已經知道你剛才告訴我的事情，他們肯定會把你排在聖甲蟲之上的，因為聖甲蟲這個離家流浪的滾糞球工，一旦為後代留了食物就丟開牠們，盡可能地抽身出來。而你美好的品性，有史以來才第一次記載，古埃及人對此一無所知，只是猜測你的功績，所以他們不會給予你更多的嘉獎。

另一種有兩個角的食糞性甲蟲，根據大師們的說法，是博物學家稱之為愛西絲蜣螂的昆蟲。我只在圖片上看過牠，但牠的形狀實在令人震驚，以至於我晚上開始幻想跑到努比[④]，在尼羅河邊奔跑，到駱駝糞下去探詢這象徵愛西絲的昆蟲，探詢那孵化神、養育了奧塞利斯[⑤]和太陽的大自然，就像我年輕的

④ 努比：音譯地名，為非洲地區，相當於現在的蘇丹北部，埃及的南端。——譯注
⑤ 奧塞利斯：古埃及的神，為愛西絲之夫，太陽神之父。——譯注

時候一樣。

　　唉！我眞是幼稚！還是照料您的甘藍，種您的蘿蔔吧！這樣您才不會陷於更糟的境地。繼續澆灌您的生菜吧！您應該從此知道，當問題涉及了探索垃圾工的智慧時，我們的各種詢問就都是徒勞無功的。還是不要有太大的野心，就限於做個記錄事實的角色吧。

　　就這樣算了吧。蜣螂的幼蟲沒什麼特別可說的，除了一些毫無意義的內部細節，其餘都是重複聖甲蟲幼蟲的故事。牠的幼蟲的背部中間也有同樣的隆起，最後一節也有一個斜的切面，朝上張開成一個抹刀。蜣螂的幼蟲排泄也很迅速，也懂得堵塞缺口的藝術，以阻擋從縫隙中鑽進來的風；但牠的手藝，比起聖甲蟲的幼蟲來，要差一個等級。蜣螂幼蟲期長達一到一個半月。蛹要到七月末才出現，一開始全身都是金黃色的，然後頭、角、前胸、胸甲和腳變成了醋栗紅色，鞘翅則如阿拉伯樹膠般的白。一個月以後，八月末，成蟲脫掉了牠那木乃伊般的外套。成蟲的裝束，由於受到微妙的化學變化的影響，也變得和剛出生的聖甲蟲的裝束一樣怪異。頭、胸、胸甲和腳是栗紅色；角、身上的瘤突和前腳的鋸齒有褐色的陰影；鞘翅白中帶點暗黃；腹部是白色，除了肛門那一節紅得比胸廓還要鮮豔。我發現聖甲蟲、裸胸金龜、屎蜣螂、糞金龜、花金龜還有

很多甲蟲，肛門那一節總是最早染上色彩，而腹部其他的體節在此時還都是蒼白的。為什麼會這樣呢？又是一個問號，在期待的答案出現之前會長久地懸著。

半個月過去了，牠的服裝變得烏黑，胸甲也變硬了。昆蟲準備出來了。現在是九月末，泥土已暢飲了幾場暴雨。雨把堅不可摧的糞球外殼重新軟化，使成蟲破殼而出變得容易。到時候了，我的囚徒們。雖然我對你們有點粗暴，但是起碼還是讓你們大量地繁殖了。你們的糞殼變得像保險箱一樣牢固，單用你們的力量絕不可能打破。我來幫你們吧。讓我們詳細地說說事情的經過。

一旦地洞裡儲藏了一個可以切成三、四個糞團的大圓麵包，雌蜣螂就不會再出來了。而且，牠自己沒有任何食物儲備。運下去儲藏的食物堆是給後代的糕點，是專門留給卵的財產，要平均分給牠們。四個月中，穴居的雌蜣螂沒有任何吃的東西。

這是一種自願的絕食。沒錯，食物就在腳底下，又多又好；但這是留給卵的，母親絕對不會去碰。如果牠撥了一點給自己享用，那麼幼蟲就會缺糧鬧飢荒了。蜣螂從一個一開始沒有子女負擔的貪吃鬼，變成一個長久絕食而有節制的母親。母

雞在孵蛋的時候，能夠幾個星期忘記吃喝，而雌蜣螂一年三分之一的時間都忘了吃東西，一直守護著牠的一群孩子。在母性的犧牲精神上，食糞性甲蟲勝過鳥類。

這個忘我的母親在地下做些什麼呢？這麼長的禁食期，牠都操心些什麼？我的器具給了我滿意的答案。我說過，我有兩種器具：一種是裝著薄薄一層沙子的短頸廣口瓶，用紙筒罩上，瓶子裡就變暗了；另一種是裝滿土的大花盆，有一塊玻璃片蓋在上面。

我不時抬起第一種器具上那不透光的紙筒。我發現雌蜣螂有時趴在糞球的頂上，有時半立在地上，用腳把糞球突出的大肚子磨光，很少看到牠在那一堆糞球中打瞌睡。

牠的時間安排是很清楚的。牠守著珠寶一樣的糞球，用觸鬚探測裡面發生的事，聽著小寶寶生長，修復糞球外殼不完美的地方，把表面磨光了又磨光，延緩裡面的乾燥速度，直到裡面住著的小隱士完全發育為止。

這時時刻刻無微不至的關心，其成果即使是最沒有經驗的觀察者也會為之吸引、震驚。這些糞球形的罈子，說得好聽點，就是保育室裡的搖籃，曲線極其規則，外表極其乾淨。這

裡絕沒有什麼需要噴塗黏著劑的裂口、縫隙，或是翻捲的鱗片等各種意外的事故。然而這些事故，差不多總是會把原本很完美的聖甲蟲梨形糞球，變得大大遜色。

這有角食糞性甲蟲的保險箱，在造型藝術家用水泥加工後，外形真是美到了極點，即使乾燥了都是如此。哦，這些暗銅色美麗的卵室，大小、形狀簡直可與貓頭鷹的蛋相媲美！這種無懈可擊的完美，一直保持到衝破蛹殼、獲得解放的時候；然而，這種完美是經由不斷的修補得到的。這期間蜣螂母親在糞球底沈思打盹的休息時間斷斷續續，越來越少。

不過，玻璃瓶這種器具也會讓人產生疑問。人們可能會想，蜣螂是關在不能翻越的圍牆裡的囚徒，牠之所以駐留在糞球中間，是因為不能跑到外面去。好，姑且這麼認為吧，但還有那磨光和長久的守護工作呢？如果牠的習性中沒有這麼細緻的母愛關懷，那麼牠根本沒必要操心這些工作。牠一心想的應該是重獲自由，不安地在圍牆裡四處轉動。但事實恰恰相反，我看見牠很鎮靜，總是那麼怡然自得。

當我把紙筒抬起，玻璃瓶突然變亮的時候，蜣螂一點也沒有不安；牠唯一的舉動就是從糞球上滑下去，蜷縮到糞球堆裡。如果我把光線調柔和一些，昆蟲很快又安定下來，恢復趴

在糞球頂的姿勢,繼續那些被我打斷了的工作。

　　再說,那一直黑漆漆的花盆裝置把這個證明補充完整了。七月,雌蜣螂鑽到花盆的沙層裡,很快就把運下去的豐富食物做成一些糞球。只要牠願意,牠就可以重新爬到沙面上。在那塊大玻璃片(這塊玻璃片保證蜣螂不會逃出去)下面,牠就可以重見光明,找到我為了引誘牠不時更換的美食。

　　結果,在那麼長的禁食之後,這看起來如此令人嚮往的光明和食物,還是不能誘惑牠。只要還沒下雨,我的花盆中就什麼動靜也沒有,沒有誰爬回到沙面上。

　　花盆的沙土裡發生的,很可能就是在玻璃瓶裡發生的事。為了證實這一點,我在不同的時期探查了幾個花盆。我發現雌蜣螂總是在糞球旁。牠待在一個寬敞的角落,可以非常自如地轉動、監視。如果牠需要的是休息,牠可以在沙子中鑽得更深,隨心所欲地縮到任何一個地方。如果牠需要吃東西恢復元氣,牠可以爬到外面,坐到新鮮食物邊大吃大喝。但是,無論是在更深的地下室中休息,還是沐浴著陽光、享用柔軟小麵包的樂趣,都不能讓牠離開牠的子女。除非牠的孩子們全都打破了蛹殼,否則,牠不會拋棄這個保育房。

十月到了，人畜都渴望的雨終於降臨了。雨水深深地浸透
了泥土，那讓生命停滯的炎熱，灰塵滿天的夏天過去了，涼爽
重新帶來了生氣，這是一年中最重要的節日。歐石楠叢綻放了
第一朵粉紅色的鈴鐺花；紅鵝膏展開了白色的花苞，現出身
形，就像剝去了一半蛋白的雞蛋黃；在行人腳下被踐踏的紫紅
牛肝蕈叢也變青了；秋天的綿棗兒豎起束束淡紫色花朵；野草
莓樹上的紫紅色小珠子也重新變軟。

這遲來的復甦在泥土中也產生了共鳴。春天裡繁殖的金龜
子、裸胸金龜、屎蜣螂、蜣螂，都急急忙忙衝破被潤濕軟化了
的糞殼，來到地面，在這嶄新美好的日子裡歡騰。

玻璃瓶裡的囚徒沒有暴雨來救命，那水泥囚籠在盛夏的燒
烤下，變得堅不可摧，任憑蜣螂頭盔上的銼刀和腳也擊不碎這
個牢籠。還是讓我來幫助這些可憐蟲吧。我適時地慢慢為牠們
澆水，代替落在花盆裡的天然雨水。為了再一次了解水在食糞
性甲蟲解脫中所發揮的作用，我又把幾個玻璃瓶放在炎熱的夏
天帶來的乾旱之中。

我的灌溉沒等多久就有了結果。幾天後，玻璃瓶裡的糞球
都恰到好處地軟化了，被關在裡面的囚徒推開，碎成一片片
的。新生的蜣螂出來了，與母親一起坐到我準備的食物旁。

糞球裡的隱士腳變硬了，腰變粗了，奮力想打破關住牠的穹廬。這個時候，雌蜣螂會不會從外面幫助牠，進攻糞球呢？這很有可能。雌蜣螂一直都細心地守護著牠的一窩雛兒，留神著糞球裡的動靜，不會注意不到裡面的囚徒焦躁不安想掙脫出來的聲響。

我們看到過雌蜣螂不知疲倦地堵塞我為了揭露內情而捅開的缺口，我們也多次逮到牠為了幼蟲的安全重建被刀尖破開的糞球。出於本能，牠能夠修補、建造，那牠為什麼不能摧毀呢？不過，我什麼也不能證明，因為沒有親眼目睹。我的各種企圖總是抓不到最有利的時機：我出現得不是太早，就是太晚。再說，別忘了，通常光線一射進去，牠的工作就停止了。

在裝滿了沙子的黑暗花盆裡，幼蟲的解放應該不會以別的方式進行。我只能看著地洞的出口。剛獲得自由的兒女們被我放在洞口的食物香氣吸引，在母親的陪同下慢慢地出來了，在玻璃擋板下轉了一會兒，就開始進攻糞堆。

新生的蜣螂有三、四個，最多五個。兒子的角長一些，容易辨認，女兒就沒什麼特別之處。再說，牠們自己也很混亂。母親不久前還那樣盡心盡力，現在卻來了個突然的大轉變，對自己已獲得解放的子女完全漠不關心。從今以後，各得其所，

人人爲己，彼此再也不相識。

　　在沒有人造雨濕潤的瓶子裡，事情則悲慘地結束了。那乾燥的糞殼，幾乎和杏仁、核桃一樣堅不可摧。幼蟲腳上的銼齒只從那上面刮下了一撮屑末。我聽到工具頂在堅硬的圍牆上，發出吱吱嘎嘎的聲音，然後就靜了下來。從最早行動到最晚行動的囚徒全都死了。雌蜣螂也死了，死在長得過了季節的乾旱之中。蜣螂和金龜子都得靠雨水軟化堅若石塊的糞殼。

　　讓我們再回到自由了的昆蟲身上。我們說過，雌蜣螂一旦出來，就不認牠的子女了，不再爲牠們操心。牠現在的漠不關心，怎麼能讓我們忘記牠四個月盡心竭力的照料呢。在昆蟲世界裡，除了群居的蜜蜂、螞蟻這些昆蟲用口器餵養後代，在乾淨的環境中照料牠們長大，到哪裡再去找別的榜樣，具有如此的母愛奉獻精神，對後代這樣細心培養呢？我還不知道。

　　蜣螂是如何具有這樣高的素質呢？如果在無意識中也能有道德，我願意把這素質稱之爲自發的道德。牠的母愛勝過了聲望卓著的蜜蜂、螞蟻，牠是怎麼學到的？我說的是「勝過」。因爲，蜜蜂媽媽只是一個胚胎工廠，一個生殖力旺盛的廠房，這一點千眞萬確。牠產卵，僅此而已；然後再由別的工蜂，那些抱定獨身、眞正好心腸的姐妹，來養育後代。

　　而雌蜣螂對屬於牠的樸素事情就做得好得多。牠不需要任
何人幫助，單靠自己就爲每個兒女製備了一塊糕點。牠用自己
的抹刀把糕點的外皮壓硬，並不停地整修一新，把這塊糕點變
成不可侵犯的搖籃。因爲母愛，牠忘我到了忘食的境地。牠在
地洞深處整整四個月守衛著牠的子女，關注著胚胎、幼蟲、蛹
以及成蟲的需要。只有當所有的孩子都解脫出來的時候，牠才
會重新爬到外面來參加宴會。在一個低微的、以糞爲食的昆蟲
身上，最偉大的母性本能閃現出光芒。思想在它欲至之所散發
出氣息。

第九章

屎蜣螂和小寬胸蜣螂

　　在我很有限的研究範圍內，除了那些知名的食糞性甲蟲類，再把職業不同的糞金龜單獨擺到一邊去，那就只剩下平凡的屎蜣螂了。在我的住宅周圍，我可以收集到一打以上的種類。這些小傢伙會教給我們些什麼呢？

　　牠們比那些大個子的同行還要熱切，總是最早趕到過路騾、馬落下的糞堆那裡去開採。牠們成群結隊地到達，長時間地駐留在那裡，就在糞堆形成的陰涼黑暗的大蓋下忙碌。若把糞堆從底部翻過來，您會驚訝地看到那群集的生靈，但是從外面卻看不出牠們的存在。牠們之中最胖的才只有豌豆那麼大，還有很多小小的，矮矮的，但牠們和別人一樣忙碌著，對分解這堆髒東西的熱情並不比別人少；為了大自然的環境衛生，這骯髒之物必須馬上消失。

　　再也沒有什麼能像這些卑微的昆蟲所做的了，在為了大多數人利益的工程裡，牠們整合自己的微薄之力，來達到巨大的效果。把那些接近於零的數目加在一起，就變成了無窮大。一有新的糞堆出現，這些小小的屎蜣螂就成群地趕到。而且在牠們這有益的工作中，還有合夥人蜉金龜（和牠們一樣小）的幫助，所以牠們很快就把地面的髒物給清除掉了。這並不是因為牠們的胃口能夠消耗這麼多的食物。這些小個子，牠們要吃些什麼呢？一顆小微粒。但是這顆微粒，是從人畜的排泄物中選出來的，是在那些絞碎的草料纖維中挑出來的。就這樣在無窮地分解、再分解之後，一大堆糞便就成了碎屑，一束陽光就殺滅了這些碎屑裡的病菌，一縷風又把它們吹散。工作就這樣完成了，而且完成得非常漂亮，這一幫淨化工人又開始尋找另一個淘糞場地。除了在很冷的季節，一切活動都停止了，否則，牠們是不知道有失業這回事的。

　　而且我們不要以為這種污穢的工作會使牠們面容醜陋、衣衫襤褸，昆蟲可沒經歷過我們的貧困。在牠們的世界裡，挖土工人穿著奢華的齊膝緊身外衣；裝殮工戴著金黃色的三層圍巾；伐木工穿著天鵝絨上衣。同樣地，屎蜣螂也有牠們的奢侈飾物。沒錯，牠們的服飾總是很樸素的，黑色和褐色是主色調，有的沒有光澤，有的有烏黑的光澤；但是，在整個的底色之上，還有很多優雅的裝飾細節呢！

有一種屎蜣螂（狐猴屎蜣螂）的鞘翅是淺栗色的，還印著半圓的黑色斑點；第二種（朗斯卡尼斯屎蜣螂）在淺栗色的鞘翅上撒滿了一點一點的墨汁印，有點像希伯來方塊字；第三種（斯氏屎蜣螂）烏黑發亮，可與煤玉相媲美，還戴著朱紅色的頭徽；第四種（福爾卡圖屎蜣螂）用一束反光把自己的短鞘翅照亮，就好像把一塊煤慢慢地點燃了似的；還有很多（牛糞屎蜣螂、陸寄居蟹屎蜣螂等等）在前胸和頭上鍍上金屬光澤，帶著佛羅倫斯綢般的青銅色光芒。

福爾卡圖屎蜣螂（放大4¼倍）

而且牠們身上雕鏤著的作品讓漂亮的服裝變得更完美。一條條鏤空的細細的平行紋路，一節節的小珠串，一行行巧妙排列的突出物，密密麻麻突出的珍珠斑點，這些圖畫大量地分布在牠們身上，幾乎所有的屎蜣螂身上都有。是的，這些小傢伙真的很美麗，矮矮胖胖的，走起路來非常迅速。

再說，牠們額頭的裝飾真是獨特啊！這些愛好和平的傢伙熱衷於全副武裝，好像就要挑起戰爭一樣，其實牠們一點也不傷人。很多屎蜣螂把具有威懾力的角高高地頂在頭上。就說說下面這一對帶角的屎蜣螂吧，接下來我們會特別關注牠倆的故事。首先是牛屎蜣螂，全身漆黑，兩隻長長的角優美地往身後

牛屎蜣螂（放大2½倍）

兩側彎曲著。在瑞士的牧場上，無論哪一頭美麗的公牛，頭上都沒有這麼優美、這樣弧度的角。另一種是福爾卡圖屎蜣螂，個子要小得多，牠的盔甲就像是一把叉子，叉上有三個短而垂直豎起的小刺。

牠倆就是這篇屎蜣螂小傳的傳主。這並不是因為別的就不值得寫，牠們每一個都可以告訴我們一些有趣的訊息，有的甚至還有一些不為人知的特別之處。不過，在這麼多的種類當中必須劃定範圍，總體觀察是比較困難的。而且，更重要的是，我的選擇不是自由的，我只能用偶然的新發現和籠子裡獲得的成果來進行選擇。

由於這兩方面的原因，所以只有我剛才提到的兩種屎蜣螂能滿足我的願望。看看牠倆工作吧。牠倆會告訴我們這整個家族生活方式的主要特點，因為牠倆處在體形等級的兩個極端，牛屎蜣螂的個頭是數一數二的，而福爾卡圖屎蜣螂則排在最末一個等級。

首先講講牠們的巢穴。出乎我的意料，屎蜣螂的巢穴建得比較差勁。牠們並不在太陽底下快樂地滾動小球，也不在地下

工廠裡辛勤地製作糞球產卵。可能是負有分解垃圾的職責吧，牠們有太多的事要做，沒有時間來進行那需要長久耐心的工作。牠們只熱衷最起碼的必需品和最快能得到的東西。

一個垂直的小坑挖好了，兩法寸深，圓柱形，大小根據挖掘者的個子而有所變化。福爾卡圖屎蜣螂的窩，直徑有一支鉛筆那麼粗，而牛屎蜣螂的有前者的兩倍。在洞底緊貼著牆壁的地方，緊密地堆積著幼蟲的儲備糧。糧堆的左右兩側完全沒有空著的地方，這說明了這些糧食是如何儲藏的。這裡根本沒有通道，甚至沒有一個角落，能讓雌蟲行動自如，能夠讓牠搓揉塑造牠的糕點。這些糧食是被往後推到圓柱形的箱子底部的，像個實心頂針的形狀放在箱底。

七月末，我挖出了幾個福爾卡圖屎蜣螂的幼蟲巢穴。這是個比較粗糙的工程。您所想到的工人嬌小可愛，可是牠建造的工程之粗糙會令您大吃一驚。稻草莖胡亂混在一起，豎在中間，更顯得難看。這一次的食物是由騾子所提供，糞料的質地也是外觀難看的部分原因。這幾個巢穴長十四公釐，寬七公釐。上面有點凹，證明被雌蟲壓過。底下圓的像井底一般，充作模具使用。我用針尖一小塊一小塊地把這個簡陋的工事層層剝落下來。頂針下面三分之二那緊密的一大塊是幼蟲的食物塊；卵的小室在上部，在一層薄薄的凹下去的蓋子下面。

牛屎蜣螂的巢穴沒什麼特別，除了體積大一些外，別的都和福爾卡圖屎蜣螂沒什麼區別。而且，我不知道這些巢穴的建造方式。這些小矮子，對於築巢搭窩的深層秘密，和牠們的大個子同行一樣保密。只有其中一個差不多滿足了我的好奇心，但不是一隻屎蜣螂，而是一個相近的物種，黃腿小寬胸蜣螂。七月的最後一個星期，我在糞堆下逮到了一隻黃腿小寬胸蜣螂。那是頭騾子在打麥場上壓麥堆時的間隙拉的一堆糞便。強烈的陽光把這厚厚的糞堆變成了絕佳的孵化器，糞堆底下遮蔽

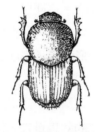

著一大群屎蜣螂。小寬胸蜣螂單獨一隻，飛快地退到一個敞開的小洞裡，這引起了我的注意。我挖了兩法寸深，就把屋裡的主人連帶牠的工作成果請出來了。成果已經破損得很嚴重，不過，我還看得出它像個口袋。

黃腿小寬胸蜣螂（放大2½倍）

我把小寬胸蜣螂安置在一個水杯裡，放在壓緊的一層土上面。我提供牠築巢的材料，是金龜子、蜣螂喜歡的富有彈性的綿羊糞便。牠在快產卵的時候做了俘虜，又被卵巢那不可抵抗的要求刺激著，所以很滿意地順從了我的願望。三天之內，四個卵就產好了。這種迅速（如果我的好奇心沒有騷擾這隻將產卵的母親，也許牠還會更快）解釋了工程簡陋的原因。在我細心提供的一塊糞堆底部，雌蟲從中央最軟的地方用圓圓的切

刀，切了一整塊牠中意的糞料下來。西班牙蜣螂也是用這種方
法，從牠的大圓麵包上提取一塊糞料來做糞球。就在糞堆底下
有一個小洞，是牠事先就挖好的。昆蟲把切下的東西運到洞下
面去。

我等了半小時，讓工程有時間進行；然後我把水杯倒過
來，想在這個母親正忙於工作的時候，突然逮住牠。

開始的那一小塊糞料現在變成了一個袋子，是在洞的四壁
上壓模成的。雌蟲在這個袋子底部，動也不動的，牠被我的探
視引起的混亂和光線，弄得張惶失措。我看著牠用頭盔和腳工
作，把糞料塗開，擠壓，貼到箱子似的地洞四壁上去。看來要
完成這個工作困難重重。我退開了，讓一切恢復原樣。

再過一會兒，我第二次去巡視，小寬胸蜣螂已經離開地
洞，工作已經結束了。這是個外形像頂針的建築，高十五公
釐，寬十公釐。頂針上面的平面就像個放在袋口的蓋子，細心
地縫合連接著。袋子下面一半是滿的，底是圓圓的。這就是幼
蟲的食品儲藏櫃了。上面是孵化室，卵的一端就垂直地固定在
孵化室底部。

對小寬胸蜣螂和屎蜣螂這些夏天的驕子來說，危險是比較

大的。牠們的食品儲藏袋體積很小，但形狀卻一點也沒考慮到要減少水分蒸發；再加上離地面不深，也會讓它們容易受到乾旱的荼毒。如果這些糕點乾硬了，小幼蟲一旦超過了可以挨餓的極限，就會死去。

我在幾個屎蜣螂和小寬胸蜣螂的食品袋側面開了一個口，可以讓我看到裡面發生的事；然後把牠們放到象徵天然地洞的玻璃管裡。玻璃管用棉花塞著，放到我房裡的暗處。在這用塞子塞住的防水管子裡，水分應該蒸發得很少。不過，牠們還是會過幾天有點乾旱的日子，乾燥與食品是不相容的。

我看到這些飢民動也不動，牠們咬不動這些討厭的麵包皮；牠們失去了原來的豐滿，皮膚皺縮、乾癟，兩個禮拜之後出現了死亡的種種症狀。我把乾棉花換成濕棉花。管子裡有了濕氣，這些袋子也慢慢地浸透了，鼓起來，重新變軟，於是那些垂死者又活了過來。牠們恢復得這樣好，成長變態毫無困難地進行，只要不時地更換濕棉花。

那濕棉花就像是烏雲，我逐步供應的人造雨讓牠們起死回生了，這就像一場復活。八月，通常的情況是酷熱少雨，與我的人造雨相當的雨水幾乎不可能出現。那麼如何避免足以致命的食物乾燥呢？在我看來，這些小傢伙們的母親的手藝，沒有

為牠們提供足夠防禦乾旱的措施，所以牠們擁有某些先天的恩賜。三個星期的空腹，屎蜣螂和小寬胸蜣螂的幼蟲已經縮成了一個乾癟的小球；可是有了濕棉花，我看到牠們又有了胃口，豐滿起來，有了活力。這麼長的耐力自有其用處：可以在近似於死亡的昏沈遲鈍之中，等待那很不可靠的幾點雨滴，結束缺糧的狀況。這種耐力救了幼蟲，但光有耐力是不夠的，一個種族的繁榮不能紮根在省吃儉用上。

還有更好的方法，而這就是母親的本能提供的。那些加工梨形糞球、蛋形糞球的昆蟲，牠們的地洞總是挖在毫無遮掩的地方，除了挖出來的土堆似的小丘，就沒有別的庇護物了。而這些壓製食袋的小傢伙們，把牠們的地洞直接挖在開發的糞料下面，而且牠們喜歡騾馬的大堆糞便。在這些厚厚的墊子下，土地沒有日照和風吹，又有糞便的濕氣浸潤著，所以能在比較長的時間裡保持涼爽。

再說，牠們的危險期也沒有多長。如果沒有什麼阻撓，卵不到一個星期就孵出幼蟲了，幼蟲十二天左右就發育完全。屎蜣螂和小寬胸蜣螂生長的關鍵時期，總共也就二十天左右。從此之後，即使食品儲藏袋乾燥殆盡，又有什麼關係？蛹待在堅固的箱子裡只會更愜意；過不了多久，九月的頭幾場雨一下，這個箱子就能毫無困難地碎掉，昆蟲就解脫了。

這些幼蟲的外表和習性，與金龜子等昆蟲已經告訴我們的相同。牠們同樣能夠防止乾燥空氣進入小窩，同樣能夠用腸子中的水泥漿，認真而又迅速地黏合哪怕最小的缺口。牠們的背中間同樣也有一個布袋，形成一個隆起的肉峰，小寬胸蜣螂幼蟲的駝背是最引人注目的。您想要一張關於牠的迅速而又真實的素描嗎？那就畫一段短而皺縮的香腸吧。在這段香腸的中間插入一段，往側面延伸出來。這延伸出來的一段就是頭了。整個結構是三個差不多相等的部分。下面的香腸是肚子。上面的呢，人們首先在那裡尋找的是頭，因為牠看起來實在太像是下面的延續，然而牠是幼蟲隆起的肉峰。這個巨大的肉峰令人覺

黃腿小寬胸蜣螂的幼蟲

得不可思議，即使是漫畫家在最瘋狂的構想中也不可能有這樣的筆調。這塊隆起的肉峰占據了本來屬於頭和胸的位置。那頭和胸又在哪裡呢？牠們讓這個巨大的布袋往下甩到一邊去了，形成了側邊的延伸部分，像個肉瘤。這個古怪的生物，在駝峰的壓力下，彎成一個直角。

當大自然想要創造怪誕的作品時，必定會讓我們吃驚不已的。只是，這是不是就該稱之為怪誕呢？我在圖片上看到有些猴子，長著一個匪夷所思的鼻子，即使是哈伯雷這樣對龐大的概念有著天才的想像的人，也想像不出這種鼻子。但是他創造

了「蒸餾管」似的鼻子，「冒出無數繽紛的泡泡，鼻子上帶著
喝醉了似的紫紅斑」。在圖片上我還看到這些猴子的鬍子、頭
髮、鬢鬚錯綜複雜，所有可笑的長毛動物都可以歸納在這裡
了。但是，毫無疑問，這蒸餾管似的鼻子，這毛髮叢生的臉，
在猴類看來是最常見不過的。在規範和怪誕之間，根本就沒有
界線，一切取決於審美者。

如果這隻誇張的幼蟲出現在公眾面前，毫無疑問，在小寬
胸蜣螂和屎蜣螂的眼裡，牠是美得無與倫比的。但是像牠這樣
的隱士，沒有人看得到牠。牠的美麗也許不為人知，如果沒有
明理的觀察家這麼想：「一切與要實現的職能相和諧的都是美
的。幼蟲需要一個水泥袋來防止牠的食物變乾燥；所以為了生
存，牠一生下來就是背著布袋的。」那麼，這個大駝峰不只可
以被原諒，更可以引以為榮。

這個駝峰還有另一種用處。因為食品袋的體積很小，小幼
蟲幾乎將它全吃光了。這個袋子只剩下薄薄一層搖搖欲墜的碎
片，蛹在裡面就沒有必需的安全。必須得把廢墟加固，增加一
層新的圍牆。為此，小寬胸蜣螂的幼蟲就把牠的布袋徹底地倒
空，按照金龜子等其他昆蟲的方法，為袋子塗上一層均勻的保
護層。

　　屎蜣螂幼蟲建造的是更藝術的工程。牠把自己的黏合泥漿一滴一滴地糊上去，就像排版一樣，把那有點像松果的鱗片、不怎麼外突的泥團拼接起來。牛屎蜣螂這樣修補好的食物袋，既乾燥、又沒有原來的食品儲藏袋那麼多的碎屑。體積有普通的榛果一般大，就像美麗的赤楊果，我第一次在籠子裡挖掘出來拿到手裡的時候，就被矇騙了。要從這種誤會中清醒過來，就得看看所謂的赤楊果裡面的內容。這個大駝背真有牠的把戲，牠為我們預定了一個用糞便做的美麗珠寶樣品。

　　屎蜣螂的蛹留給我們的又是另一種驚奇。我的觀察只針對牛屎蜣螂和福爾卡圖屎蜣螂兩種；但是，這兩者之間的差別還是很大的，比如大小和形態。這樣做的好處，是能夠把獨特的現象歸納出來，應用到整個種族當中。

　　蛹的前胸的前緣中央，武裝了一個明顯外突的尖角，大概突起了兩公釐。這個尖角就和這個時候長出來的所有器官（特別是腳、前額的觸角、口器）一樣，是無色透明的，不硬。一個以後會長的角，就是由這種明顯的晶體狀突起物來預兆的；就像大顎最開始有乳頭狀突起來預兆，而鞘翅有硬鞘來預兆。所有的昆蟲收集家都會理解我的驚訝。前胸上有一個角！但是沒有一隻屎蜣螂成蟲有這樣的武裝！儘管籠裡的飼養記錄向我證實了昆蟲的形態，但我不敢相信。蛹蛻皮了。這個奇特的角

也就隨著被扔掉的舊衣裳乾癟，掉了下來，沒有留下一絲痕跡。我的這兩隻屎蜣螂，不久前還因為有一身罕見的武裝而無法辨認出來，現在牠們的前胸沒有尖角了。

這個器官一瞬即逝，連一個肉瘤都沒留下就消失了，這個臨時的尖角最後消失得連小刺都沒留下。這引發了我的思考。食糞性甲蟲這些平心靜氣的蟲子，一般都很喜歡全副武裝；牠們喜歡不合常規的武器：戟、長矛、釘耙、彎刀。我們再迅速地回想一下西班牙蜣螂的角。印度叢林裡的犀牛鼻子上都沒有長著牠這樣的角。牠的角下部強壯，頂端尖銳，彎成弓形；頭抬起來的時候，角就和前胸背上的斜截面接合在一起。這個角就像是哪個妖怪用來開膛破肚的鐵鉤。再想想米諾多的樣子，即使停下來的時候，也像是要用牠的三把長槍刺向敵人；月形蜣螂前額上長了個角，每邊肩膀上背著一把長矛，前胸上也有一個新月形的槽口，讓人想到屠夫彎彎的切肉刀。

屎蜣螂的武器就更多種多樣了。這一個（牛屎蜣螂）的角像牛角；那一個（牛糞屎蜣螂）的角喜歡又寬又短的鋒面，鋒尖把胸甲凹下去的地方當作鞘；還有的（福爾卡圖屎蜣螂）就用三齒叉來打鬥；第四個（朗斯卡尼斯屎蜣螂）佩帶著匕首，上面還帶著分叉的小刀尖，至於（陸寄居蟹屎蜣螂）就是胸甲騎兵帶的直軍刀。武器最少的也在前額上高高地頂著一個橫著

的冠子，一對觸角。

這些武器是做什麼用的？是不是要把它們看成鋤、鎬、叉、鑱、槓桿之類的工具，昆蟲在挖掘的時候會用到它們呢？絕對沒有。牠們工作時的唯一器具就是頭盔和腳，尤其是前

牛糞屎蜣螂（放大2¼倍）

腳。我從來沒逮到哪隻食糞性甲蟲用牠的武器來挖地洞或是堆積食物。再說，大部分時間裡，那套武器的唯一方向也和做為工具用途的方向相反。如果要往前

挖，您想要西班牙蜣螂怎樣利用牠那朝後的鎬呢？那有力的角可不是正對著要進攻的障礙，而是翹到背上。

米諾多的三齒叉，方向雖然是合適的，但仍然處於停工狀態。我用剪刀剪去了牠的三齒叉，但這隻昆蟲絲毫沒有失去挖掘才能，牠和那些沒有殘疾的夥伴一樣，很容易就鑽到地底下去了。更具有說服力的推理是：雌蟲，雖然築巢做窩的工作都歸牠們，是出色的工人，但牠們

朗斯卡尼斯屎蜣螂（放大3¼倍）

都沒有這些角狀武器，或者只有最簡單最少的武器。牠們把武裝簡化了，完全扔掉了，因為這些武器在工作時，與其說有幫助，

還不如說是個累贅。

那麼應該把它們看成是防禦工具了？也不是。反芻動物是
這些糞便消費者的主要供給者，牠們也喜歡把自己的前額武裝
起來。這種相同的癖好是很明顯的，但我們不可能去懷疑牠們
之間有什麼深層的動機。牡羊、公牛、山羊、羚羊、雄鹿、馴
鹿，還有其他的一些動物，都具有角和角枝，這是用來進行友
誼賽，或保護遇到危險的群體的。但屎蜣螂從來沒有經歷過這
種戰鬥。牠們之間沒有口角，一旦有了危險，牠們喜歡把腳收
在腹下裝死。

所以，牠們的盔甲只是一種裝飾，一種顯示雄性魅力的服
裝。根據生存競爭的法則，這是為了更容易戴上棕櫚枝取得勝
利的做法。我們覺得這長在鼻子上的長劍很奇怪，可是牠們卻
不這樣看，而且越怪誕牠們越喜歡。哪怕是偶然多出來的一個
很小的結塊，都是多出來的美麗，都能決定雌蟲對求婚者的選
擇。打扮得最美麗的才能吸引雌蟲，傳宗接代。牠們把導致勝
利的因素——角、肉瘤，傳給後代。昆蟲學家今天讚賞的裝飾
品就這樣一步一步地慢慢形成、傳遞，不斷地變得完美。

按照這種演化論的說法，屎蜣螂的蛹會這麼回答：「我背
上正在長出的角，對我們而言是華麗衣著的萌芽。野牛蜣螂可

以爲證，牠把這個角變成一個船頭狀美麗的突起；異國的很多親戚也可以證明，牠們的前胸伸長成一個美麗的船頭尖。我所擁有的也就是我的親人們演化而來的。如果我把這個角、這個駝峰保留下來，那它就是個美麗的創新，肯定會把我的競爭對手甩到身後去。我就會有特權，成爲開創者，而我的後代將補充完成這個嘗試，那麼那些衰老過時的昆蟲就會絕種。爲什麼要我背上沒有用的肉瘤乾縮掉呢？如果幾個世紀以來每年都重複，那爲什麼我的嘗試不會取得預期的效果呢？」

哦，聽著，我的小野心家。演化論斷言過，所有偶然擁有的東西，哪怕再小，只要有好處，都能傳遞下去，得到鞏固。不過，別太相信這種斷言。我懷疑這種多出來的裝飾能給你帶來的好處。我懷疑、而且很懷疑，做爲演化因素的時間和環境的有效性。你應該聰明地相信這一點，因爲你在遠古時生下來的時候，就有這麼一塊臨時多出來的肉塊，你就帶著這個駝峰的雛形不斷地生長，但是你沒有任何機會把它固定下來，把它變硬成角，變成你婚禮服裝上的另一個裝飾品。

人和食糞性甲蟲就像是一個原型永恆不變的肖像紀念章，變化的生活條件只是稍微改變了我們的外表，但骨骼卻從未改變。世紀的青苔改變著肖像章，在肖像章上覆上銅綠；但圖像和最初的銘文卻不會被別的東西所替代。沒有什麼讓我長出鳥

的翅膀，即使這是處在泥淖中的人類最渴望的，也沒有什麼賞給成年的你勝利的羽毛。即使甲蟲蛹態時的肉瘤看起來有這個預兆也是一樣。

屎蜣螂和小寬胸蜣螂的蛹二十天左右就成熟了。八月，成蟲穿著一身半白半紅的服裝出現了，這是在以前的研究中我們早就熟悉的。那正常的服裝色彩也比其他食糞性甲蟲形成得快。不過昆蟲並不急著衝破蛹殼，也許是困難太大。牠等著九月的頭幾場雨來幫助自己，把這個小箱子重新軟化。

它來了，這解放的雨。於是，這小小的民族歡快地從泥土裡出來，奔向食物。這個時候，在籠中飼養物所揭示的深層秘密之中，有一個引起我的特別注意。我同時從不同的窩裡，抓住了新生的一代和老的一代。這些老前輩和第一次在露天下宴會的兒女們一樣，興高采烈地圍在食物旁。兩代人聚集在我的籠子裡。

所有春天裡築穴做窩的食糞性甲蟲，包括金龜子、蜣螂和裸胸金龜，父親和子女都能同時存在。我把卵放在一個特殊的單間裡，仔細地監看著它們的孵化，再仔細地數著這些年輕的蟲子。令人驚訝地，食糞性甲蟲父子真的同時存在。

　　前人看不到牠的後代，這是昆蟲界的法則；一旦子女的未來確定了，牠就死了。但是，出於某種例外，金龜子以及牠的對手們都認得牠們的繼承人。父親和兒子是同一個盛宴的來賓，不過，不是在我飼養籠裡的盛宴（因為我在那裡研究的問題，需要把牠們隔開），而是在自由的田野裡。牠們一起在陽光下嬉戲，一起開採遇到的糞堆；只要秋天裡還有美好的時光，這種快樂的生活就會繼續。

　　寒冷來臨了。金龜子和蜣螂、屎蜣螂、裸胸金龜為自己挖個地洞，帶著儲備糧下到洞裡去，關起門來，等待著。一月裡

一個冰冷的日子，我挖開一個暴露在惡劣天氣下的飼養籠。為了不讓我所有的囚徒受到這種粗野的考驗，我進行得很謹慎。每隻挖出來的蟲子都放在一個小窩裡，用東西蓋著，旁邊放著剩下的糧食。當我把牠們放在陽光下時，牠們只稍微動了一下

狐猴屎蜣螂（放大3倍）

觸角和腳，這就是牠們在寒冷的遲鈍中所能做的一切。

　　二月起，一旦杏樹冒冒失失地開花了，就會有幾隻沈睡的食糞性甲蟲醒來。兩種早醒的屎蜣螂（狐猴屎蜣螂和長角屎蜣螂）那時已經很常見了，已經在分解大路上太陽曬溫熱了的牛糞。不久，春天的宴會開始了，大的小的，老的少的，全都來

參加了。總有些老的食糞性甲蟲保養得很好，又舉行第二次婚禮，眞是聞所未聞的例外，儘管並非所有的都如此，但起碼還是會有幾隻梅開二度。這些食糞性甲蟲每隔一年就有兩戶分開的後代。牠們甚至還能有三戶呢，這是一種金龜子（寬頸金龜）證實過的。這種金龜子在籠中飼養三年以來，每年春天都爲我生產出一堆梨形糞球，也許牠們就到此爲止了。食糞性甲蟲中可眞有高齡的元老。

第十章
糞金龜和公共衛生

食糞性甲蟲能夠以成蟲的形態輪迴一年，在春天的宴會上被子女們圍繞；還能夠把自己的家庭成員再增加個一兩倍，這在昆蟲世界裡確實是極其例外的特權。食蜜蜂這種本能傑出的昆蟲，一旦把蜜罐裝滿就一命嗚呼了；蝶蛾也是數一數二的傑出人物，不過牠不是本能傑出，而是裝扮出色，牠在合適的地方固定好成團的卵後，也就死去了；披掛著厚重護胸甲的步行蟲，把後代的胚胎撒在碎石下後，就再也支撐不住了。

其他昆蟲基本上也是這樣，除了群居昆蟲之外。群居昆蟲的母親要不就獨自生存下來，要不就在僕人的服侍下延續生命。昆蟲從一生下來起，就成了無父無母的孤兒，這是普遍的法則。但是，因為某種出人意料的變化，那扼殺大批高貴昆蟲的嚴峻法則，竟讓這些低下的滾糞球工躲過了。食糞性甲蟲，

盡情地過日子，最後變成高齡的元老。

　　這種長壽首先向我解釋了一個以前令我震驚的現象。當時，爲了熟悉那些我所喜歡的昆蟲的故事，我在籠子裡養了一群鞘翅目昆蟲：步行蟲、花金龜、吉丁蟲、天牛、楔天牛等等。這些都是一個一個發現的，需要長時間的尋覓。那些新發現在大家臉上點燃了興奮的火焰。當我們這群沒有經驗的人中，有一個人手上得到了一個罕見的昆蟲，驚嘆聲就從我們口中發出。對那幸福的擁有者，我們的祝賀中也夾著絲絲的嫉妒。要知道，不可能再有別的情緒了；不是所有的人都能抓到這些傢伙的。

　　天使魚楔天牛，蛋黃色的衣服上有梯子似的黑絨，牠是乾枯的草莓樹的客人；步行蟲那烏黑的鞘翅鑲著紫水晶般的滾邊；火紅的吉丁蟲將綠孔雀石的高貴，和黃金、銅器的光芒結合在一起。這些都是引起轟動的東西，非常罕見，不可能讓我們大家都得到滿足。

　　和食糞性甲蟲待在一起，眞是美好的時光！如果要把我這令人羨慕到透不過氣來的瓶子灌滿，就讓我講講這些鞘翅目昆蟲吧。當其他小民稀稀落落的時候，牠們卻多不勝數，尤其是那些小個子。我記得在一個糞堆下就蠢動著成千上萬的屎蜣螂

和蜉金龜。那麼一大堆，簡直可以用小鏟子來收集。

今天，我還是不厭其煩地為這群傢伙的一再出現而驚嘆。就像以前，食糞性甲蟲家族成員的興旺與別的昆蟲之罕見，其對比令我震驚一樣。如果我想重新背上捕昆蟲的皮袋，開始進行曾給我帶來甜蜜時光的研究，那麼，在對剩下的一系列昆蟲進行一些平凡的發現以前，我一定可以把我的瓶子裝滿金龜子、蜣螂、糞金龜、屎蜣螂等昆蟲。五月一到，處理垃圾的昆蟲就占了絕大多數；七、八月來臨，田野裡的一切生命活動，在令人頭暈眼花的高溫下都停止了，別的昆蟲都待在地下，一動也不動，牠們昏沈了，而這些開採骯髒糞料的蟲子卻一直在工作著。牠們和同時期的昆蟲——蟬，幾乎象徵了炎熱日子裡的唯一活力。

食糞性甲蟲這麼常見（至少在我的家鄉是這樣），難道成蟲的長壽不是原因嗎？我想是的。當別的昆蟲被決定只能一代接一代地在美好的季節裡歡騰，牠們卻能父親挨著兒子、女兒傍著母親，來參加宴會。再加上多產，所以牠們能一再出現。

再說，考慮到牠們做出的貢獻，牠們也確實配得上這麼長的壽命。有一種公共衛生工作，需要在最短的期限內，把所有腐爛物質消滅乾淨。巴黎至今還沒有解決可怕的垃圾問題，這

早晚會成爲那座特大城市生死攸關的問題。還有人會想，會不會有一天，城市中心的光明都會被泥土中飽和的腐爛物散發的臭氣給薰滅了。那集幾百萬人口的城市，傾其財力智力，都不能解決的，在那小小的村莊，卻用不著花錢，甚至不用操心就辦到了。

大自然爲鄉村的清潔花了大量心思，但對城市的舒適狀況，即使在它並沒有惡意的時候，也是漠不關心的。大自然爲田野創造了兩種清潔工，沒有什麼能讓這些清潔工厭煩、氣餒的。第一種清潔工包括蒼蠅、扁屍�、皮蠹、埋葬蟲、閻魔蟲，牠們被指派來解剖屍體。牠們把屍體分割切碎，在胃裡把死屍的殘骸細細研磨之後再還給生命。

一隻鼴鼠被耕作農具劃開了肚皮，已經發紫的內臟弄髒了田間小道；一條躺在草地上的遊蛇被過路的人踩死，而這個笨蛋還以爲做了件大好事呢；一隻還沒長毛的雛鳥從窩裡掉了下來，摔在托著牠的大樹腳下，可憐地變成了肉餅。還有成千上萬的類似殘骸，出現在各個角落，分散在四處。如果沒有誰去清理牠們，牠們腐爛後散發的臭氣就有害環境衛生。不過不要擔心，只要哪裡出現一具顯眼的屍體，小小的收屍工馬上就趕到了。牠們處理屍體，挖空肉質，把屍體吃得只剩下骨頭，或者至少也會把屍體變成風乾的木乃伊。不到一天，鼴鼠、遊

蛇、雛鳥，就都不見了，環境的衛生眞令人滿意。

　　第二種清潔工，做起工作來同樣熱情高漲。城市裡用來減輕我們負擔的、充斥刺鼻氨氣的廁所，鄉村裡幾乎見不到。當農民想一個人待一會兒的時候，隨便一堵矮牆、一排籬笆或一叢荊棘，就是他需要的避人場所。用不著多說，在這種無拘無束的場合，您會撞見什麼。苔蘚、厚厚的青苔、一簇簇的長生草和其他美麗的東西，裝點著久經風雨的石堆，吸引您走過去，來到看起來是一座爲葡萄培土的牆跟前。好傢伙！裝飾得那麼美麗的掩蔽所，在牆腳一帶，有一大灘可怕的東西！您拔腳就跑，什麼苔蘚、青苔、長生草，都吸引不了您。不過，您明天再來，就會看到那灘東西不見了，那個地方乾乾淨淨；因爲食糞性甲蟲已經到過這裡。

　　對這些勇敢的小傢伙來說，防止那些一再出現的、有礙觀瞻的場面被人們撞見，僅僅是最次要的職責；還有更崇高的使命落到牠們身上。科學向我們證明，人類最可怕的災難，都能在微生物中找到原因。這些微生物，與黴菌相近，位於植物界最邊緣。這些可怕的病原菌在流行病傳播期間，在動物的排泄物中成千上萬、數不勝數地繁殖。它們污染空氣和水源這些生命的首要糧食；它們散布在人的衣服、被褥和食品上，把傳染病傳播開來。所有染上病菌的東西，都得用火燒掉，用腐蝕劑

消毒殺菌，埋到土裡。

　　爲了小心謹慎，連垃圾也絕不能積留在地面。垃圾是無害還是有害？雖然對這個問題人們還有懷疑，但最好還是讓垃圾消失。對此，古代的賢人似乎早就明白；那個年代，遠遠早於我們了解到應該對微生物保持謹慎之前。在這方面，比我們更容易受流行病威脅的東方人，早就知道一些明確的法則。看起來，摩西[1]好像是傳播了古埃及有關這方面知識的人，他在自己的人民流浪阿拉伯沙漠的時候，就在法典中制定了處理方法。「當你有了自然需要，」摩西說道，「走出營地，帶上一根尖頭棍，在地下挖個洞，之後再用挖出來的土把垃圾蓋住。」[2]

　　這個簡單的安排，有著重大的意義。可以相信，如果伊斯蘭教在大規模赴克爾白聖堂[3]朝聖期間，也採取這種謹慎的措施或類似的措施，如此麥加城就不會每年都成爲霍亂中心，歐

---

[1] 摩西：西元前十三世紀，古代以色列人的解放者、立法者。他率領在埃及的希伯來人出埃及。詳見《聖經》中《出埃及記》。——譯注

[2] 原文爲：Habebis locum extra,ad quem egrediaris ad requisita naturœ,Gerens bacillum in balteo ; cumque sederis,fodies per circuitum et egesta humo operies.見《摩西五經·經五》第一百二十三章第十二、十三節。——原注

[3] 克爾白聖堂：位於麥加城的聖寺内，穆斯林教徒若有能力，一生中必須至少來此祈禱一次。——譯注

洲也不需要在紅海兩岸築起防線阻止瘟疫了。

　　法國外省④的農民，和自己的祖先中的一支——阿拉伯人
一樣，不爲衛生問題發愁，他們根本不知道會有這方面的災
難。他們多虧了有食糞性甲蟲在那裡工作，牠是摩西訓誡的忠
實遵從者。就是牠消滅、掩埋帶菌物質。一有緊急需要，以色
列人就會跑出營地，腰間帶著尖頭棍。食糞性甲蟲也會趕去，
牠裝備的工具可比尖頭棍高級；人一離開，牠就挖好一口井，
把這些惡臭物一股腦滾進去，不再產生危害。

　　這些掩埋工做的工作，對田野裡的環境衛生意義重大。而
我們則是這種持之以恆的淨化工作的主要受益者。但對於這些
忘我的工作者，我們給的差不多就是輕蔑的一瞥，還用俗語爲
牠們加上種種難聽的名字。做好事的，背罵名、受歧視、挨石
頭砸、給腳跟踩；這好像成了定律。蟾蜍、蝙蝠、刺蝟、貓頭
鷹，還有別的一些幫助我們的動物，都證明了這個定律。牠們
爲我們貢獻心力，可是對我們的全部要求，就只是一點點寬容
而已。

　　垃圾被人不知羞恥地攤在陽光下，而在保護我們免受垃圾

④ 外省：法國人指巴黎以外的地方。——編注

危害的守衛當中，我們家鄉最著名的是糞金龜，這倒並不是因為牠們比別的埋糞工更勤快，而是因為牠們的身軀能讓牠們做

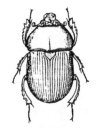

條紋糞金龜

最粗重的工作。而且，當牠們需要暫時恢復一下體力的時候，牠們就喜歡針對那些最令我們害怕的東西下手。

我家附近，有四種糞金龜從事這項開發工作。其中兩種（突變糞金龜和野生糞金龜）比較少見，最好不要把牠們列為跟蹤研究的對象；另兩種（糞生糞金龜和偽善糞金龜）就恰好相反，非常常見。這兩種常見的食糞性甲蟲，背上都是烏黑的，胸前穿著華麗的衣服。大大出人意料的是，在這些被指派來掏糞的昆蟲身上，居然佩帶著這麼美麗的首飾。糞生糞金龜臉部的下方，像紫水晶一樣光彩奪目；而偽善糞金龜則用黃銅礦的燦爛光芒大肆妝點。牠倆就是我飼養籠裡的食客。

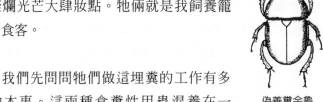

偽善糞金龜

我們先問問牠們做這埋糞的工作有多大的本事。這兩種食糞性甲蟲混養在一起，共有十二隻。籠子裡的食物在這之前都是無限供應的。這一次，我預先把剩餘的食物清掃乾淨，想算算一隻糞金龜一頓能埋多少東西。將近黃昏，一頭騾子從我門前經過，排出一大

堆糞便，我把這堆糞便全都給了我的囚徒們。這堆糞便夠多的了，差不多裝了一筐子。

第二天早上，這一堆騾糞全都消失在地下，除了一些碎末，地面上什麼都沒有。這樣我就可以做個大致的估算：假設這個工作分成十二等份，那麼籠子裡的每隻糞金龜，就往地下儲藏了差不多十立方公分的糞料。想想牠們那平凡的身材，還要挖掘倉庫，把收集的戰利品運到地下去，這真是泰坦人才能完成的工作，更何況牠們是在一夜之間完成的！

儲備了這麼多的食物，牠們是不是會守著寶藏、安安靜靜地待在地下呢？哦，根本沒那回事！這正是大好時光呢。黃昏到了，寧靜而溫馨。這是活躍、歡唱的時刻，正是外出覓食的時刻。牧群剛從大路上經過。我的食客們也拋開地窖，重新爬到地面上來。我聽到牠們簌簌地動著，爬上柵欄，冒冒失失地撞到壁板上。我早就料到了這黃昏時的活躍，所以在白天就已經收集了和昨天一樣多的食物，這時就餵給牠們。夜裡，這些糞料又沒了。第二天，籠子裡又乾乾淨淨。只要是天氣好的傍晚，如果我手頭總有東西來滿足這些貪得無厭的攢財迷，牠們就這樣無止境地持續下去。

不管食物有多豐富，糞金龜都會在日落時離開牠已經收集

到的食品，藉著夕陽的微光嬉戲，開始尋覓新的開採場地。也
許對牠來說，得到的並不算什麼，只有未得到的東西才是有價
值的。那麼，牠在每個黃昏的好時光裡更新的倉庫，到底是用
來做什麼的呢？很顯然的，這糞生昆蟲一夜之間不可能消耗這
麼多的糧食，牠家裡的食物多得不知道怎麼處置才好。牠往家
中裝滿財富，卻從不會利用。而且，這個囤積居奇的蟲子並不
滿足於爆滿的倉庫，還是每晚出去奔波勞累，往倉庫裡運送更
多的東西。

　　糞金龜的糧倉建得四處都是，牠隨便碰上哪個，都可以從
中提取一點做為當天的糧食，剩下的就扔掉；而那些剩下的也
幾乎與未用的糞料差不多。我籠中飼養的情況證明，牠做為掩
埋工的本能，比牠做為消費者的胃口來得更迫切。籠子裡的土
迅速地增高，我不得不時時把水平線拉回到需要的界限。如果
把土挖開，就會看到土下塞滿了堆積的糞料，厚厚的，沒有動
過。一開始的泥土，現在已經變成土糞難分的團塊。如果我不
希望以後的觀察搞不清楚，就得進行大幅度的清理。

　　要把那一部分糞料分出來，總會有誤差，不是多了就是少
了，在某些地方不可避免地和正確的測量結果有點出入。但從
我的研究來看，有一點是很清楚的：糞金龜是狂熱的埋糞工，
牠們搬到地下去的東西遠遠超出了牠們的消費需求。有一大群

大小不一的合作者，通力完成這種勞動量不同的工作，那麼，很顯然的，土地的淨化會收到很大的成效，我們也會慶幸有這麼一支協同作戰的軍隊，在為公共衛生出力效勞。

而且，植物以及由植物引起的連鎖反應的大批生命，都會從這種掩埋工作中受益。糞金龜埋到地下、第二天就扔掉的東西，並沒有失去價值，完全沒有。在世界的收支結算單上，沒有東西會損耗掉，清單的總量是永恆不變的。昆蟲埋下去的一小塊軟軟的糞料，日後這附近的一叢禾本科植物會因此而長得茂密蔥綠。一隻綿羊經過這裡，吃掉這束青草。那由此而增加的羊腿肉不是人類所期望的嗎？食糞性甲蟲所從事的工作，最終會為我們帶來餐叉上的一塊美味的肉。

我們的壞習慣是要所有的東西都必須為我們帶來利益，那麼，食糞性甲蟲的工作已經很了不起了。如果我們的思考能擺脫這種狹隘的觀點，那該多好。在一連串錯綜複雜的生命中，要一一列舉那些直接或間接於我們有益的生命，這是不可能的。我看見黃鶯用牠的巢裝飾著遭風雨烈日侵蝕的簡陋茅屋的門楣，某種避債蛾屬的毛毛蟲把衣蛾的鱗片鑲嵌在破敗的小茅屋上，小小的鰓金龜吃著禾本科植物的花藥，小象鼻蟲把成熟的種子變成幼蟲的搖籃，成群的蚜蟲在葉子下安家，螞蟻則來到這群蚜蟲的觸鬚上酣暢地飲著。

　　就這麼多吧。這種列舉是沒完沒了的。整個世界都從食糞性甲蟲、埋糞蟲的工作中受益，首先是植物，接著是利用植物的生物。這是個小世界，很小的世界，如果您要這麼認為的話；但畢竟這是個不能忽略的世界。正是這些微不足道的生物構成了生命的積分，就像數學微積分是由無數個接近於零的數組成的。

　　這種農業化學告訴我們，要更善用畜棚裡的肥料，最好盡可能地在肥料還是新鮮的時候把它埋起來。如果肥料經過雨水浸、空氣蒸，就會沒有肥力，失去其中的有效成分。這個具有重大意義的園藝學真理，糞金龜和牠的同行可是知道得清清楚楚。在牠們做埋糞工作的時候，總是挑選新鮮的糞料。那即時生產的糞料，飽含著豐富的鉀肥、氮肥、磷肥，牠們埋這些肥料非常地起勁；而那在太陽下曬得發硬的東西，暴露在空氣中太久，已經不再那麼肥沃，牠們就不屑一顧。沒有價值的殘渣，牠們是不理睬的。對別的生命來說，這種糞料也是很沒有用處的。

　　我們已經知道糞金龜是清潔工和肥料收集工。食糞性甲蟲要展現給我們的第三點是，牠們也是敏銳的氣象學家。可以確定的是，鄉間的傍晚時分，如果有很多糞金龜飛出來，忙碌地清理地面，這就是第二天天氣好的信號。這種簡單的預兆有價

值嗎？我籠子裡的飼養會告訴我們。整個秋天，牠們築穴做窩的季節，我都仔細觀察我的這些食客，記下牠們前一天夜晚的情形，再記下第二天的天氣。在我的氣象實驗室裡，沒有使用溫度計和晴雨計，也沒有使用任何科學設備，有的只是我個人的感受。

糞金龜只在太陽下山之後才離開洞穴。如果空氣沈靜，溫度很高，在傍晚最後的微明之中，牠們就四處流浪，嗡嗡地低飛著，尋找白天的生命為牠們準備的盛宴。如果找到了合適的，牠們就猛然撲上去，有時會因為衝得過急，沒有控制好而跟蹌摔倒。牠們鑽到新發現的東西下面，然後夜裡大部分時間都在掩埋它。只要一夜的工夫，田裡的污穢東西就消失了。

這種淨化工作有一個不可少的條件：空氣要很寧靜，很熱。如果下雨，糞金龜就不會挪窩。牠們在地下有足夠的糧食，足以對付長時間的失業。如果很冷，刮著北風，牠們也不會出來。在這兩種情況下，我飼養籠裡的土面上都是空蕩蕩的。撇開必要的休閒時間，我們只能考慮那些大氣狀況適合牠們出門的晚上，或者至少在我看來是適合的晚上。

第一種情況，美妙的夜晚。糞金龜在籠子裡騷動不安，不耐煩地想趕去服牠們黃昏時的勞役。第二天，天氣很好。這個

預兆非常簡單。今天的好天氣是昨夜的延續。如果糞金龜沒有知道得更多，那麼牠們就不大配得上這種聲譽。不過在下結論之前，我們還是繼續實驗吧。

第二種情況，還是美麗的晚上。從天空情形來辨認，我根據經驗認為第二天將是個好天氣；但食糞性甲蟲們卻意見相左，牠們沒有出來。我們兩者誰會對呢？人還是食糞性甲蟲？是食糞性甲蟲，牠那靈敏的感覺預感到了暴雨。確實，夜裡雨突然下起來，還延長到了白天。

第三種情況，天空烏雲密布。中午的風把雲都堆積起來了，風會給我們帶來雨嗎？我想會，從天空的情形看來的確是這樣。但是食糞性甲蟲在飛，在籠子裡嗡嗡地響。牠們的預言很對，而我又上當了。即將來臨的雨消失了，第二天，太陽光芒四射地升起。

空氣中的氣壓看起來對牠們的影響特別大。在那些又熱又悶、醞釀著風暴的晚上，我看見牠們比往常更為焦躁不安。果然第二天就有陣陣猛烈的雷聲在咆哮。

這樣，我持續了三個月的觀察就可以做總結了。不管天氣狀況如何，晴朗還是多雲，糞金龜都是以在黃昏時候的繁忙或

焦躁，來預示好天氣或暴風雨。牠們是活的晴雨計，也許在類似的情況下，牠們比物理學家們的氣壓計還要值得信任。這種細緻的生命感觸力，勝過水銀柱劇烈的刻度變化。

最後，如果情況允許的話，我想引述一個絕對能帶來新資訊的事實。一八九四年九月十二、十三、十四日，我籠子裡的糞金龜處在一種反常的騷動之中。我在此之前沒有見到過牠們這樣活躍，在此之後也沒有再見到過。牠們像瘋了一樣爬到柵欄上，每一刻牠們都在飛躍，又馬上撞到擋板上，栽了個跟斗。牠們這樣焦躁不安地來來往往，一直到深夜，十分反常。籠子外面的鄰居，幾隻自由的食糞性甲蟲，也在我家的門前奔忙著，與籠中的嘈雜相呼應。發生了什麼事，會引起這種怪事，把我籠子裡弄得這樣騷動呢？

那是天氣特別熱的幾天，之後，中午起風了，雨近在咫尺。十四日晚上，斷斷續續的烏雲不停地跑到月亮前面，那情景真是壯觀。幾個小時以前，糞金龜還像瘋了一樣騷動著。十四日到十五日的夜裡，牠們安靜下來了。沒有一絲風，天空清一色灰灰的，雨垂直地落下來，就這麼單調地綿綿下著，令人發愁。這雨就好像永遠不會停止一樣。確實，這雨到十八日才停下來。

　　糞金龜從十二日就忙碌起來了，牠們預感到了這洪荒一樣的大雨嗎？表面看起來是的。但是，在雨快來的時候，牠們沒有像往常一樣離開地洞。那麼，應該有特殊的事情讓牠們這麼激動。

　　報紙為我解開了謎底。十二日那天，法國北部發生了前所未聞的颶風。氣壓極度下降，造成了風暴，這樣的氣象在我的家鄉也有回應，所以糞金龜們以極度的不安做為信號，預示那強烈的混亂狀態。如果我能早點了解牠們，那麼牠們在報紙之前就已經告知我這場颶風。這只是簡單的巧合呢？還是有因果關係？沒有大量的資料，我們還是在這個問號上結束吧。

第十一章

糞金龜的築巢

九月、十月，頭幾場秋雨浸透了泥土，金龜子可以打破牠出生的牢籠了。這時候，糞生糞金龜和僞善糞金龜開始爲後代建造房屋。建築很粗糙，儘管這些小傢伙號稱挖土工，但牠們爲後代建造的居所，會使這個稱號給人的期待落空。如果必須挖一個避難所來躲避嚴酷的冬天，那糞金龜倒眞的是名副其實；在井的深度、工程的完美和進展的迅速上，沒有誰能比得上牠。在沙地和挖掘不太困難的泥土中，我曾經挖掘過深達一公尺的地洞。有的糞金龜還能把牠們的挖掘向更深的地方推進，我的耐心和工具都不能企及。這就是糞金龜，一個老練的挖井工人，無人可及的挖土工。如果寒冬肆虐，牠就知道要到地下去，下到用不著害怕霜凍的地層裡。但是牠築給後代的巢穴又是另一回事了。有利的季節很短，如果糞金龜爲每一個卵都留下一個這樣的地下城堡，那時間是不夠的。要鑽一個很深

的地洞，糞金龜就得把冬天臨近之前的所有時間都花在這上面，沒有別的辦法；這樣，避難所才能更安全，而牠得不停地工作，暫時不能把時間花在其他的事情上。但是在產卵期，這些辛苦的工作就不可能進行了。時間很快地流逝，牠得在四、五個星期裡為眾多的後代建造房屋，提供糧食儲備。這就排除了長時間耐心鑽井打洞的可能。

再說，糞金龜還得花心思來防止地面出現的危險。一旦成蟲把牠的後代安頓好，缺乏保護的牠，就不得不將自己安置在一個很深的冬季營地，春天的時候再從那裡爬上來，加入孩子的行列，就像金龜子一樣；但是，幼蟲和卵都不需要這種工程浩大的冬季宿營地，因為有父母給牠們的設備保護著。

儘管季節有所不同，但糞金龜替幼蟲挖的地洞，並不比蜣螂和金龜子挖的地洞深多少。三十公分左右，這是我在田野裡觀察到的，在那裡洞的深度並不受到限制。而我飼養籠裡泥土的厚度有限，在洞的深度方面得到的數據可能不太值得相信，昆蟲只能利用提供給牠的有限土層。不過，很多次，我發現土層並沒有完全被穿透到籠子的木板上。這又一次證明了地洞不需要很深。

不管是在自由的田野裡，還是在拘禁的籠子裡，地洞總是

挖在牠們開採的糞堆下面。從外面看不出下面有個地洞，它被騾子排放的、體積龐大的糞堆蓋住了。地洞是個圓柱狀的巢穴，直徑有瓶頸大小。如果地洞是在土質均勻的地裡，就是垂直的。如果是在粗糙的地裡，洞就會彎彎曲曲，拐來拐去的很不規則，因為這種地裡有石頭、樹根的障礙，牠們不得不突然改變地洞的方向。在我的飼養籠裡，當土層的厚度不夠的時候，這個開始筆直垂下去的小井，碰到籠子底部的木板時就會彎成肘形，水平延伸。所以，糞金龜在鑽洞時沒有確切的規則，地形的起伏決定了地洞的形狀。

地道的盡頭，也沒有像蜣螂、金龜子和裸胸金龜，用來捏塑梨形或蛋形糞球藝術品的寬敞大廳或工地，而只是一個和其他地方一樣大的死巷。在不均勻的土質上，像瘤一樣突出、彎曲的地方，是一定會有的；如果忽略那些，這就是一個真正的鑽孔。一條彎曲的羊腸地道，就是糞金龜的地洞。

這個簡陋的場所裡容納的東西，類似一節豬血香腸，把管狀地道的下面灌得滿滿的，和模具似的地道緊緊壓在一起。如果是糞生糞金龜的作品，那它長度不會超過二十公分，寬四公分。偽善糞金龜的作品體積還更小一些。

不管是糞生糞金龜的還是偽善糞金龜的，這節香腸差不多

都是不規則的，有的彎曲，有的多多少少有點凹凸不平。這種表面的不完美，是由於石頭地的起伏不平。這個喜歡直線和垂直的昆蟲，並不能總是按照牠的藝術法則去挖掘地道。而與地道緊貼在一起的糞料，於是也就很忠實地呈現那不規則的模具。這節香腸的底部是圓的，就像地洞的底部一樣；香腸上面則凹下去，因爲糞金龜很用力地把中心壓緊了。

這一大節香腸可以一層層地分開，每一層都圓圓的，堆積在一起，讓人想起一疊錶玻璃。香腸的每一層都清晰可辨，應該是相當於糞金龜抱一把糞料的分量。糞金龜從地洞上面的糞堆汲取糞料，運到下面，安放在前一次堆放的那一層糞料上，然後使勁地往下踩。每一層薄薄的圓形糞料的邊緣，都不好擠壓，所以要高一些。這樣，整根香腸堆積下來，就有了一個凹下去的彎月形狀。那同處在邊緣的糞料，壓得不太緊，形成了像外殼的皮，和地洞的內壁接觸，沾著土。總之，香腸的結構透露出它的製造方法。糞金龜的香腸就像我們吃的香腸一樣，是在管子裡壓模得到的。糞料一層一層連續不斷地運進管子，同時擠壓，尤其是從中心擠壓；如果製作者用腳踩就更容易做到。我稍後的直接觀察會證實這種推理，而且能夠用更有意義的數據來補充。單單觀察糞金龜已經完成的作品，還不能讓人預料到這方面的意義。在繼續研究之前，我們要注意到，糞金龜總是把牠的地洞挖在糞堆下面，做一節香腸需要的糞料就從

糞堆中提取，牠是多麼富有靈感啊。那一把一把運進地道擠壓的糞料，數量是非常可觀的。如果以厚度每一層四公釐左右來計算，就必須來回運五十幾趟。如果糞金龜每次都要從比較遠的地方去拖食物來儲存，牠必定不能勝任這種花費大量體力和時間的粗重工作，牠所具備的技藝不適合金龜子式的長途旅行。經過一番深思熟慮之後，牠把家就安置在糞堆下面。如此一來，糞金龜只需要從地洞裡爬上來，在家門口就可以抓到做香腸所必需的大量糞料，想要多少就有多少。

當然，前提是牠所開採的工地要能提供豐富的糞料。如果糞金龜是為幼蟲工作，牠就會注意到這個條件，只採用驟或馬提供的糞料，而絕不用綿羊的，因為綿羊排出的糞便太少了。這裡關心的不是食物的品質問題，而是數量問題。當然，我在籠子裡的飼養顯示，如果羊能更慷慨一點，牠會更受歡迎。羊不能自然產生的，我來插手幫牠實現，即把收集的羊糞堆積起來。這麼特殊的寶藏，在田野裡是絕不會出現的；我的那些囚徒們鬧哄哄地在這個寶藏下工作，證明牠們非常懂得欣賞這個意外之財。牠們做的香腸，多得讓我不知道拿來做什麼好。我把一些香腸和周圍的新鮮泥土一起放到大花盆裡疊起來，以便繼續觀察多天來臨以後幼蟲的活動；把其他一些一個一個地移到試管、玻璃管裡；再把一些堆在白鐵盒子裡。房裡的地板都被這些香腸占滿了，這些收集起來的東西真讓人想起一頓罐頭

套餐。

　　不過，糞料的更新並沒有帶來香腸結構上的變化。因為糞料的顆粒更小，彈性更大，所以香腸的表面更規則，內部更均勻，除此之外沒有別的變化。

　　香腸底部那一端總是圓圓的，那是孵化室。孵化室是一個圓圓的孔，能放下一個中等大小的榛果。為了胚胎呼吸的需求，孵化室的側壁都比較薄，讓空氣能很容易就進入。在孵化室內部，我看到微白的黏液在閃著光，那是疏鬆多孔的糞核滲出的半流質物，就像在蜣螂和金龜子的育兒糞球裡一樣。

　　卵就睡在這個圓圓的小孔裡，和周圍沒有任何接觸。卵是白色的，長橢圓形；比起昆蟲的體積，卵的大小非常驚人。糞生糞金龜的卵，長七到八公釐，寬四公釐多。偽善糞金龜的卵體積則小一些。

　　這個安置在厚厚香腸裡的小小巢穴，位於地洞的底部，這和我讀到關於糞金龜築巢做窩的書中所述，完全不相符。米爾桑在談到糞生糞金龜的孵化室時，講的是一個古老的德國作者弗里希（我貧乏的藏書讓我不能向這位作者請教）的觀點：「在垂直的地道底，雌蟲建造了一個像窩巢或雞蛋殼的東西，

還在殼的一邊開了個口。這個殼通常是用土建造的。一個麥粒大小的、微白的卵，就黏在殼的內壁上。」

那麼，這個經常用土做的殼還從旁開了個口，讓幼蟲搆得到上面的一大柱食物，究竟是什麼呢？我糊塗了。殼，特別是用土做的殼，沒有……開口，也沒有。只要我想觀察，我一次又一次地觀察到的總是一個圓圓的小腔，到處都密閉著，而且安置在圓柱形的營養物質下面；除此之外，再也沒有別的，甚至連一個和書上所寫的大致相似的結構都沒有。

對這虛構的東西，誰該負責呢？是德國昆蟲學家因為做了一次膚淺的觀察而犯了錯誤？還是里昂昆蟲學家錯誤地闡釋了老作者的話？我沒有資料來追究這個錯誤應該由誰負責。什麼觸鬚的名詞、什麼不統一的名稱出現的時間先後，這些都和昆蟲生活的最大表現——習性和技藝幾乎無關，但是看到那些大師們為了這個爭吵、疑慮，不是很可悲嗎？術語昆蟲學取得了巨大的進展，它把我們包圍了，淹沒了。而生物學家的昆蟲學，這唯一有趣、唯一值得我們思考的學科，卻被忽視了，甚至連最普通的種類也沒有牠們的傳記，即使有人談到了一點點關於這些種類的故事，這些故事也需要仔細地考察。打抱不平也沒有用，事態的發展在很長時間之內不會有什麼改變。

　　再回到糞金龜的香腸吧。這個香腸的形狀和蜣螂、金龜子告訴我們的形狀是相反的。蜣螂、金龜子在糞球的製造上費盡心思，把糞料捏成最能防止乾燥的形狀，而且牠們的糞球數量非常驚人。牠們知道用雞蛋形、長了個頸子的球形來爲後代的微薄口糧保持新鮮。糞金龜不知道這種聰明的辦法。牠生來粗俗，覺得只要食物豐富就是舒適。只要把地道裡裝滿糧食，牠才不怎麼在意那一堆糧食是多麼難看。

　　糞金龜不是逃避乾燥，看起來牠反而好像追求乾燥似的。確實，您看看牠堆積的香腸吧。這節香腸出奇的長，而且很草率地結在一起，沒有不滲水的緊密外殼，表面積大得過分，整個圓柱面都和泥土接觸。這些都是快速乾燥必須採取的措施，與金龜子等昆蟲那面積最小的解決方法恰恰相反。那麼，我對牠們食物形狀的結論，在我們的邏輯看來非常合理的結論，就成了什麼啦？我是不是輕率地上了幾何學的當，只是偶然才得到了這個合理的結論？

　　還是用事實來回答吧。事實告訴我們：那些製造糞球的是在夏天最熱的時候築巢做窩的，那時候土地極其乾燥；而對製造圓柱的糞金龜來說，牠們是在秋天挖掘巢穴，這時土壤已經被雨水浸透了。前者需要爲牠們的後代預防麵包過硬的危險，但後者卻沒有經歷過因乾燥而引起的飢餓之苦。牠們的食物嵌

在涼爽的泥土中，能無限期地保持著柔軟合適的狀態。雖然牠們的食物沒有前者那樣的形狀來保護，不過，潮濕的土地外殼就是它們的保護者。現在這個季節的濕度已經和夏天相反了，而這就足以讓夏天所需要的謹慎變得沒有必要。

進一步鑽研，我們就會看到，秋天的時候，把糞料做成圓柱體比搓揉成球形更好。九、十月來臨，雨水頻繁而又連綿不絕；但是只要出了一天的太陽，就能把糞金龜巢穴所在的那塊不深的土壤曬乾脫水。不錯失這歡愉的好時光是件大事，幼蟲怎樣才能享受到這樣的樂趣呢？

假設一下，如果那隻幼蟲是關在一個胖胖的糞球裡，那麼，只要大雨一來，糞球吸飽了雨水，就會牢牢地將水分保持著；因為球形的蒸發面積最小，與享受到日光照射的泥土的接觸面也最小。結果，二十四小時之內，土地表層又回到了正常的濕度，但球形糞塊因為與已脫水的土壤接觸不夠，仍會保存著過多的水分。這樣一來，又濕又厚的食物就會發黴，外面的熱量和空氣很難進來。幼蟲在這秋末的陽光中也得不到多少益處，這遲來的陽光本來會恰到好處地讓幼蟲成熟，賦予牠經歷嚴冬考驗所需的體力。

在七月需要抵禦乾旱的時候被視為優點的，到了十月需要

避免過分潮濕的時候，已經變成缺點了。所以圓柱體的糞塊代替了球形的糞塊。這個長得相當奇特的新形狀，實現的正是對糞球製造者來說很重要的條件：同樣的體積，表面積發揮到了極致。這樣的顛倒，有它的動機嗎？也許有，而我好像明白其中的原因。

既然再也用不著害怕乾燥了，那麼食物塊有了這麼大的表面積，不是很容易就能把過多的水氣蒸發掉嗎？沒錯，下雨的時候，圓柱面能讓雨水滲透得更快；天晴了，表面與很快就脫水的土地充分接觸後，又可以讓過多的水分迅速地流失。

最後，讓我們來了解這根香腸是怎麼製造的吧。在田野裡目睹糞金龜工作，對我而言，是個非常艱鉅的工程，可以說是行不通的。但是利用我的飼養籠，只要稍微有點耐心和技巧，就一定可以成功。我把那塊攔住人造土的木板放倒，土的縱切面就暴露了出來。我用刀尖一點一點地挖掘，一直挖到地洞。如果小心操作，沒有引起坍方之類的麻煩，我們就會看見，那些正在工作的工人們被突然湧入的光線驚嚇到，動也不動地，正在工作的姿勢就像僵住了一樣。這個工地上的擺設、材料、工人的位置和姿勢，能讓我們準確地重建被打斷的工作場景；就算我們延長探訪時間，中斷的工作場景仍不會改變。

　　首先，有一個現象引起了我的注意，一個有重大意義的、極其特殊的現象，昆蟲學到現在還是第一次為我提供這樣的例子。在每一個暴露出來的地洞裡，我都發現了兩個合夥者，一對夫妻。雄蟲給雌蟲提供了有力的幫助，家務工作由牠們兩個分擔。我從筆記裡摘錄了下面的一段描寫；根據這些演員一動也不動的姿勢，可以很容易把這些描繪變得生動起來。

　　在地道盡頭，雄蟲蹲在僅拇指長的一小段香腸上。牠所占的位置是在香腸中間凹下去的小坑。每一層糞料的中心都被用力壓緊了，形成了小坑。那麼，在我們侵犯這個地洞之前，雄蟲在做什麼呢？牠的姿勢說得很清楚：牠在用牠強壯的腳，特別是後腳，把香腸最上面的一層踩下去並堆放好。雄蟲的夥伴卻在上面，差不多在地道的出口處。我看見牠的腳中間抱了一大把糞料，就是剛才在屋頂上的糞堆裡收集來的。我的闖入造成的驚嚇，並沒有讓牠放鬆抓住的東西。雌蟲懸空站在高處，用力把身體支撐在地道的內壁上，像得了蠟屈症一樣，僵直地抱著牠的包袱。這樣，我可以猜到牠們連續的工作情況：波西斯把糞料運下去給強壯的菲雷蒙[1]，讓菲雷蒙接著去做堆積和踩壓的粗重工作。產卵和小心仔細地保護卵是母親一個人的秘

---

[1] 菲雷蒙、波西斯：神話中的一對夫妻，是夫妻恩愛、白頭偕老的象徵。這裡的菲雷蒙指雄糞金龜，波西斯象徵雌糞金龜。——譯注

密，一旦完成，牠就把建造圓柱的任務交給牠的夥伴，自己只限於當個搬運食物的次要角色。

就這樣，在牠們工作的不同階段闖進去看到的場景，可以讓我做出一個整體的描繪。那節香腸狀的糞塊，一開始是個又短又大的袋子，緊緊地鋪在地洞盡頭。在這個張著大口的袋子裡，我看到過兩隻性別不同的昆蟲正把糞料弄得碎碎的，牠們也許是在把糞料踩緊之前要仔細地檢查，好讓牠們的幼蟲一出生就能在嘴邊找到上好的食物。然後這小倆口就塗抹四壁，增加牆壁的厚度，直到袋子的直徑減到孵化室需要的大小。

是產卵的時候了。雄蟲悄悄地退到一旁等著，等母親產完卵，牠就帶著準備好的糞料，幫助雌蟲封住剛剛有了小居民的小室。把袋子的邊拉攏，添上一個穹頂，這是一個用水泥糊得密密的蓋子，如此孵化室就封好了。這是細緻的操作，需要靈巧更勝於力氣。母親獨自一人負責這工作。菲雷蒙現在做的是簡單的工作，就是把灰漿傳遞過去，而不是直接黏到穹頂上，因為牠粗魯的壓碰很可能讓穹頂倒塌。

很快，孵化室的蓋頂變厚了，加固了，不再害怕壓力了。於是，不太需要細心的踩壓工作開始了，這粗重的工作把雄蟲推到了第一角色。在糞生糞金龜中，雌雄兩性在體格和力氣上

的差異是非常驚人的。眞的，菲雷蒙屬於格外強而有力的性別，這是很罕見的。牠威風凜凜，肌肉發達。把牠抓到手裡，握緊牠；如果您的皮膚稍微嫩了點，我很懷疑您能抓得住牠。牠那長著粗粗的鋸齒的腳，僵硬地抽搐著，把您的皮膚劃得一道一道的。牠像個無法抵抗的楔子一樣鑽進指縫當中，這是無法忍受的，還是鬆開這隻蟲子吧。

在這種家務裡，菲雷蒙發揮的是液壓機的作用。我們把大綑的草料用力往下壓，以此來減少龐大的體積；牠也一樣，壓縮香腸狀糞塊裡的纖維物質，以減少體積。我經常看見雄蟲站在圓柱體的頂部，頂部凹下去成一個深深的簍子狀。糞金龜用這個小簍子裝雌蟲運下來的糞料，然後，像製酒工人在酒桶裡榨葡萄汁一樣，踩、擠、用僵曲的手臂推，把糞料堆積在一起。牠的行動進行得很順利，每次新運來的糞料一開始都像是一大綑亂七八糟的碎布片，但後來都變成了一層緊密的糞料，和前面的一層融成一體。

不過，雌蟲也並沒有放棄牠的權利，我不時看到牠在那塊凹下去的小坑裡。也許牠是來了解工程的進展吧。牠的觸覺，更適於養育後代的種種細緻工作，更能捕捉到要改正的缺點。也很有可能牠是來替換雄性，做這讓人筋疲力盡的壓榨機工作吧。牠也很有力，動作剛硬，能和牠強健的同伴輪流使勁。

　　不過，雌蟲通常的位置還是在地道的高處。在那裡，我看見牠時而抱著一大把剛收集來的糞料，時而把一大堆幾次收集的糞料保存起來，提供給牠的伴侶。只要底下的工作需要，牠就把糞料拖進來。雄蟲倒退著接住糞料，一點一點地把糞料運下去。

　　從雌蟲的臨時倉庫到洞底糞料上的小坑，還延伸著一大段空白的間隔區，這段間隔區的下面一部分，又給我們提供了有關工程進展的資料。地洞的內壁，厚厚地塗了一層從最有彈性的糞料中提取的塗料。這個細節有它的價值。它告訴我們，昆蟲是在把模具粗糙、滲水的內壁黏合了之後，才開始一層接一層地堆積牠的營養香腸的。牠給地洞抹上水泥，為幼蟲預防多雨季節的滲水。因為糞金龜不可能用壓力把被包裹得緊緊的糞料表面變硬，所以牠採取了一種在寬敞工地上工作的食糞性甲蟲們所不知道的戰略：牠用水泥漿把整個泥土外壁粉塗了一層。這樣就在可能的範圍內避免了幼蟲在雨天被淹死。

　　這個防水保護層是隨著圓柱的加長，而斷斷續續地完工的。我覺得，當雌蟲的食品供應倉庫裝滿了，還有餘暇的時候，雌蟲就埋頭做起這個工作。當牠的伴侶在壓、踩的時候，牠就在離伴侶一拇指高的地方塗抹牆壁。

　　這對夫婦合作的工程，最終得到了一個符合規定長度的圓柱。圓柱上方仍是空的，沒有抹過水泥，這占了地道的絕大部分。還沒任何東西向我表明，糞金龜曾為這一段空著的地道操心過。金龜子和蜣螂都把一部分挖掘出來的土塊拋到地下大廳的前庭，在住所前形成一道堡壘。但這些擠香腸的蟲子卻好像根本不關心這個。我造訪過的地道，上面全都是空著的，沒有把土塊重新安置壓緊的跡象，只有被開採的糞堆或地道內壁崩塌產生的堆積物。

　　這種忽略，也許是牠們的住宅上面原本就有厚厚的屋頂。想一想，糞金龜通常是把家安置在騾或馬提供的豐富食物下面的。在這樣的掩體下面，還用得著把家門關上嗎？再說，自有無常的天氣負起關門的責任。屋頂倒塌下來，土崩陷下去，那敞開著的地洞用不著挖洞的人插手，馬上就會被土填滿。

　　剛才我的筆下出現菲雷蒙和波西斯兩個名稱。這是因為在某些方面，糞金龜夫婦確實讓人想起神話裡和睦的小倆口。在昆蟲世界裡，雄性是什麼？一旦婚禮慶祝過後，牠就是個無能的人，遊手好閒，一無是處，是多餘的廢物，被趕走，甚至被殘酷地清理掉。修女螳螂會告訴我們很多這樣的悲劇。

　　然而，在這裡因為一個奇特的例外，懶蟲變成了勤勞的

人；一時的情人變成了忠貞的伴侶；對後代漠不關心的人，變成了子女們威嚴的父親。生活屬於牠們兩個，家庭建立在夫妻之間：這真是個偉大的革新。必須在食糞性甲蟲裡找到第一個進行這樣嘗試的蟲子。但是，您往後數，沒有這樣的例子；往上追溯，在相當長的時間內也沒有。必須到更高的等級裡去尋找才行。

棘魚是小溪裡的一種魚，雄魚知道在剛毛藻和沼澤地築一個巢穴，一個小籠子，讓雌魚來產卵；這種雄魚不知道分工，牠一個人負起了養育子女的重擔，而母親卻很少操心。不過沒關係，一步已經邁出去了，是很大的一步，而且在魚類中是很引人注目的一步。魚對家庭的溫情是最冷淡的，牠們用多產來代替養育和關懷。驚人的數量填補了父母技藝貧乏帶來的空白，母親只不過是個生殖工具而已。

有些蟾蜍也試著擔起父親的責任；再往後，就要等到鳥類這熱衷於夫妻共同生活的行家出現了。鳥類所有的美德都表現了生活是屬於兩個人的。婚約把一對配偶締結成兩個對家庭繁榮同樣熱情的合作者。父親和母親一樣，築巢、覓食、分食，在小兒女們第一次試飛的時候在一旁守護。

更高等動物中，哺乳動物以鳥類為榜樣，並沒有添加什麼

新的內容，相反地，牠還經常會簡化。剩下的就是人了。在
「人」這美好的稱號中，對後代過度而從來不會消失的關愛是
最高貴的。當然，令我們慚愧的是，有些人沒有這種溫情，倒
退到連蟾蜍也不如了。

在這一點上，糞金龜能和鳥類相媲美。築巢做窩是夫婦倆
共同的工作。父親把建築巢穴地基的糞料收集起來，壓緊，踩
實；母親就塗抹牆壁，尋覓新的食料，放到父親的腳下。這個
居室，是夫婦倆合力的結果，也是儲藏糧食的倉庫。牠們雖然
沒有日復一日地供給食物，但口糧的問題還是解決了：兩個合
作者齊心協力，做出了這根豐碩的香腸。父親、母親都出色地
完成了牠們的任務，為幼蟲留下了裝得滿滿的食品櫃。

這麼一對夫妻一直維持著配偶關係，為了後代的舒適齊心
協力，施展各自的手藝，這確實是巨大的進步，也許是動物界
裡最偉大的進步。或許有一天，在那些獨來獨往的昆蟲中出現
了夫妻共同生活，而這是一種天才的食糞性甲蟲首創的。可
是，為什麼這偉大的品性只是少數昆蟲的特性，而沒有一個種
類一個種類地在同行中傳開呢？對金龜子和蜣螂來說，如果母
親不是一個人工作，而是有個幫手，那麼牠們節省下來的時間
和體力並不會無所得吧？那樣的話，生活會變得更美好，牠們
也可能會有更多的子女，而這對種族的繁衍可是個不能小看的

條件哦！

　　對糞金龜來說，牠又怎麼想到要合二人之力來築巢做窩，為食品櫃供應食物呢？本來漠不關心的父性，變成了溫柔關愛可與母愛相抗衡的對手，這真是一個重大而罕見的事件。如果我們可憐的調查方法允許，我真想去探究一下其中的原因。有個念頭首先蹦出來：在雄蟲體格大和牠喜歡工作之間，會不會有什麼聯繫呢？因為生來就比雌蟲更有力更強壯，所以這個一向遊手好閒的人變成了勤勞的助手；喜歡工作是源於有過剩的體力要消耗。

　　小心哪，這看起來像那麼回事的解釋是站不住腳的。偽善糞金龜雌雄兩性的體格幾乎沒有什麼差別，甚至常常是雌蟲更有優勢；然而，雄蟲還是給了牠的伴侶有力的幫助。牠和牠的大個子鄰居雄糞生糞金龜一樣，喜歡當個挖井工人，幹粗重的擠壓的工作。

　　更有說服力的理由是：對黃斑蜂這種紡棉織布或揉脂的蜂來說，雄蜂的體型比雌蜂要大多了，但牠卻完全遊手好閒。牠這麼有力，肢體強壯，但要牠分擔粗重工作？去牠的！羸弱的母親累得要死；而牠，結實的壯漢，卻在薰衣草和石蠶的花朵上開心著呢！

　　所以，並不是體型優勢把糞金龜們的父親變成了家裡的工作者，一個為子女的舒適盡心盡力的人。這就是調查的結果。要繼續這個問題恐怕只是徒勞無功的嘗試。我們並不知道稟賦才能的起源。為什麼這裡是這種天資，那裡又是那種才能呢？有誰知道？我們甚至還能自以為有一天會知道嗎？

　　只有一點很清楚地顯現出來：本能不受生理結構的約束。糞金龜們會永遠聲名遠揚，昆蟲學家們用他們的放大鏡一絲不苟地檢查牠們每一個細小的肢節，而且沒有人還會懷疑牠們在家庭生活中出色的特性。這就像在一成不變的海平面上，突然聳起了一座座陡峭的、孤立的小島，四處分布著。只要地理學家沒有列出清單，就不可能預料到哪裡還有這樣的小島；而本能的高峰，也就是這樣從生活的海洋裡冒出來的。

第十二章

糞金龜的幼蟲

　　糞金龜產卵雖然有遲有早，但在產卵期過後，卵的孵化都要一、兩個星期，通常是在十月的頭兩個星期。牠們生長得很快，沒過多久就能在幼蟲身上辨別出一種和其他食糞性甲蟲幼蟲完全不同的特點，讓人覺得彷彿來到了一個豐富多彩、出人意料的新世界。幼蟲身體對折起來，這是因為居室狹窄，牠不得不彎成鉤狀；牠慢慢地鑿空牠的屋子，香腸的內部也就隨之消耗掉。金龜子、蜣螂和其他食糞性甲蟲的幼蟲也是這樣；不過糞金龜的幼蟲沒有別的幼蟲那麼難看的駝背。牠的背很規則地彎曲著，沒有布袋，沒有裝水泥的倉庫。這表明糞金龜幼蟲有著不同的習性。是的，幼蟲不懂得堵塞缺口的藝術。如果我在牠待的位置將香腸開個缺口，我看不到牠出來到缺口邊打探，翻身，馬上用裝滿水泥的抹刀來修補這個損傷。看起來，空氣進去並不怎麼讓牠覺得不舒服，或者說，在牠的防禦措施

裡並沒預料到空氣會進去。

　　確實，看看牠住的地方吧。如果住宅不會裂開，那麼粉牆匠糊牆縫的本事有什麼用呀？這根香腸緊緊地在圓柱形的地洞裡壓模，靠著它的模具，早就防止了裂成碎片的危險。金龜子的梨形糞球處在一個寬敞的地洞裡，四周無拘無束，才經常會膨脹、裂開、剝落成鱗片；而糞金龜的香腸被緊緊地裹在一個套子裡，不會出現這種變形。而且，如果偶爾有條縫隙出現，也沒什麼危險，因爲目前是秋冬季節，土地總是涼爽的，沒有必要再擔心那些滾糞球工害怕的乾燥問題。所以，牠們並沒有一個特殊的技藝來對付一個不太可能出現，而且即使出現也幾乎沒什麼影響的危險。牠們沒有極其聽話的腸子來裝備牠們的抹刀，也沒有難看的駝背做爲水泥倉庫。我們一開始研究的那種永不乾涸的排泄大王消失了，取而代之的是一隻機能適度的幼蟲。

　　像牠這樣的大食客，隱居在一個與外界毫無聯繫的小屋裡，很自然地，牠完全不知道我們所謂的乾淨。不要以爲這句話暗示牠髒得令人噁心，渾身黏滿了污穢之物。如果這樣想的話，我們就大錯特錯了。沒有比牠那光滑得像緞子一樣的皮膚更乾淨更有光澤的了。人們會想，這些以垃圾爲食的蟲子，究竟是透過什麼細心的清理，什麼優雅的位置，能將身體保持得

這麼乾淨。假如在牠們平常的生活環境以外看到牠們，沒有人會猜到牠們過的是骯髒生活。

再說，即使可以將那些在綜合考慮後對昆蟲有好處的優點稱之為缺點，那麼，不乾淨也是不適用於此的。語言是反映我們思想的唯一鏡子，但它很容易迷失方向，對真實的表達變得不忠實。如果用幼蟲的觀點代替我們的觀點，將人搖身而變成食糞性甲蟲，那麼，那些不中聽的詞語馬上就消失了。

幼蟲這個胃口很大的食客與外界沒有聯繫。那麼，牠會怎麼處理消化過的殘渣呢？牠不是將它清理掉，而是從中得益，就像別的關在蛹室裡的隱士一樣。牠把這些東西用來堵塞隱廬的縫隙，給屋子墊上軟墊。牠把這些東西鋪成軟軟的小床，這對牠那嬌嫩的皮膚來說是非常寶貴的。牠還用這些殘渣來建築光滑的、不滲水的小窩，能在漫長的、昏睡的冬天裡保護牠。我早說過了，只要稍微把自己想像成食糞性甲蟲，就能徹底地把詞語顛倒過來。這討厭、可惡的玩意，變成了可貴的、對幼蟲的安逸極其有用的東西。屎蜣螂、蜣螂、金龜子和裸胸金龜早已讓我們習慣了牠們的這種技藝。

糞金龜的香腸是垂直擺放的，或者差不多是垂直的。幼蟲的孵化室位於下面的部分。隨著牠的生長，牠就開始進攻上面

的食物，不過卻不冒犯周圍的牆壁；因為牠有個很大的房間，可以製作厚厚的牆壁。金龜子的幼蟲不需要過多，牠們的食物很少，那個小小的梨形糞球就是牠們微薄的口糧，正好夠吃，會被完全消耗光，只剩一層薄薄的牆壁，牠要花心思用厚厚的一層水泥來加厚、加固。

糞金龜幼蟲的條件就完全不同了。牠有的是一根碩大的香腸，差不多相當於金龜子幼蟲的十幾倍。儘管牠的胃口和大肚子很有天分，但要整個吃完，也是不可能的。所以，現在食物並不是唯一的問題，想要度過冬天還有其他更嚴肅的事情需要考慮。牠們的父母早就預料到了冬天的嚴酷，給兒女們留下了抵抗寒冬的東西。那根特大香腸就變成了禦寒的外套。

幼蟲就這樣慢慢地蛀蝕頭上的食物，把香腸鑿了個勉強可以通行的通道，不去觸動厚厚的四壁，只是把中心部分吃掉。牠一邊在這個套子裡鑽洞，一邊又用腸裡排出的東西為圍牆糊上水泥，墊上軟墊。那種多餘的產物就這麼堆積起來，在身後形成一道防護牆。只要天氣好，幼蟲就在地洞裡散步。牠停在上面或下面，只用一顆日益懶散的牙吃著食物。就這麼大吃大喝過了五、六個星期，然後寒冷降臨了，隨之而來的是冬季的昏沈遲鈍。於是，在那個套子的下面一節，在那一堆已變成細石膏的消化物中，幼蟲轉動臀部，鑽了個光滑的小窩；然後又

用一個圓床頂把自己蓋起來。牠躲在那彎彎的床頂下開始冬眠了，牠現在能安安靜靜地沈睡了。雖然父母在地下給牠安家的時候，洞挖得不深，感受得到冰凍的影響；但是父母至少還知道為牠準備多得出奇的糧食。正是這大量的食物讓牠在惡劣的季節裡，有了一個溫暖的棲息場所。

十二月，生長發育差不多都完成了。如果溫度適宜，現在就該是蛹期了。但是天氣寒冷，幼蟲出於謹慎，覺得還是延遲複雜的變態。牠已經很強壯了，而蛹這個剛開始的新生命總是很嬌弱的。幼蟲可能比蛹更能抵抗寒冷，於是幼蟲耐下心來，在昏睡中等待著。我把牠從牠的小窩裡取出來仔細觀察。

幼蟲的身體，上面往外凸，下面幾乎是平的，像半個圓柱體一樣，彎曲成鉤狀。牠完全沒有前面那些食糞性甲蟲幼蟲的大駝背，也沒有尾端的抹刀。牠不懂得粉牆匠修補裂縫的藝術，所以那儲放水泥的倉庫和修補工具對牠來說，也沒有用處。

糞生糞金龜的幼蟲

牠的皮膚光滑潔白，身體後半部因為腸裡裝了黑東西才變

成暗色。稀疏的纖毛，有的長有的短，長在背部體節的中央。幼蟲在窩裡只能用臀部進行運動，這些纖毛似乎是讓牠在移動時能方便一些吧。幼蟲的頭不大，淡黃色；大顎很有力，顎尖顏色深一些。

還是放開這些細小的、沒有多大意義的事，去談談牠頭部由於腳而帶來的主要特徵吧。牠的前兩對腳比較長，尤其是對像牠這樣一個常住在小窩裡的昆蟲來說很長。這兩對腳的結構很正常，強壯得能讓幼蟲在香腸裡爬行，把香腸吃成一個空套子。第三對腳就顯得很特別，我還從沒見過這樣奇特的例子。

這是一對退化的腳，生來就殘缺不全，行動不便，在生長的過程中突然中斷了，就好像一對殘肢，已經沒有生機了。這對腳只有前兩對腳的三分之一長。更有甚者，這對腳不是像正常腳那樣朝下，而是朝上蜷曲，轉向背脊。這對腳就以這奇怪的姿勢彎曲著，關節僵硬。我沒見過幼蟲使用這對腳。幼蟲的其他器官還能辨認出來，就只有這對腳退化了，蒼白而沒有生氣。總之，可以毫不含糊地用一個詞來概括糞金龜的幼蟲：萎縮的後腳。這個特徵這麼明顯，這麼特殊，令人震驚，即使最沒有觀察力的人也不會看錯。一隻生來殘缺、而且是殘缺得如此明顯的幼蟲，不能不引起人們的注意。那些為牠寫書的作者對此都說了些什麼呢？據我所知，什麼也沒有。我身邊僅有的

幾本書對此都緘默不語。沒錯，米爾桑描繪過糞生糞金龜的幼蟲，但他根本沒有提及這異常的結構。那些仔細的描述是不是讓他忽略了這畸形的結構了？上唇、觸鬚、觸角、關節和體毛的數目，什麼都標出來了，都探測到了；而這對退化成殘肢的、沒有生氣的腳，卻閉口不提。沙粒遮住了高山。我不想再去搞懂這一切。

我們還注意到，糞金龜成蟲的後腳比中間的腳更長、更強壯，其力量可以和前腳相比。也就是說，幼蟲萎縮的肢體部分變成了成蟲強健的壓榨機；那癱瘓的殘肢轉變成了有力的擠壓工具。誰能告訴我們這些反常是從哪裡來的？在這些開採糞堆的昆蟲身上，我們已經接連三次看到這種反常了。金龜子小時候所有的肢體都很健康，而變成成蟲形態時，前跗節就被截去了；屎蜣螂的蛹胸廓上長了角，在最後進行裝飾的時候就把背上這塊毫無用處的厚肉抹去；糞金龜，一開始幼蟲是個跛子，後來牠把沒用的殘肢變成了最有力的槓桿。最後這一個例子是演化的，而前面兩個卻是退化的。為什麼殘缺者會變健康，而健康的又變成殘缺了呢？

我們對天體進行化學分析，無意中發現星球誕生的時候是模糊的一團；但我們永遠也不會知道，一隻可憐的幼蟲為什麼一生下來就是跛子？去吧，潛水員們，去探測生命的秘密吧，

跳進那深淵裡，爲我們帶回一顆小小的珍珠也好，帶回有關糞金龜和金龜子問題的答案吧。

在那套子似的香腸的下部分，幼蟲爲自己準備了一個小窩。當嚴峻的冬天來臨時，幼蟲會變成什麼樣呢？一八九五年冷得出奇的一、二月會告訴我們。我的飼養籠一直放在露天裡；有幾次，溫度降到了零下十二度左右。天冷得像到了西伯利亞；我想去了解一下情況，觀察一下在我那個防寒措施很差的籠子裡，事情的發展如何。

我沒能做到。籠子裡的泥土層被不久前的雨水濕潤，現在已整個變成了緊密的一大塊，像塊石頭，得用鎬和鑿子才能把土鑿開。強行取出來是行不通的，鎬敲擊引起的震盪很可能把所有的昆蟲都置於危險之中。再說，如果還有某個生命存留在這個冰塊中，我這麼把牠取出來，溫度的急劇變化也會讓牠受到傷害。還是等著慢慢進行的自然解凍吧。

三月初，我又去探訪我的飼養籠。這一次已經沒有冰凍了，泥土鬆軟，容易挖掘。所有的糞金龜成蟲都死了，留下一根香腸，差不多和我十月時收集保管的香腸一樣大。牠們全都無一例外地死了。是因爲寒冷嗎？還是因爲牠們老了？

　　這個時期，以及往後的四、五月的時候，新生的一代都還處在幼蟲期，發育最快的也只是蛹態。但這時我已經能經常見到糞金龜成蟲，投入清潔工的粗重工作中。老一輩的糞金龜經歷的是又一個春天；牠們活得比較長，能認出牠們的後代，和後代一起工作，就像金龜子、蜣螂以及別的食糞性甲蟲一樣。這些早早出來的都是有經驗的前輩們。牠們之所以逃過了嚴峻的冬日，是因爲能在泥土中鑽得很深。而關在我籠子裡木板之間的糞金龜，因爲沒有足夠長的地洞，都死了。當牠們需要一公尺深的泥土來藏身的時候，卻只有一拃深的泥土。所以，與其說我籠中的糞金龜是因爲上了年紀而死去，還不如說是寒冷把牠們殺死了。

　　低溫對成蟲來說是致命的，但卻冒犯不了幼蟲。我十月裡挖出來的幾根香腸，就放在原地，可是香腸裡的幼蟲如今狀態還非常好。這個保護套充分發揮作用了：它使幼蟲抵禦了對牠們的父母來說是致命的災難。

　　還有一些十一月裡加工成的圓柱形糞料，裡面還包含著更引人注目的東西。在這些香腸下端的孵化室裡，關著一枚卵，圓鼓鼓的，反射出光澤，情況很好，就好像剛生出來似的。這裡面還會有生命嗎？在一塊冰塊裡度過絕大部分的冬天，還可能有生命嗎？我不敢相信。倒是那根香腸看起來不太妙，因爲

發酵而變黑了，聞得到黴味，要當成幼蟲的食物似乎很難了。

　　由於看到了卵的存在，我便帶著碰碰運氣的心理，把這些可憐的香腸放到瓶子裡。我的小心是對的。那些胚胎在經歷了冬天那樣艱苦的環境之後，飽滿的外表仍然沒有騙人。牠們很快就孵化了，五月初左右，遲生的幼蟲差不多就發育得和那些秋季就孵化出來的哥哥們一樣好。從這個觀察中，幾個有趣的現象顯露出來了。

　　首先是糞金龜產卵自九月開始，延續得比較長，直到十一月。在這剛開始有白霜的時期，地面溫度達不到孵化的要求，所以遲生的卵，不能和那些早生的卵一起迅速地孵化，只能等待好時光重新來臨。牠們中斷的生命力，只要四月裡幾個溫暖的日子，就可以重新甦醒，繼續正常的發育，而且進展很快。儘管這些卵已經耽擱了五、六個月，但是當五月第一批糞金龜的蛹出現的時候，這些遲來的幼蟲也發育得和別的幼蟲差不多大小。

　　其次是糞金龜的卵能夠忍耐寒冷的考驗而絲毫無損。當我試圖用泥水匠用的鑿子敲打那塊冰塊的時候，我不知道冰塊裡面的確切溫度是多少；但是在室外，溫度計有時降到了零下十二度左右。而且冰凍期持續了很久，可以相信籠子裡的泥土層

也是同樣的冷。然而在這個已凍得像石頭一樣硬的冰塊裡，居然還鑲嵌著糞金龜的香腸。

也許大部分原因是纖維物質構成的香腸傳導性不好，糞便建的圍牆在某種程度上保證了幼蟲和卵不被寒冷凍傷，如果牠們直接經歷寒冷的考驗，肯定會成為犧牲品。但不管怎樣，在這樣的環境下，一開始就潮濕的圓柱形糞料，久而久之也會硬得像石頭一樣。在孵化室裡和幼蟲鑽出來的小窩中，溫度毫無疑問也是降到了冰點以下。

那麼幼蟲和卵會怎麼樣呢？牠們凍著了嗎？看起來一切都證明是這樣。胚胎，這最最嬌嫩的事物，這在幼體裡的生命的開端，變得像小石頭一樣硬，然後又恢復了生命力，在解凍之後繼續發育。這是無法接受的。然而，環境卻證實了這一點。如果要把糞金龜的香腸看作隔熱屏，能夠抵抗如此強烈，如此長久的冰凍，那麼就得假設這些香腸具有不散熱的特性，而這是任何物質都不具備的。真遺憾，在這裡沒有關於溫度的資訊！不管怎麼說，如果無法肯定整根香腸是否從內到外都冰凍了，那麼有一點是可以肯定的：糞金龜的幼蟲和卵都能在牠們的保護套裡毫髮無傷地忍受低溫。

既然有了這個機會，那麼讓我再說說關於昆蟲對寒冷的忍

受力。幾年前，我在一堆糞土裡尋找土蜂蛹的時候，收集了很多花金龜的幼蟲。我把牠們放在花盆裡，加了幾把腐爛的植物，勉強蓋住牠們的背脊。我本來想從那裡得到一些那時我正關心的研究資訊。那個花盆被我忘在露天裡，在花園的一個角落。突然，寒冷、霜凍、大雪接連而來。我想起了我的花金龜，在這樣的天氣下，牠們還沒有得到好好的保護。我發現花盆裡的東西——土、爛葉、冰、雪、乾癟的幼蟲都硬得變成疙瘩，像個果仁，而幼蟲就像個夾心夾在其中。經歷這樣的寒冷，裡面的居民大概早死了。結果並沒有：一解凍，那些冰凍的幼蟲又復活了，開始磨蹭磨蹭，好像根本沒有發生過什麼大不了的事。

成蟲的忍受力比幼蟲差。牠慢慢變得成熟美麗起來，但組織器官也隨之變得不那麼結實強壯。一八九五年冬天，我的飼養籠因為沒有安置好，給了我一個驚人的教訓。為了進行研究，我把很多食糞性甲蟲聚集在一起，有好幾個種類——金龜子、蜣螂、球狀昆蟲、屎蜣螂，既有新出生的，也有老的。

所有的糞金龜全都死在變成石塊的土層裡，同樣還有米諾多也全部死亡。這兩種食糞性甲蟲還都深入到北方生活，不懼寒冷。相反的倒是那些南方的物種，如聖甲蟲、西班牙蜣螂、鞭毛球狀昆蟲，不管是老的還是新生的，經歷寒冬的情況都比

我奢望的要好得多。這些蟲雖然也死了很多，占了大多數，不過最終還有一些倖存者。我欣喜地看到牠們從僵硬中復甦，溫暖的陽光一出來，牠們就在陽光下奔跑。到了四月，這些沒有被凍死的蟲子又開始工作了。牠們告訴我，在可以自由行動的條件下，蜣螂和金龜子不需要挖很深的冬季宿營地，只要一層泥土屏障或某個避難角落就行了。牠們掘土不如糞金龜靈巧，但牠們生來便更能抵禦一時的寒冷。

在結束這段題外話之前，我還要指出，種植農作物時，不要指望寒冷能夠把可怕的昆蟲天敵清除。強烈持久的霜凍，深入地下，是能夠消滅很多種鑽得不夠深的昆蟲，但還是有很多蟲子活下來。幼蟲，尤其是卵，在多數情況下，能抵抗最寒冷的冬天。

四月裡，一有好天氣，隱居在圓柱下端那個臨時小窩裡的兩種糞金龜的幼蟲，就結束了牠們遲鈍昏沈的狀態。活力又恢復了，剩餘的胃口又來了。秋天大餐後剩下的殘羹冷飯還是很豐盛的，幼蟲開始利用。這可不再是大吃大喝，而只是兩次睡眠（冬眠和變態時進行的更深沈的睡眠）之間一頓簡單的宵夜而已。於是套子似的牆壁被吃得厚薄不均，缺口打開了，牆面倒了，整個建築很快就成了一堆無法辨認的廢墟。

香腸還剩下面的一部分，還有幾指寬的牆沒有受損。那裡堆積著厚厚的一層幼蟲排泄物，是為最後的變態而保存下來的。這堆東西的中心被挖了個小窩，小窩內壁細心地粉光了。挖出來的土塊就蓋在小窩的上面，不再像過冬的小窩上蓋著的普通床頂，而是一個堅固的蓋子，外面像瘤一樣突出，有點像花金龜發育變態時在土肥裡做的蛹室一樣。這個蓋子和剩下的香腸形成一間房子，讓人想起鰓金龜的房子（如果牠的房子上面一部分沒被截去的話），牠的房子經常也是豎著一個倒塌的圓柱形廢墟。

幼蟲就關在裡面開始變態，牠動也不動地，身邊沒有任何食物。用不了幾天，在牠身體最後幾節的背部出現了一個水泡。水泡脹大，慢慢擴張到了前胸，表皮撕裂的變化開始了。這個水泡被一種無色液體鼓脹起來，我們能隱約看到像乳白色雲狀的東西，那是新器官的雛形。

水泡在前胸裂開，蛻下的皮慢慢被推到身後，最終全身白色半透明、半晶體狀的蛹出現了。近五月初的時候，我得到了最早的蛹。

四、五個星期後，成蟲出來了，鞘翅和腹部是白的，身體其他部分已染上正常的色彩。顏色變化很快完成了，六月還沒

結束,糞金龜已足夠成熟,黃昏時從地下冒出,開始飛躍,急
著去做清潔工的粗重工作。那些出生得晚一些的,卵過了冬天
才孵化,當牠們的兄長已經解放了的時候,牠們還是白色的蛹
態。只有快近九月的時候,才輪到牠們打碎蛹殼,參加田野裡
的清潔工作。

第十三章

蟬和螞蟻的寓言

　　名聲大多是靠傳說故事傳開來的；無論是在有關動物還是人類的故事中，都能找到無稽之談的蹤影。尤其是昆蟲，如果說牠以某種方式引起我們的注意，那是靠了民間傳說才走運的，而民間傳說卻最不關心故事的眞實性。

　　比如說，有誰不知道蟬，沒聽過牠的名字呢？在昆蟲世界裡，到哪裡還能找到像牠那麼出名的昆蟲呢？牠那只愛唱歌不顧將來的故事，早在我們開始訓練記憶時起，就被做為素材了。那琅琅上口的短詩告訴我們，嚴冬到來的時候，蟬跑到鄰居螞蟻家去乞討。這乞丐不受歡迎，得到的是一個令人心碎的回答，而這正是這個昆蟲出名的主要原因。那兩行短短的答話帶有粗俗的玩笑味：

你過去唱歌的呀！我很高興。

那麼，你現在就跳舞去吧！

這兩句話為昆蟲帶來的名聲，遠遠超過了蟬高超的演奏技巧。它鑽進兒童的心靈角落，再也不會出來了。

蟬只生長在有橄欖樹的地區，大多數人沒聽過蟬的歌聲，可是牠在螞蟻面前那副沮喪樣子卻老少皆知。名聲就是這麼來的！一個嚴重違背道德和博物學的傳說，一個大有爭議的傳說，一個只適合奶媽講述的小故事，居然就這樣製造出名聲。而這名聲，就像小拇指的靴子和小紅帽的餅一樣[1]，頑固地支配著歲月留下的破碎記憶。

兒童是戀舊的人。習慣和傳統一旦保存到他們記憶的檔案中，就會變得難以摧毀。蟬這麼出名，應歸功於兒童。他們一開始試著背書時，就結結巴巴地背誦蟬的不幸。有了兒童，寓言中那些粗淺無聊的奇談怪論就會保存下來。說什麼蟬會在寒冷的冬天挨餓，儘管冬天沒有蟬；蟬會求人施捨幾粒麥粒，儘管這食物根本不適合牠嬌弱的吸管；蟬還會去乞討蒼蠅和小蚯

---

① 小拇指和小紅帽：法國童話故事作家佩侯的童話中的人物，收在《鵝媽媽的故事》中。——譯注

蚓，儘管牠從來也不吃蒼蠅和小蚯蚓。

這種荒唐的錯誤，究竟是誰的責任？
拉・封登。雖然他的大多數寓言觀察入微，
令我們著迷，但在蟬這件事上他卻考慮欠
周。他寓言裡的前幾個主角，如狐狸、狼、
貓、山羊、烏鴉、老鼠、黃鼠狼，還有很多
別的動物，他都非常了解，因此描述起來準

南歐熊蟬

確細膩，饒有趣味。這些都是他熟悉的動物，是他的鄰居和常
客，牠們的群體生活和私生活都在他的眼前發生。但是，在兔
子雅諾[②]蹦跳的地方，蟬是個外鄉人；拉・封登從來沒聽過牠
的歌聲，也從來沒見過牠的身影。他心目中這個著名的歌手一
定是蟈蟈兒。

格宏維勒[③]繪製的插圖，那狡點刁鑽的鉛筆線條與這著名
的寓言可謂相得益彰。但他犯了同樣的錯誤，在他的插圖裡，
螞蟻穿得像個勤勞的主婦，站在門檻上，身旁是大袋大袋的麥
粒。乞食者伸著腳，哦，對不起，伸著手；螞蟻不屑地轉過身
去。頭戴十八世紀寬邊女帽，胳膊下夾著吉他，裙擺被北風吹

② 兔子雅諾：拉・封登寓言中的主角。──譯注
③ 格宏維勒：1803～1847年，法國畫家，畫風怪誕，富於想像。為拉・封登的
　　《寓言集》配過插圖。──譯注

得貼在腳肚子上。這就是這個角色的模樣，而這完全是蟈蟈兒的形象。和拉‧封登一樣，格宏維勒也不知道蟬的眞正模樣，倒是出色地再現了那個普遍的錯誤。

拉‧封登這個淺薄的小故事，不過是拾另一個寓言家的牙慧。描寫蟬遭受螞蟻的冷落的傳說，如同利己主義，也就如同我們的世界一樣歷史悠久。古代雅典的孩子們，背著裝滿無花果和橄欖的草編筐去上學，就已經把它當作背誦的課文在口裡嘟囔了：「冬天，螞蟻們把受潮的糧食放到太陽下曬乾。突然一隻飢餓的蟬來乞討，牠請求給幾粒糧食。吝嗇的收藏家回答說：『夏天你在唱歌，那冬天你就跳舞吧。』」這情節枯燥了些，而且有背常理；可是這正是拉‧封登寓言的主題。

但是，這個寓言是出自希臘，一個盛產橄欖和蟬的國家呀。那麼，伊索④眞的如傳說那樣是這寓言的作者嗎？我很懷疑。不過，沒什麼關係。作者是希臘人，是蟬的老鄉，那他應該對蟬有充分的了解。即使在我們村裡也沒有那麼見識貧乏的農民，會不知道冬天是絕對沒有蟬的。臨近寒冬，需要替橄欖樹培土。這時節，那些經常翻弄土地的人，都會認得鏟子挖掘出來的蟬的最初形態——幼蟲；他在路邊無數次看到過這種幼

④ 伊索：西元前六世紀左右的古希臘寓言家。——譯注

蟲，知道到了夏天，牠是怎樣從自己挖的圓井洞裡鑽出地面，又怎樣掛在細樹枝上，從背中間裂開，把比硬羊皮紙還要乾的外殼蛻去，變成淺草綠色（旋即轉成褐色）的蟬。

那麼，阿提喀⑤的農夫也不會是傻瓜。連最缺乏觀察力的人都不可能錯過的，他當然也會注意到；他也知道我那在地的鄉親們很清楚的事情。那麼，創作這個寓言的文人，不管他是誰，都有最好的條件了解那些事情。那麼他故事裡的謬誤是從何而來呢？

古希臘的寓言家比拉・封登更不可原諒，他只講述書本上的蟬，而不去詢問在他身邊像鑼鈸般喧囂的蟬；他不關心現實，只因循傳統。他只是一個陳年舊事的應聲蟲，複述從可敬的文明源頭——印度傳來的故事。印度人用筆描述的主題，是希望展示沒有遠見的生活會導致怎樣的苦難。可是古希臘寓言家似乎沒有真正搞懂故事的主旨，還以為自己運用的這個小小的場景，比起昆蟲的談話更接近真實。印度人是動物們偉大的朋友，不會出現這樣的誤會。這一切似乎都表明：最初寓言的主角並不是蟬，而很可能是另一種動物（正如人們想像的是一隻昆蟲），牠的習性恰好與寓言中的昆蟲非常符合。

⑤ 阿提喀：希臘半島，雅典位於此半島上。——譯注

　　這個古老的故事，曾在很多世紀裡引起印度河兩岸哲人的深思，也讓那裡的孩子得到了樂趣。它也許和歷史上某個家長第一次提出勵行節約一樣年代久遠。這個故事從上一代的記憶中傳到下一代的心裡，有的還保持原貌，有的就走了樣；而傳到希臘時，故事已失去原味了。就像所有的傳說一樣，為了適應當時當地的情況，細節已被歲月的流水磨損了。

　　希臘人在鄉間見不到印度人說的那種昆蟲，就隨隨便便把蟬給放了進去，就像在現代雅典——巴黎一樣，蟈蟈兒代替了蟬。壞名聲就這樣形成了，錯誤刻進了孩子們的記憶中，再也抹不去。從此，謬誤壓倒了真實。

　　還是設法給這個被寓言詆毀的歌唱家平反吧。確實，牠是個討厭的鄰居，我得毫不遲疑地承認。每年夏天，牠們被我門前兩棵高大蔥鬱的法國梧桐吸引，數以百計地前來安家。牠們從早到晚不停地鼓噪，敲打著我的耳膜。在這震耳欲聾的奏鳴曲中，我根本不可能思考；思路暈暈地飄忽旋轉，怎麼也定不下來。如果不利用早晨的幾小時，整個白天就會白白浪費。

　　嗨，著了魔的蟲子，你是我家的禍害，我多想要住宅安靜呀。可是有人說，雅典人把你養在籠子裡，好隨時欣賞你的歌唱呢。飯後消化打盹時，有隻蟬在鳴叫也就罷了；但我聚精會

神想問題時，幾百隻蟬一齊奏樂，震得我鼓膜發脹，簡直如同酷刑啊！但你卻振振有詞，理由充足，是你先占領這裡，鳴叫是你的權利。在我來之前，這兩棵大樹是完全屬於你的，而我卻反倒成了樹蔭下的入侵者。好吧，就算你說得有道理；不過，為了替你寫段故事的人，還是調弱你的響鈸，壓低一點點振音吧。

事實的真相否定了寓言家的肆意杜撰。儘管蟬和螞蟻有時是有一些關係，但這關係並不那麼確定；唯一確定的是，這關係恰恰與寓言家告訴我們的相反。這關係並不是蟬主動去建立的，為了活下去，牠從不需要別人的幫助。反倒是螞蟻，這個貪婪的剝削者，把一切可吃的東西都囤積在自己的糧倉裡。不管什麼時候，蟬都不會跑到螞蟻門口去乞討，也不會老實地承諾連本帶息一起歸還。恰恰相反，是螞蟻，餓得飢腸轆轆去求歌唱家。我說的是「求」！「借」和「還」從來不會出現在強盜的習性裡。牠在剝削蟬，而且還厚顏無恥地把蟬搶劫一空。這種搶劫是個奇特的歷史問題，至今還不為人所知。

七月的下午熱得令人窒息。一般的昆蟲都乾渴乏力，在乾枯萎謝的花朵上晃蕩著，想找水解渴。但蟬對這普遍的水荒一笑置之，牠用小鑽頭一樣的口器，刺進取之不盡的酒窖中。牠在小灌木的一根細枝上站定，一邊不停地唱著歌，一邊鑽透堅

硬平滑、給太陽曬得汁液飽滿的樹皮。然後，牠把吸管插到鑽孔中，動也不動，聚精會神，津津有味地暢飲著，整個沈浸在糖汁和歌唱的甜美中。

我們再觀察一會兒，說不定就能看到意想不到的災難呢。果然，一大群口乾舌燥的傢伙在東張西望地晃蕩著，牠們發現這口井，井邊滲出來的汁液把它暴露了。這群傢伙蜂擁而上，開始還有些小心翼翼，只是舔舔滲出來的汁液。我看到匆忙趕到甜蜜的井口邊的有胡蜂、蒼蠅、蠼螋、飛蝗泥蜂、蛛蜂、花金龜，最多的是螞蟻。

那些小個子為了走近清泉，鑽到蟬的肚子下，蟬寬厚地抬起腳，讓這些不速之客自由通過；那些大一點的昆蟲，不耐煩地踩著腳，快速地吸了一口就退開，到旁邊的樹枝上去兜了一圈，然後更加大膽地回來。牠們越發貪婪起來，剛才還有所收斂，現在已變成了一群亂哄哄的侵略者，一心要把開源引水的鑿井人從泉水邊趕走。

在這一群強盜中，最不罷休的是螞蟻。我曾看見過牠們一點一點地咬蟬的腳尖，逮住正被牠們拉扯的蟬的翅尖，爬到蟬背上，撓著蟬的觸角。一隻大膽的螞蟻就在我的眼前，竟然抓住蟬的吸管，拼命想把它拔出來。

　　這個巨人給這些小矮子煩得失去耐心，最後放棄了水井。牠朝這群攔路搶劫的傢伙撒了一泡尿逃走了。可是對螞蟻來說，這種極端的蔑視算得了什麼呢？牠的目的達到了，牠現在是這口井的主人了。但是，沒有轉動的水泵從井裡汲水，井很快就會乾涸。井水雖少，卻甘美無比。等以後有機會，再以同樣的方式去喝上一大口。

　　大家看到了，事實的真相把寓言裡虛構的角色徹底顛倒過來。肆無忌憚、在搶劫的時候毫不退縮的求食者是螞蟻；而甘願和受苦者分享成果的巧手工匠是蟬。還有一個細節，更加能說明角色的顛倒。歌唱家在五、六個星期裡長時間歡騰之後，生命衰竭，從樹上掉了下來，屍體被太陽烤乾，給來往行人踐踏，又給這個總在尋找戰利品的強盜碰上了。螞蟻把這豐盛的食物撕開、肢解、剪碎，分成碎屑，進一步運回去充實牠的儲藏倉。更有甚者，垂死的蟬，蟬翼還在塵埃中微微顫動，就有一隊螞蟻在拖曳，把牠肢解開來。那時的蟬真是滿心憂傷啊。這種殘害的行為，才真正展現了這兩類昆蟲之間的關係。

　　希臘羅馬時代的人們對蟬的評價很高，被稱為「希臘貝宏傑」[6]的阿那克里翁[7]，為蟬做了一首頌歌，極其誇張地大肆讚揚蟬。他說：「你幾乎就像諸神一樣。」詩人給予蟬神一樣的尊榮，但理由卻不恰當。他認為蟬有三個特性：生於泥土；

不知疼痛；有肉無血。不要去指責詩人的錯誤，這不過是那時的普遍說法而已；而且這個錯誤在觀察的眼睛睜開之前，已經流傳很久了。再說，在這強調措辭與和諧的小詩句裡，人們不會那麼仔細地注意到這一點。

　　即使在今天，和阿那克里翁一樣對蟬很熟悉的普羅旺斯詩人，在歌頌蟬的時候，也並不怎麼關心真實的蟬。不過，這個批評不適合我的一個朋友。他是熱情的觀察家，也是一絲不苟的務實派。他准許我從他的文件夾裡抽出一首普羅旺斯語作品。在詩中，他以十分嚴謹的科學態度，著重描寫蟬和螞蟻的關係。詩意形象和道德評判由他負責，這些精緻美麗的花朵和我的博物學園地無關。不過，我得承認，他的敘述非常真實，符合我每年夏天在院子的丁香樹上看到的情況。我把這首詩的法語譯文附在後面，許多地方只是意思大致相近，因為普羅旺斯語在法語裡並不總是能找到對等的詞。

蟬和螞蟻

一

　　上帝啊，真熱！可這是蟬的好時光。

⑥ 貝宏傑：1780～1857年，法國歌唱家。——譯注
⑦ 阿那克里翁：西元前六世紀的希臘抒情詩人，所作詩多以醇酒和愛情為主題。
　　——編注

牠快樂得發狂，盡情享受
那似火的陽光；真是收穫的好季節啊！
在那黃金般的麥浪裡，收割者
彎著腰，弓著背，辛苦工作，不再歌唱：
乾渴啊，把歌聲掐死在喉嚨裡。

這是你的好時光啊。可愛的蟬，勇敢些，
讓你的音鈸響起來吧，
扭起你的肚子，鼓起你的兩面鏡子[8]
收割的人揮舞著鐮刀，
刀頭啊不停地翻動，刀刃
在金黃的麥穗中閃光。

割麥人腰間掛著小水罐，
罐口塞著草，罐裡裝滿水。
磨刀石待在木盒裡，涼快得很啊，
還能不停地飲水；
可是人在火樣的日頭下喘著氣，
骨髓彷彿都快給煮沸。

---

[8] 音鈸、鏡子：均為普羅旺斯語中對蟬的身體與發聲有關的部位的稱呼。——譯
注。

蟬兒，自有解渴的妙法：你用尖尖的嘴戳進
細樹枝鮮嫩多汁的樹皮裡，
鑽一口井，
糖汁從細細的管道湧出。
甜蜜的泉水汩汩流淌，你湊近去
優美地吸吮玉液瓊漿。

日子不總是這麼太平，哦，絕對不是！那些強盜，
附近的，流浪的，
看著你挖井。牠們乾渴難耐啊，跑上來，
想要與你分一滴蜜漿。
當心，我的小可愛，這些囊中空空的傢伙
先是卑謙，很快就會成為無賴。

開始只求飲一口，然後就要殘羹剩飯；
進而不再滿足，抬起頭，
想要全部霸占。利爪似耙
搔弄你的翅尖。
爬上你寬寬的背脊；
還抓你的嘴，扯你的角，踩你的腳。

強盜在你四處亂找，讓你心煩意亂。

噓噓！撒一泡尿
向這些傢伙噴過去，然後離開，
遠遠地離開這群
搶奪水井的敗類。
牠們放肆笑著，尋歡作樂，
舔著唇上的蜜漿。

在這些不勞而獲吸人血汗的流浪漢裡，
最不罷休的是螞蟻。
蒼蠅、黃邊胡蜂、胡蜂、帶角的金龜子
這各式各樣的騙子、懶鬼，
全都是給那大太陽趕到你的井邊，
卻不像螞蟻，一心要趕你走。

踩你的腳趾，抓你的臉，
戳你的鼻子，
就為了趕走你呀，這無賴真沒人能比。
惡棍把你的腳當梯子，
膽大包天地爬上去。爬上你的翅膀，
蠻橫無禮地散步，惹你生氣。

二

他們告訴我們說，
冬日的一天，你飢腸轆轆。低頭彎腰，
偷偷地前往
螞蟻巨大的地下糧倉。

大堆的麥粒還沒往地窖裡藏，
已經沾濕夜晚的露霜，
此時正攤在太陽下翻曬，
等到曬乾裝進糧袋。
這時你突然來了，淚眼汪汪。

你對牠說：「這天多冷，北風
呼呼直響，我
快餓死了。你積糧堆成小山
讓我裝一布袋吧。
我會歸還的，在甜瓜成熟的時光。」

「借我一點麥粒吧。」還是快走吧，
別以為這傢伙會聽你講，
別再騙自己了。那大包大袋的食糧，你休想得到一粒。
「滾遠些，去刮桶底吧；

夏天只管唱歌，冬天餓死活該！」

那古老的寓言就是這麼說的，
它教我們學那吝嗇鬼
幸災樂禍地繫緊錢袋
……讓這些笨蛋
也嚐嚐餓痛肚子的苦頭吧！
這些寓言家讓我憤懣不平，
說什麼你大冬天去尋找
蒼蠅、小蟲和麥粒，這些你可是從不吃的啊。
麥粒！你要來做什麼？
你有自己的甘泉，再也不要別的。

冬天又有什麼意義？你的子孫
在地下酣睡香甜，
而你也長眠將不再醒來。
你的屍體掉下來，化為碎片。
一天， 四處獵食的螞蟻，看見了你的屍骸。

就在你乾瘦的皮囊上，
這些惡棍拼命爭搶；
挖空你的胸脯，把你切成碎片，

當作醃肉儲藏。
這可是下雪的冬天最好的食糧。

三

這就是真實的故事，
與寓言說的完全不一樣。
你們這些該死的作何感想？
哦，你們這些專撿小便宜的，
手上帶鉤，大腹便便，
想用保險箱來統治世界。

你們這些惡棍還放出流言，
說什麼藝術家從不幹活，
愚蠢的傢伙活該遭殃。
閉上嘴吧，
蟬鑽透樹皮引酒，
你奪牠的飲料；牠死了，
不糟蹋牠你還心不甘。

　　我的朋友就用他那富有表現力的普羅旺斯俗語，為被寓言家詆毀的蟬平反了。

第十四章

蟬出地洞

如果弟子並不比師傅知道得更多，在雷沃米爾之後再來講蟬的故事也許沒多大意義。他這個說故事的能手，研究的素材來自我的家鄉，馬車運去的標本浸在三六燒酒裡。而我則和蟬生活在一起，實地觀察牠。七月到來，蟬就占領了我的小院，甚至我家的門檻。我的隱廬屬於我和蟬。我是屋裡的主人；而在屋外，牠是絕對的主人，吵吵嚷嚷，讓人生厭。這麼近的鄰里關係，這麼頻繁的往來，讓我可以深入了解蟬的某些細節；雷沃米爾則沒有這樣的條件。

近夏時分，最早的蟬出現了。在陽光暴曬、人來人往而踩得結實的小路上，地面上出現了一些指頭粗的圓孔，蟬的幼蟲就從地底通過這些圓孔爬到地面蛻變成蟬。除了農作物生長的地面，這些圓孔隨處可見。它們通常位於最熱最乾的地方，尤

其是路邊。幼蟲有銳利的工具，可以穿透泥沙和乾土；牠喜歡從最硬的地方鑽出地面。

花園裡有條小徑，一堵朝南的牆把陽光反射到小徑上，小徑上酷熱無比，變成了小塞內加爾。小徑上布滿了蟬出地洞時鑽的圓孔。七月的最後幾天，我開始著手考察牠們剛離開不久的地穴。泥土黏得很緊，我得用鎬來刨地。

地洞口是圓的，直徑約兩公分半。圓孔四周沒有蟬清理出的雜物，沒有被推到外面來的小土丘。蟬的洞不像糞金龜這些挖洞能手的洞上面有一堆土。這種差異可以用兩者的工作流程來解釋。食糞性甲蟲是從地面鑽到地下；牠一開始就挖好地洞的入口，可以讓牠重新上來，而運出來的土也就堆積在地面上。而蟬的幼蟲，恰恰相反，是從地下上到地面，最後才打開洞口，所以洞口不可能用來堆積清理出的土塊。前者是進洞，才在門口堆了一堆土；後者是出洞，不可能把還不存在的東西堆積在門口。

蟬的地洞深約四公分，圓柱形，根據土質不同而略有彎曲，但總近於垂直，這是路程最短的方向。地洞裡上下通行無阻，如果人們想在地洞裡找到挖掘時應有的堆積土塊，那是白費力氣，什麼地方都看不到土塊。洞底是個死巷，形成略為寬

敞的穴，四壁光滑，沒有與地洞的延伸地道連通的跡象。

　　根據地洞的長度和直徑，挖出來的土塊有二百立方公分左右。這些土都到哪裡去了呢？在乾燥易碎的土中挖洞，如果除了鑽孔外沒插進其他的工作，那麼這個地洞和洞底穴窩的牆壁都應該有粉末，容易坍方。但是我十分驚奇地發現，洞壁被粉塗過了，抹上了一層泥漿。洞壁談不上光滑，離光滑還差得遠，但是那粗糙的洞壁已經蓋在一層砂漿之下；那搖搖欲墜的沙土，混合著黏著劑，被黏在原地。

　　幼蟲在地道裡來來去去，爬到靠近地面的地方，又下到避難的洞穴底；但是牠那帶爪的腳居然沒有引起坍方，沒有堵塞地道讓牠不能上也不能退。礦工用支柱和橫樑頂住礦井四壁，地鐵建設者用磚石路面加固地道；而蟬的幼蟲是同樣聰明的工程師，牠把牠的地道用水泥糊上，讓地道在長期的使用中總是暢通無阻的。

　　如果幼蟲為了爬到臨近的小樹枝上去變態而冒出地面的時候，突然被我看到，牠會馬上警覺地縮回去，毫無困難地退到洞底。這就證明，即使是在一個即將被永遠拋棄的地洞裡，也不會有土塊堵塞。

　　這個上行的通道，並不是幼蟲急著想見到陽光而倉促製作的即興作品。這是一個真正的地下城堡，一個幼蟲要長期居住的隱蔽所。這一點，灰漿塗抹過的牆壁就可以說明。如果這只是個一鑽好馬上就要拋棄的出口，那樣的細心是沒有必要的。毫無疑問，這就像一個氣象觀察站，蟬可以在那裡了解外面的天氣。幼蟲成熟了要出洞，但是在深深的地底下，不大能判斷天氣條件好不好。地底的氣候變化很慢，不能提供準確的指示，而這恰是牠生命中最重要的行為──來到陽光下變態，所必須知道的資訊。

　　所以牠耐心地用幾個星期，也許幾個月的時間，挖土清路，鞏固垂直的洞壁；但並不挖到地面，而是和外界隔著一層一指厚的土。在洞底，牠花更多心思修築了一個小窩，那是牠的避難所，牠的等候室。如果牠得到消息建議牠延遲遷居，牠就棲息在那裡。只要稍微預感到有了好天氣，牠就爬到高處，透過那蓋子似的薄薄一層土來探聽，了解空氣的溫度和濕度。

　　如果天氣不理想，會颱風下雨，這對纖弱的幼蟲蛻皮來說，是件嚴重、致命的事，牠便謹慎地重新爬回洞底等待。反之，如果天氣條件有利，幼蟲就用腳推開天花板，從地洞裡鑽出來。

　　一切都證明，蟬的地洞是個等候室，一個氣象站；幼蟲長期駐守在那裡，時而爬到靠近地面的地方來了解外面的氣候，時而又下到地底，好好地躲藏起來。蟬選擇地底做為臨時棲息地，並在洞壁上塗上灰漿以防倒塌，這些都容易解釋。

　　然而，挖出的土不見了，這解釋起來就不那麼容易了。一個洞平均會有二百立方公分的土，這些土變成什麼啦？外面沒有與之體積相當的土，裡面也沒有。再說，在乾得像爐灰一樣的洞裡，怎麼會有塗在洞壁上的粉光層呢？

　　那些蛀蝕木頭的幼蟲，例如天牛和吉丁蟲的幼蟲，似乎應該可以回答第一個問題。牠們在樹幹裡前進，一邊挖洞，一邊把挖出的東西吃進去。這些東西一小塊一小塊地被那些幼蟲的大顎咬下來，進行消化，穿過墾荒者的身體，濾出微薄的營養成分，又堆積在蟲子的身後，徹底堵塞了通道，幼蟲也就不再從這裡過去。這種由大顎或者胃進行的最終分解，可以把那些消化過的物質壓縮得比沒被觸碰過的木質還要緊密。這樣壓縮過後，幼蟲就在地道的前方有了一個工作的孔穴，一個很短的小室，勉強夠關在裡面的囚犯行動。

　　蟬的幼蟲不就是用類似的方式鑽洞的嗎？沒錯，挖出來的土穿過身體時不會被吸收，即使是最鬆軟的腐質土，也絕對不

會進到牠的食物中去；但說到底，這土不就是隨著工程的進展
被棄在身後了嗎？

　　蟬在地下要待四年。這漫長的生活當然不是在我們剛才描
寫的洞底度過的，地洞只是牠準備出來時的臨時居所。幼蟲是
從別處而來，也許從很遠的地方來的。牠是個流浪兒，把牠的
吸管從一個樹根插到另一個樹根。牠遷徙，有的是冬天的時候
爲了從寒冷的上層土地裡逃開，有的是爲了定居在一個更好的
酒吧。當牠移居的時候，牠就替自己開出一條路，把牠用鎬尖
撼動過的東西扔在身後。這應該是毫無疑問的。

　　像天牛和吉丁蟲的幼蟲一樣，這個流浪者在行動的時候，
周圍只需要很小的空間。濕潤、柔軟、容易壓縮的泥土，對牠
來說，就像是別的幼蟲已經消化過的木頭糊。這些泥土可以毫
無困難地壓縮得更緊密，留出空著的場地。

　　困難是來自他處。蟬的地洞是在很乾燥的土中挖出來的；
只要土是乾的，就很難壓縮。如果幼蟲開始挖地道的時候，就
把一部分挖出來的土拋到身後，這也不是沒可能，儘管還沒什
麼事實能證明這一點。但是如果您考慮一下地洞的容積和爲大
量的土塊尋找場地的難度，您就會懷疑：「這些挖出來的土
塊，得要一個寬敞的空地來存放。這個空地也要搬走同樣難以

擱置的廢土才能得到。而處理這些廢土的場地，又是以另一個場地的存在為前提，才能把挖這個場地的土塊堆到那裡。」人們就在這樣一個難以駕馭的圈子裡打轉，可見單單把壓縮起來的粉狀土屑拋到身後，並不足以解釋這樣大的空間從何而來。要把擁塞的土清理掉，蟬應該有其特殊的辦法。我們試著來揭穿牠的秘密吧。

仔細觀察一下剛出地洞的幼蟲。差不多所有的幼蟲都或多或少沾滿了泥漿，有的乾有的濕。牠用來挖掘的前腳尖沾滿了一粒粒的淤泥，其他的像帶了泥手套，背上也是黏土。牠就像一個通水溝的人，剛在淤泥中攪和過。從那麼乾燥的土地裡鑽出來，幼蟲身上居然有泥漬，真是令人震驚：您本來以為會看見牠滿身粉塵，結果卻發現牠渾身泥漿。

往這條路上再走一步，地洞的問題就解決了。我把一隻正在加工地洞的幼蟲挖了出來。當地面沒什麼能指導我的研究時，去追求意外的發現也許是毫無用處的，然而這偶然的發現卻從很遠的地方為我帶來了寶藏。運氣不錯，幼蟲剛開始挖掘，我就有了新發現。大拇指長的地洞，沒有任何雜物，洞底是休息室，這就是目前的工程狀況。工人怎麼樣呢？喏，在這裡。這隻幼蟲的體色，比出洞時的幼蟲白多了。眼睛大大的，近乎白色，渾濁不清，似乎看不見東西。在地下，視力有什麼

蟬的幼蟲

用呢？但那些出了地洞的幼蟲眼睛黑黑的，發出光芒，說明能看見東西。這隻未來的蟬一出現在陽光下，就得找一根樹枝（有時候是離洞很遠的樹枝）懸吊，進行變態；那時視力對牠才有明顯的用處。只要看看蟬在準備解脫期間視力的成熟過程，就可以知道幼蟲不是倉促之間即興挖掘上升的地洞，而是工作了很長時間。

此外，這隻蒼白的盲眼幼蟲，比成熟的時候體積要大很多。牠渾身脹滿了液體，就像得了水腫病。把牠抓在手裡，尾部還會滲出清澈的液體，把牠全身弄得濕濕的。這種液體，是腸排出來的，是不是分泌出來的尿液呢？或者是一種只吸收汁液的胃消化後的殘汁？我不能肯定，為了方便敘述，我將它稱為尿吧。

好了，這尿泉就是謎底。在向前挖掘的時候，幼蟲就把尿澆在粉狀的泥土上，把它變為泥漿，用身體的壓力馬上把泥漿黏在洞壁上。那有彈性的黏土就緊貼在原來乾燥的泥土上。這樣得到的泥漿滲透到粗糙的土縫裡，攪拌得最稀的泥漿滲透到最裡面，剩下的再被幼蟲擠緊、壓縮，塗在空餘的間隙裡。這樣就有了一條暢通的通道，那些粉狀的廢土都被就地利用，轉化成泥漿，比原來沒被穿透的泥土更緊密、更均勻。

　　幼蟲就是在這黏答答的泥漿中工作，這也就是為什麼當人們看見牠從極其乾燥的土地裡鑽出來時竟然滿身污泥。就算是成蟲，雖然完全擺脫了礦工的粗重工作，但也並沒完全放棄牠的尿袋。牠們把剩下的尿液保存起來做為防禦工具，如果牠被不知趣的人湊近觀察，牠就會向那人射出一泡尿，然後猛然飛走。蟬儘管性喜乾燥，但是在牠的兩種形態中，牠都是很有經驗的灌溉家。

　　不過，雖然幼蟲渾身積滿了水，但牠還是不可能有足夠的液體，能夠把地道裡的一長柱泥土都潤濕，變成容易壓縮的泥漿。蓄水池乾了，要重新蓄水時，從哪裡蓄水，怎麼蓄水呢？我想我找到答案了。

　　我極其小心地把幾個地洞整個挖開，在洞底小窩的壁上，我都看見一根有生命力的樹根嵌在那裡。樹根有時有筆管那麼粗，有時只有麥稈粗。樹根露在地面看得見的部分不是很長，才幾公釐，剩下的都深入到周圍的土裡。這汁液的源泉是偶然的呢？還是幼蟲特地挑選的？我傾向於後一種答案，至少當我小心挖掘蟬的地洞時，這種植物的側根就一再出現。

　　是的，蟬在為以後的地道開始鑿洞的時候，總是尋找一個靠近清涼鬚根的地方。牠把鬚根刨出來一部分，嵌在洞壁上，

並不讓鬚根突出來。我想，洞壁上這個有生命的地方，就是一個活泉；當需要時，幼蟲的尿袋就從中得到更新補充。在把乾土變為泥漿之後，這個礦工的蓄水池乾了，就下到洞底，插進吸管，從嵌在牆上的水桶裡飽飽地吸一頓。等牠把自己的水壺灌滿了，便又爬上去，重新開工，把硬土弄濕，用腳拍打，拍成泥漿，再把周圍的泥漿壓緊。就這樣，蟬有了上下自如的通道。事情大概就是這樣發展的。雖然沒有直接觀察（直接觀察在這裡是不可能實現的），但是，邏輯推理和條件都可以做為證明。

如果沒有像盛滿水的水桶那樣的鬚根，而幼蟲體內的蓄水池又乾了，會發生什麼事呢？下面的實驗會告訴我們。一隻幼蟲在出地洞的時候被我抓住了。我把牠放到試管底部，用一試管的乾土把牠埋起來。這一試管土有十五公分高，土壓得並不緊。這隻幼蟲剛拋棄的地洞比試管高三倍多，而且天然土質比起試管裡的土要緊密得多。現在牠被埋在淺淺的粉狀泥土之下，能夠再爬到外面來嗎？如果只要有力氣就可以挖地道，那麼出來是肯定的。對剛在堅硬泥土中挖洞的人來說，一個並不堅固的障礙算得了什麼？

不過，我卻抱著懷疑態度。為了推倒把牠與外界隔開的天花板，這隻幼蟲已經把牠最後的液體儲蓄都耗光了。牠的尿袋

已經乾了，由於沒有活的植物鬚根，牠沒有辦法再把尿袋裝滿。我懷疑牠不會成功是有理由的。果然，三天之內，我看見這隻被埋在土下的蟲子耗盡力氣，也沒爬上一拇指的高度。那些土被牠撼動，但是沒有黏著劑，不能就地黏合，馬上又散開並倒下，掉到幼蟲的腳下。這是一個沒有顯著效果的工作，要不停地重新開始。第四天，牠死了。

如果幼蟲有裝滿的尿袋，結果就完全不一樣了。我把一隻剛開始進行解脫工程的幼蟲拿來做同樣的實驗。尿液把幼蟲全身都鼓脹起來，而且還在往外滲，把牠身上都打濕了。對這隻幼蟲來說，這工作很容易。人造土幾乎沒有阻力，這隻礦工只要從尿袋裡倒出一點水，就能把這些土變成泥漿黏合起來，再把它們攤開。這個地道打通了，不過很不規則，幼蟲不斷往上打洞，身後的地洞幾乎就馬上堵住了。幼蟲好像也了解牠不可能更新自己儲存的液體，為了盡快從一個陌生的環境中出來，牠非常節省地使用現有的那一點點儲備，只在最需要的時候消耗一點點。就這麼精打細算，近十二天之後，這隻幼蟲終於爬到了地面。

第十五章

蟬的變態

出洞口一破，就這麼大開著被蟬拋棄，就像是很粗的鑽頭鑽出來的孔一樣。幼蟲出來後，在附近徘徊片刻，尋找空中的立足點：一棵小荊棘，一叢百里香，一根禾稈，或者一枝灌木枝椏。找到了，牠就爬上去，用鐵鉤般的前腳牢牢抓住不放，仰著頭。如果樹枝夠大，其他的腳也撐在上面；反之，牠只要兩隻腳勾住就行了。接下來牠要休息一會兒，讓懸著的腳變成固定不動的支撐點。

中胸最早開始蛻皮，先從背上的中線裂開。裂口的邊緣慢慢拉開，看得見裡面的淡綠色昆蟲。幾乎與此同時，前胸也開始裂開。縱向的裂溝向上延及頭後，向下伸到後胸，就不再擴張了。接著頭罩橫向從眼前裂開，露出紅色的眼睛。裂開後露出的綠色蟬體鼓脹，尤其在中胸形成鼓泡。鼓泡因血的湧入和

回流而一脹一縮，緩緩的顫動著。這個一開始看不出作用的鼓泡，不久會變成一個楔子，沿著兩條阻力最小的相交十字線把護胸甲撐裂。

蛻皮進展得很快。現在頭自由了。口器和前腳也慢慢從套子裡出來。蟬體是水平掛著的，腹部朝上。在大開的外殼下露出了後腳，這是最後解脫出來的部分。蟬翼還脹滿了液體，皺巴巴的，像彎弓狀的殘肢。變態的第一階段只需要十分鐘。

第二階段比較久。這時昆蟲已經完全自由了，除了尾部還一直嵌在舊套子裡。蛻下的皮繼續牢牢地纏在樹枝上，在乾燥中迅速變硬，動也不動地保持一開始的姿勢。這是進行下一個動作的支撐基地。

因為尾部還沒蛻下來，蟬仍然待在牠的舊衣服裡，牠垂直翻身，頭朝下。蟬的顏色淡綠帶黃。在這之前一直緊緊縮在一起、像肥大的殘肢的蟬翼，這時也伸直了，在液體的湧入下張了開來。這緩慢的複雜動作結束後，蟬以幾乎察覺不到的動作，用腰部的力量又將身體立起來，恢復頭朝上的正常姿勢，前腳抓住空殼，最終把尾部從外套中解脫出來。蛻皮結束了，這個過程共需要半個小時。

現在的蟬已經完全蛻去了牠的面罩，和不久前的模樣真有天壤之別！兩翼濕而沈重，像玻璃一樣透明，翅上有淺綠的脈絡，前胸和中胸略帶棕色，身體其餘部分有的淡綠，有的微白。這脆弱的生物還需要在空氣和陽光中待上很長的時間，養壯身體，改變體色。大約兩個小時過去了，情況還沒有明顯變化，牠還是那麼衰弱，那麼綠。牠只靠前腳勾住舊皮，稍有微風，就搖擺起來。最後，顏色變得深暗，逐漸加重，終於完成了變色過程。這個過程半個小時就夠了。我看見過一隻蟬上午九點就懸在樹枝上，到十二點半才飛走。

舊殼除了那條裂縫，絲毫沒有破損，仍然牢牢地掛在樹枝上，秋末的風吹雨打也不總是能把它打落。我常常看見有些久經風雨的舊殼，就以幼蟲變態時的那種姿勢掛在荊棘上，一掛就是好幾個月，甚至整個冬天。這個舊殼質地堅硬，像乾羊皮，在很長時間裡都以蟬的仿製品存在著。

我們再來看看蟬脫殼而出時做的體操運動。首先，牠的尾部還沒從舊殼中解脫出來，蟬就以尾部為支點垂直下翻，頭朝下。這個跟斗讓蟬把兩翼和腳解脫出來，而頭和胸在鼓泡的壓力下已經把護胸甲脹裂，露了出來。尾部是這個翻身的支點，現在是解放這裡的時候了。為了達到這個目的，蟬要透過背的努力重新立起來，把頭甩到上面，用前腳勾住舊皮。牠就這樣

有了一個新的支點，可以讓尾部從外套中脫出來。

在這裡有兩個支撐點：首先是尾部，然後是前腳尖。牠有兩個主要動作：先朝下翻跟斗，再翻回去，回復到正常姿勢。這種體操要求幼蟲頭朝上固定在一根樹枝上，下方有自由的空間。如果我用一些手段取消這些條件，牠會怎樣呢？這還有待研究。

我把一根線的一端繫在幼蟲的一隻後腳上，把幼蟲懸在試管裡寧靜的空氣中。這是根垂直的線，沒有什麼能改變它垂直的狀態。這可憐的蟲子處在這種頭朝下的奇特姿勢下，而即將要進行的蛻皮又要求牠頭朝上；蟬兩腳抖動著，竭力掙扎，想翻過身來，用前腳抓住線或上面那隻繫在線上的後腳。有幾隻蟬做到了，勉強立了起來，這之後儘管牠們很難平衡身體，但牠們還是隨心所欲地在線上固定住，毫無阻礙地蛻皮。

其他的都累得筋疲力盡毫無成就，線沒抓住，頭也不能翻上來，變態不能進行。有幾隻蟬背部裂開了，露出被鼓泡脹大的中胸；但是蛻皮不能再繼續，牠們馬上就死了。更常見的是幼蟲身上沒有一絲裂縫，就那麼死了。

我又做了另一個實驗。我把幼蟲放到一個玻璃瓶裡，瓶裡

有薄薄的一層沙，讓幼蟲可以前進。幼蟲爬著，但是沒有一處地方可以立起來，滑溜的玻璃壁讓牠沒辦法立起來。在這種條件下，關在裡面的幼蟲沒有蛻皮就死了。在這悲慘的結局之中，我也看到了幾個例外。我偶爾看見幾隻幼蟲就像平常一樣在沙面上蛻皮，其平衡的方式讓人摸不透。總之，如果沒有正常的姿勢或差不多類似的姿勢，變態就不會進行，昆蟲就會死去。這是一般的法則。

這個結果似乎告訴我們，幼蟲在臨近變態時，能夠抵抗加諸牠身上的種種強制力量。一棵蔬菜或一粒豌豆的果實，到了成熟期，都無一例外地裂開，把裡面的種子蹦出來。蟬的幼蟲就像包了種子的果實，而成蟲就是那粒種子；但是幼蟲能夠控制自己的蛻皮裂開，如果情況不利，牠就把蛻皮延後到一個更合適的時機，有時甚至取消蛻變。儘管臨近變態時在體內發生的革命強迫牠蛻變，但是如果本能告訴牠條件不好，這隻蟲子就會不顧一切地抵抗體內的變化，寧死不願裂開。

不過，除了我在好奇心之下做的實驗會讓幼蟲殞命之外，我還沒看到過蟬的幼蟲會在這種情況下死去。在地洞附近總會有一叢荊棘。那出了地洞的幼蟲爬上去，只需要幾分鐘，這個小傢伙的外殼就會從背上裂開。蟬脫殼而出如此迅速，我常常為此而煩惱。一隻幼蟲出現在附近的土丘上，我在牠固定的小

樹枝上突然逮住牠。這可是很有意思的研究對象。我把牠連同
那根細枝都放到圓錐形的紙袋裡，然後急忙趕回家。只要一刻
鐘就到家了，但還是白費力氣。當我到家時，綠色的蟬差不多
已經自由了。我看不到我想看的，不得不放棄這種方法，無奈
地求助於在家門口幾步遠的地方僥倖得到的新發現。

　　一切緣起其自身，正如教育家雅克多①所說。蟬蛻皮之迅
速，把我們引入一個烹飪問題。據亞里斯多德所說，蟬是希臘
人高度讚賞的一道菜肴。這位大博物學家的文章我沒讀過，我
那個鄉村書店裡沒有這樣的財富。不過，一次我從偶然看到的
另一本權威的著作，知道了這件事。這是馬蒂約②寫的關於迪
約斯科里德③的評論。馬蒂約是很優秀的學者，應該很了解他
研究的亞里斯多德。我對他是完全信任的。

　　他說：「亞里斯多德稱讚不已的是，蟬在螗蟭掙脫外殼之
前食用最爲香甜。」既然螗蟭，或者說蟬的母親，就是古代用
來指幼蟲的表達方法，我們可以明白，亞里斯多德說的是，蟬

---

① 雅克多：1770～1840年，教育家，提出了一種以他的名字命名的教育方法，著
　 有《普遍教育》。——譯注
② 馬蒂約：1550～1577年，義大利醫生、植物學家，寫過關於迪約斯科里德的評
　 論。——譯注
③ 迪約斯科里德：西元一世紀時的希臘醫生、植物學家，著有《藥材記》。——
　 譯注

在衝破幼蟲的表皮或外殼之前，味道鮮美無比。

「外殼還沒裂開」這個細節告訴我們，應該在什麼時候去獲取這一道鮮美的菜肴。不會是冬天對農作物進行深耕的時候，那時根本不必害怕什麼幼蟲的孵化。應該是在夏天幼蟲出土的時候，那時可以看到一隻一隻的幼蟲在地面尋覓著蛻殼之處。這才是留意幼蟲的外殼是否破裂的唯一時刻，也是趕緊收集蟬的幼蟲來烹調的時候，因為幾分鐘之內牠們的外殼就要爆裂了。

這道在古代享有盛譽的菜肴，還用引人食慾的修飾語「美味無窮」來形容，真的名副其實嗎？機不可失，趕緊抓住吧。只要幼蟲一出現，我們就重新提倡一下這道被亞里斯多德吹噓的美味吧。聰明的隆德勒④是哈伯雷的朋友，他就自誇找到了魚醬，那腐爛的魚內臟製成的有名調味醬。那麼，那些美食家找到蟬的幼蟲這道美味，不也是值得誇獎的嗎？

七月的一個清晨，當灼人的陽光已經把蟬的幼蟲逼出地面的時候，一家人老老少少都開始尋覓起來。我們五個人把圍牆

④ 隆德勒：1527～1566年，法國博物學家，著有一些解剖學、動物學，尤其是海底動物學的論著。——譯注

內都搜遍了，尤其是小徑邊，那是幼蟲特別多的地方。為了防止幼蟲外殼裂開，只要一找到，我就把牠浸到水裡，這樣的窒息可以阻止牠變態。就這麼仔仔細細地搜查了兩個鐘頭，我們所有的人額頭上都冒出汗珠，而我們只找到了四隻幼蟲，沒有再多的了。牠們都泡在那個阻止蛻皮的澡缸裡死了，或者氣息奄奄。管他呢，反正牠們注定要變成油煎佳肴！

為了盡可能地防止這所謂的美味佳肴變味，烹調十分簡單：幾滴油，一撮鹽，一點蔥，就這些。鄉村裡的廚娘也沒有比這更粗略的食譜了。吃飯時，所有的「獵人」都分享了這道油煎幼蟬。

大家一致承認這道菜還是能吃的。我們都是些好胃口的人，腸胃也沒什麼成見。牠的滋味甚至還有一點蝦的味道，或者說是在一串蝗蟲中出現的一隻蝦。不過，牠真的太硬了，汁少得可憐，簡直就像在嚼乾羊皮。我是不會向任何人推薦這道亞里斯多德吹噓過的菜肴的。

當然，這個為昆蟲作傳的偉人是知道詳情的。他的國王學生為他從當時很神秘的印度，弄來了馬其頓人非常好奇的事物；馬隊為他領來了象、豹、虎、犀牛、孔雀，而他都忠實地對這些動物做了描述。不過，就算是在馬其頓，他也是透過農

民才知道這種昆蟲的。那些辛勤耕種的人，在翻土的鏟子下碰見過螬蠐，他們比誰都先知道從螬蠐裡出來的就是蟬。而亞里斯多德在他龐大的工程裡，也重複了後來幼稚輕信的普林尼所做的事：聽取鄉村閒言，並做爲眞實的資料記錄下來。

不論哪裡的農民都很促狹，他故意把我們稱之爲「科學」的譏諷爲瑣事，他嘲笑那些在微不足道的小蟲子面前駐足不前的人，如果他看見我們把一塊石頭撿起來仔細觀察，然後放在口袋裡，他會哈哈大笑。希臘農民的這種怪脾氣非常有名。他們對城裡人說：螬蠐是諸神的佳肴，味道無與倫比，美味無窮。但是，在用誇張的讚美之辭引誘這個幼稚之人的時候，他們又讓他無法滿足貪慾；要在幼蟲的外殼裂開之前收集到這一小口美味，並不是件容易的事。

我們五個人，在一塊盛產蟬的地上，花了兩個鐘頭，只找到四隻螬蠐。如果你們還想嚐嚐這麼一道珍貴的菜肴，去吧，在幼蟲出洞的時候去收集吧。尋找的時候，千萬小心不要讓幼蟲的外殼裂開喲。您整天整天地尋找，而幼蟲的蛻變只要幾分鐘就完成了。亞里斯多德呀，我看您是從沒嚐到過這油炸螬蠐的滋味的，我的烹飪就是證明。這不過又是一個沒有惡意的鄉野玩笑罷了，這道神的美味佳肴眞是可怕。

　　至於我呢，如果我也聽聽農民的話，聽聽我的鄉鄰的話，我也能收集到好多好多關於蟬的故事。就從村裡人講的故事中舉一個，就舉這麼一個吧。

　　您有沒有腎衰，有沒有因為水腫而走路搖搖晃晃，需要有效的藥方？鄉下的藥物手冊一致向您推薦蟬。人們夏天把蟬的成蟲收集起來，在太陽下曬乾，串成一串，很寶貝地收藏在衣櫥裡。一個家庭主婦如果沒有把蟬串起來就讓七月過去了，就會覺得自己太大意了。

　　您是不是腎臟突然有點輕微的發炎，排尿有點不順？趕快用蟬做成湯藥。據稱，沒什麼比這更有效的。從前一個好心腸的人在我不知情的時候，給我喝了一劑這樣的飲料，說是要治療什麼地方不舒服；我謝謝他，但是我非常懷疑。我所詫異的是，阿那札巴⑤的老醫生也建議用同樣的藥物。迪約斯科里德告訴我們：蟬，乾嚼對膀胱疼痛有效。從弗凱亞⑥來的希臘人把蟬和橄欖樹、無花果樹還有葡萄，一起展示給普羅旺斯農民。於是，從那麼遙遠的年代起，他們就對這古老的藥材深信

---

⑤ 阿那札巴：小亞細亞古老城市，曾為阿美尼亞國首都，是迪約斯科里德的故鄉。——譯注
⑥ 福西亞：古希臘城名，位在小亞細亞，西元前七世紀起是重要商業中心。——編注

不疑。其間只有稍許的改變：迪約斯科里德建議把蟬烤著吃，而現在人們把牠拿來熬湯做煎劑。

人們賦予這隻昆蟲利尿的特點，其原因解釋起來眞是幼稚至極。誰都知道，蟬在有人想抓住牠的時候，會猛然迎面朝那人臉上撒一泡尿，然後飛走。牠大概是把牠排泄的特點傳給我們了吧。迪約斯科里德可能就這樣推斷的，而普羅旺斯的農民今天也還這樣推斷。

哦，善良的人哪！幼蟬爲了替自己建一個氣象站，能夠用尿拌和水泥。如果這一點讓你們知道了，眞不知道你們會怎麼想！哈伯雷所描寫的卡岡都亞[7]坐在聖母院的鐘樓上，從他巨大的膀胱裡射出洪水一般的尿，把無數在巴黎街上閒逛的人（還不包括婦女和小孩）全都淹沒。

當你們知道蟬的這一點的話，說不定就會像哈伯雷一樣的誇張呢。

---

⑦ 卡岡都亞：哈伯雷《巨人傳》中食量、酒量非常大的巨人。──編注

第十六章

蟬的歌唱

　　雷沃米爾自己承認，他從沒聽過蟬唱歌，從沒看過活的蟬，他看到的都是浸在亞維農的燒酒裡的死蟬標本。對解剖者來說，這已經足夠對蟬的發音器官作準確的描述了。大師當然沒有錯過良機，他銳利的眼睛很清楚地梳理了這個奇特音箱的結構。此後如果有人想對蟬的歌聲發表幾句意見，都把他的研究做為泉源，從中汲取養分。

　　大師已經收割過了，剩下的工作只是撿大師落下的麥穗，做弟子的希望把撿拾的麥穗捆成一綑。我有很多雷沃米爾錯過的東西。那震耳欲聾的交響樂響起的時候，我聽到的比我想聽到的可要多出許多，我也許能在這看似已經乾枯的話題上添一些新觀點。我們再來談談蟬的歌唱問題吧。對那些已有的資料就不再贅述，只在必須闡明我的陳述時才重複提起。

山蟬

在村子附近，我可以收集到五種蟬：南歐熊蟬、山蟬、紅蟬、黑蟬和矮蟬。前兩種十分常見，另外三種則很稀罕，只有村裡的人才認識。其中，南歐熊蟬體型最大，最為人們所知，通常描述的也是牠的發音器官。

在雄蟬的胸部下，緊靠後腳之後，是兩塊很寬的半圓形大蓋片，右邊的蓋片稍微疊在左邊的蓋片上。這是護窗板、頂蓋、製音器，也就是發音器官的音蓋。把音蓋掀起來，看到左右兩邊都有一個大空腔，普羅旺斯人稱之為小教堂。這兩個小教堂合起來就形成了大教堂。小教堂前面有一層柔軟細膩的黃色乳狀膜擋住，後面是一層乾燥的薄膜，薄膜呈虹色，就像一個肥皂泡，普羅旺斯語稱之為鏡子。

這大教堂、鏡子、音蓋，就是人們通常認為的蟬的發音器官。對一個沒了氣息的歌唱者，人們就說他的鏡子裂了。這形象的語言也用來指失去靈感的詩人。但是，這聲學原理和人們普遍認為的是不相符的。把鏡子打碎，用剪刀剪去音蓋，把前面的黃薄膜撕碎，並不能消滅蟬的歌聲，只不過改變了牠的音質，響聲變小了些。那兩個小教堂是共鳴器，它們並不發聲，只是透過前後膜的振動增強聲音，並透過音蓋開閉的程度改變

聲音。

　　真正的發音器官在別處，新手是很難找到的。在左右小教堂的外側，蟬的腹背交接處的邊緣，有一個半開的、鈕扣大小的小孔，小孔被角質外殼限制著，那蓋著的音蓋又把它遮了起來。我們把這個小孔命名為「音窗」，它通向另一個空腔（音室）。這個空腔比旁邊的小教堂深得多，窄得多。緊靠後翼連接點之後，是一個輕微的隆起物，大致呈橢圓形。它那黑得沒有光澤的顏色，在周圍帶著銀色絨毛的表皮中，顯得異常突出。這個隆起物就是音室的外壁。

　　在音室上開個大的缺口，發音器官「音鈸」就顯現出來了。這是一塊乾的薄膜，白色，橢圓形，往外突，有三、四根褐色的脈絡分布在薄膜上，從中穿過，增加了它的彈性。這個音鈸整個固定在周圍堅硬的框架上。試想一下，這塊突起的鱗片狀音鈸變形了，往裡拉到凹下去一點點，然後又在那一束脈絡的彈性下迅速地回復到開始的突起狀態。於是一聲清脆的聲音就從這來回的振盪中發出來。

　　二十多年前，整個巴黎都迷上了一種可笑的玩具，如果我沒記錯的話，這玩具稱為「劈啪」或「喞喞」。那是一根短短的鋼片，鋼片的一頭固定在金屬座上。用大拇指把鋼片擠壓變

形，再放手，讓它自己彈回去。於是這塊鋼片就這樣在力的作用下，一次一次地發出煩人的叮噹聲，再沒什麼別的了不起的用處。可見，要獲得群眾的選票不需要更多的優點。這個玩意有過它光榮的日子，但遺忘已經對它做出了判決。遺忘是如此徹底，我回憶起這個著名的器械時，還擔心沒人聽得懂我在說什麼。

蟬的膜狀音鈸，和這鋼片是類似的樂器。它們都是經由一塊彈片變形而後又回復到原來的狀態來發聲的。「劈啪」是用拇指的壓力來變形。那麼音鈸的凹凸程度又是怎樣改變的呢？回到大教堂，把擋在兩個小教堂前面的黃色薄膜撕破，兩根粗粗的肌肉柱顯現出來了。這兩根肋條呈淡黃色，像個 V 字形一樣連在一起，V 字形的尖頂立在蟬腹背的中線上。每根肌肉柱上面都像被截去一樣，突然中斷了，而又有一根又短又細的繫帶，從被截去的地方伸出來。這兩根繫帶就連接著對應一側的音鈸。

所有的機關就在這裡，不比那個金屬玩具簡單多少。這兩根肌肉柱一張一弛，一伸一縮，透過末端的連線，牽動各自的音鈸，把音鈸拉下來，又馬上任由音鈸自己彈回去。於是，這兩個發聲片就這樣振盪起來。

　　您想證實一下這個機關的功效嗎？您想讓一隻剛死去的蟬唱歌嗎？再簡單不過了。用鑷子夾住一根肌肉條，小心地拉動。這個死了的唧唧玩具又復活了，每拉動一次，音鈸都會發出一下清脆的聲音。聲音很小，這是當然的，沒有那個活的歌手透過共鳴器發出的聲音那麼寬廣；但是歌聲的基本音素，還是可以用這種人工解剖手術得到的。反之，如果您想把一隻活蟬弄啞呢？這倔強的音樂愛好者，即使把牠捏在手裡，折磨牠，牠也會連連哀嘆牠的不幸，就和剛才在樹上高歌歡樂一樣喋喋不休。怎麼辦呢？砸破小教堂，打碎鏡子，這些都沒用，殘忍的截肢並不能克制牠的歌聲。但是，如果用一根大頭針，從我們稱之為音窗的側孔伸進去，伸到音室盡頭的音鈸，只要輕輕地用針刺一下，這個破音鈸就發不出聲音了。再這樣處理一下另一側的音鈸，就可以讓蟬失聲了。這隻昆蟲還和剛才一樣活蹦亂跳，沒有明顯的傷痕。不知內情的人都對我針刺的效果驚嘆不已，而相比之下，把鏡子和大教堂等其他附屬器官打碎，都不能讓蟬沈寂下來。巧妙的一下針刺，對蟬幾乎沒什麼危險，但卻達到了把蟬肚子捅開所不能產生的效果。

　　蟬的音蓋是嵌得牢牢的堅硬護蓋，本身不會動。是牠的腹部鼓起和收縮，使大教堂打開、關閉。肚子癟下去時，音蓋正好堵住小教堂和音室的音窗，於是聲音微弱、沙啞、沈悶；當肚子鼓起來時，小教堂半張開，音窗開通了，於是聲音響亮到

了極點。腹部急速振盪，牽引音鈸的肌肉隨之同步收縮，也就決定了聲音音域的變化，就像是急速拉動的琴弓所發出來的聲音似的。

如果天氣炎熱，空氣中沒有風，近午時分，蟬會把牠的歌聲分成一段一段的，每一段持續幾秒鐘，中間由短暫的休止符分隔開。每一段歌聲都是突然開始的，然後迅速升高；腹部收縮也越來越快，這一段歌聲也到了響亮的頂點。這麼響亮的聲音持續了幾秒鐘，然後逐漸降低，遞減成一種呻吟，腹部也隨之休息。在腹部最後幾次搏動之後，蟬靜了下來，時間長短隨空氣狀況變化。接著，新的一段歌聲又突然響起，一成不變地重複前一段歌唱，就這麼無休止地唱下去。

有時候，特別是在悶熱的傍晚時分，蟬陶醉在陽光下，就縮短休止符的時間，甚至把休止符取消了。歌聲一直持續下去，但總是漸強漸弱地交替進行。牠們大概在早上七、八點就拉響第一下弓弦，要到晚上八點左右，暮靄沈沈之時，樂隊才會停止。總計一下，這音樂會要整整持續十二小時。不過，如果是陰天，或者吹著冷風，蟬就不唱歌了。

第二種蟬，體型比南歐熊蟬小一半，我們這裡的人稱牠為「喀喀蟬」，極其準確地模仿了牠的發聲方式。這是博物學家們

所稱的山蟬，行動敏捷得多，也多疑得多。牠的歌聲很響，是一連串的「喀！喀！喀！喀」，中間沒有分成一段一段的休止符。這種蟬歌聲單調，聲音尖銳嘶啞，因而是最令人討厭的，尤其是當這種樂隊有幾百個演奏者的時候。而整個夏天，我的兩棵法國梧桐上就進行著這樣的演奏，就好像一大袋的乾核桃在袋子裡晃來晃去，要把殼撞破為止。這種討厭的音樂會，對我而言真是個酷刑，唯一可以稍微減輕一點煩惱的是，山蟬唱得沒有南歐熊蟬那麼早，晚上也不會多唱那麼久。

儘管基本構造原理相同，但是山蟬的發音器官還是表現出很多特殊之處，使其聲音有自己的特色。牠沒有音室，也就沒有了音室的入口——音窗。音鈸緊接在後翼的附著點之後；把音鈸露出來，可以看到音鈸還是一塊乾燥的白色鱗片，向外突出，五根微紅的褐色脈絡分布在鱗片上，橫穿其間。

腹部的第一節向前延伸出一個又短又寬的堅硬簧片，簧片活動的一端靠在音鈸上。這個簧片就像木鈴的簧片一樣，只不過這個簧片不是搭在旋轉的齒輪上，而是多多少少有點靠在振盪的音鈸的脈絡上。在我看來，這大概就是聲音沙啞刺耳的部分原因。不過我不大可能把蟬拿在手中來證實這個現象，因為受驚的喀喀蟬發出的聲音，和牠正常的聲音差得太遠了。

　　山蟬的音蓋也不是交疊在一起，而是隔開的，中間有比較長的空隙。音蓋連同腹部的附件——硬簧片，把音鈸遮住一半，音鈸另一半就完全露在外面。如果用手指壓，蟬的腹部關節及前胸都會稍微張開。但是總體而言，歌唱的時候，山蟬是不動的；牠的腹部不會急速運動，而這在南歐熊蟬身上卻是音調變化的原因。小教堂很小，做為共鳴器幾乎可以忽略不計。雖然牠也有鏡子，但很小，才一公釐。總之，在南歐熊蟬身上那麼發達的共鳴器官，在山蟬身上卻退化得很厲害。那麼，小小的音鈸振盪聲怎麼會變得那麼宏亮，以致令人無法忍受呢？

　　山蟬是會腹語術的蟬。如果仔細察看牠的腹部，人們會發現牠腹部的前面三分之二是半透明的，而繁衍種族、保存個體所不能少的器官，都被擠到了另外三分之一不透明的地方，壓縮到不能壓縮的地步。用剪刀一下子把那不透明的三分之一剪掉，餘下的腹部大開著，露出一個很大的空腔，一直擴展到外表皮，只在背面緊密地排列著一層薄薄的肌肉，細得像絲線一樣的消化管就附在那層肌肉上。這個空腔體積之大，差不多占了昆蟲的半個身體，裡面幾乎全是空的。空腔盡頭看得到牽引音鈸的兩根肌柱，像 V 字形一樣連在一起。在 V 字的左右兩尖上，閃耀著那兩片鏡子；而在兩根肌柱之間，也就是前胸的盡頭，都是空著的空間。

這個空空的肚子以及前胸的盡頭部分，就是一個巨大的音箱，我們這裡沒有哪個演唱高手的歌喉能和這音箱相比。如果我用手指將剛才在蟬腹剪的開口堵上，聲音就低多了，符合聲管的發音規律；如果在敞開的肚子上接一個小圓柱，一個圓錐形小紙袋，聲音會變得又低又響。如果把圓錐紙袋的錐尖正好對準蟬腹部的開口，紙袋寬的另一頭插到一根加長的試管口，這樣得到的不再是蟬的歌聲，而差不多像公牛叫了。我的孩子在我做這個聲音實驗的時候恰好在場，他們都被這聲音嚇跑了。這個他們很熟悉的昆蟲，竟然讓他們害怕起來。

這種蟬聲音沙啞的原因，也許是木鈴的簧片觸動了振盪中的音鈸上的脈絡；而聲音響亮的原因，毫無疑問是肚子上巨大的音箱。我們得說，為了一個音箱，把肚子和胸都空出來，這可真的對歌唱事業無比熱愛啊。生命的主要器官縮小到了極限，禁錮到一個窄窄的角落，就為了給音箱留出寬敞的空間。唱歌是第一位的，其他都是次要的。

真該慶幸山蟬沒有聽從演化論者的建議。如果牠們一代比一代熱衷歌唱，腹部的音箱也一直演化，可能就會達到我把圓錐紙袋接在上面的效果，那麼群集喀喀蟬的普羅旺斯，總有一天會沒人居住了。

　　說過南歐熊蟬的細節之後，還有必要講講怎樣讓喋喋不休、讓人難以忍受的山蟬安靜下來嗎？牠的音鈸就在外面，非常顯眼。用針頭把牠戳破，一下子，就完全靜下來了。如果在我的法國梧桐上，那些被針刺過的蟬的同伴也能安靜下來，熱衷於這樣的改變，那有多好啊！不過，這是個荒唐的願望：一個音符不可能讓收穫時莊嚴的交響樂停下來。

　　紅蟬比南歐熊蟬小一點。叫牠紅蟬，是因為翅膀脈絡和身體其他部分線條裡流的是紅血，而不是褐色的血。這種蟬很少見，在山楂樹林裡，我要隔很遠才能碰到一隻紅蟬。牠的發音器官介於南歐熊蟬和山蟬之間。從前者那裡，牠得到了腹部的振盪運動，透過半開或關閉大教堂讓聲音變強或變弱；從後者那裡，牠有了露在外面的音鈸，沒有音室和音窗。

　　紅蟬的音鈸是裸露在外的，緊接在後翼附著點之後。白色的音鈸很正常地往外突出，上面有八條很長的紅褐色平行脈絡，還有七條短得多的，一條一條地間隔排在那八條長脈絡之間。音蓋小小的，內緣凹進去，正好把對應的小教堂蓋住一半。蓋板凹處留下的小孔上，有一個小小的葉片當氣窗。這個葉片固定在蟬的後腳跟。蟬就藉由把後腳貼著身體、或抬高後腳，來把氣窗關上或打開。其他的蟬也有類似的附件，不過要窄得多、尖得多。

除此之外，紅蟬和南歐熊蟬一樣，腹部能從低到高、從高
到低地大幅度運動。腹部的這種振盪運動配合連在腳上的葉片
運動，能使小教堂作各種程度的開關。

紅蟬的鏡子，除了沒有南歐熊蟬那麼寬大，外表都一樣。
朝向胸側的膜是白色橢圓形，非常纖細，當腹部抬起時繃得很
緊，腹部塌陷就鬆弛皺縮。在緊繃狀態下，這塊膜能產生振
音，使聲音更響亮。

紅蟬的歌聲也是抑揚頓挫，分成一段一段的，和南歐熊蟬
一樣，不過紅蟬顯得更謹慎些。牠的聲音不那麼響亮很可能是
因為沒有音室。在同樣的力量下，裸露在外的音鈸振盪發出的
聲音，當然比不上藏在共鳴器深處的音鈸發出的聲音響亮。當
然，那聒噪的山蟬也沒有這種共鳴器，但牠肚子上巨大的音
箱，大大彌補了這個不足。

我從沒看過雷沃米爾畫過、奧利維埃[1]也描述過的第三種
蟬，他們稱為毛蟬。這兩人都說這種蟬在普羅旺斯很出名，當
地稱為小蟬。但是在我的家鄉，人們都不知道這個叫法。

---

① 奧利維埃：1756～1814年，法國昆蟲學家，著有《昆蟲學詞典》等。——譯注

我有的倒是另外兩種蟬，也許雷沃米爾把這兩種蟬和他畫的那種蟬搞混了。這兩種蟬，一種是黑蟬，我只見過一次；另一種是矮蟬，我收集了很多。就說說這後一種蟬吧。

這是我家鄉最小的一種蟬。牠只有一隻普通的虻那麼大，長約二公分。透明的音鈸上有三根白色不透明的脈絡，皮膚的褶皺把音鈸勉強蓋住，但是音鈸還是完全可以看得見。沒有音室，回頭想想，就會發現這個音室只有在南歐熊蟬身上才有，別的蟬都沒有。

兩塊音蓋之間相隔很遠，把小教堂大大敞開。相對而言，牠的鏡子比較大。鏡子外形像個四季豆。這種蟬歌唱的時候，腹部也不振盪，和山蟬一樣是靜止不動的。也正因為如此，這兩種蟬歌唱的旋律都缺乏變化。

矮蟬的鳴叫是一種單調的響聲，尖銳而細小；在七月午後那種讓人懶洋洋的寂靜中，這是一種在幾步遠的地方才能聽到的聲音。如果有一天牠們突發奇想，離開被太陽烤焦的灌木叢，成群地來到我家陰涼的梧桐樹上定居，那麼，儘管我很想好好研究牠，但我還是希望這小小的蟬不要像著了魔的喀喀蟬一樣，打擾我的清修。

現在該從繁瑣的描述中解脫出來了，因為蟬發音器官的構造我們已經知道了。在結束時，我們得問問這些狂響的歌聲目的是什麼？這麼大的聲音有什麼用呢？有一個答案是無法迴避的：這是雄蟬召喚伴侶的聲音；是情人們的大合唱。

但我卻冒昧地對這個看似非常合乎情理的答案表示懷疑。十五年來，南歐熊蟬夥同聲音刺耳的喀喀蟬，強迫我加入牠們。每年夏天，有整整兩個月，我都把牠們看在眼裡，聽在耳裡。雖然我不太願意聽牠們唱歌，卻是非常熱情地觀察牠們。我看見牠們成群棲息在梧桐樹光滑的樹皮上，全都仰著頭，雌雄混雜，彼此近在咫尺。

牠們一旦把吸管插進樹皮，就動也不動地吸起來。日頭旋轉，樹蔭移動，牠們也就繞著樹枝跟著移動，慢慢地往旁邊跨一大步，朝向最亮最熱的方向。不管是在吸吮還是移動位置，蟬的歌聲一直不斷。

能夠把這種無休無止的歌唱看成愛情的召喚嗎？我很懷疑。在聚會中，如果雌雄肩並著肩，那麼就沒有必要連續幾個月都向身邊的異性召喚個不停。我從沒看到一隻雌蟬跑到叫聲最響亮的樂隊中去。做為婚禮的序曲，視覺已經足夠了，而且很清楚：求婚者根本不需要沒完沒了地愛情表白，因為求婚的

對象就是牠的近鄰。

那麼，這是迷惑、感動無動於衷者的一種辦法嗎？我還是懷疑。當情人們盡情奏起最響亮的音鈸時，我從沒發現過雌蟬有過任何滿意的表示，有過絲毫扭動、搖擺的動作。

我周圍的鄉民們都說，蟬在收穫季節唱的是：收割，收割，收割！[2]這是為牠們的工作鼓勁打氣。收穫思想的人和收割稻穗的人都是一樣，都在工作，一個是為了智慧的麵包，一個是為了生活的麵包。所以他們的解釋我也明白，把它當作善意的幼稚想法接受下來。

科學希望得很好，但是它在昆蟲身上發現的是一個對我們封閉的世界，根本不可能捉摸、甚至猜不出這些音鈸發出的聲音在牠們身上引起的感受。我所能說的就是，雌蟬無動於衷的外表，似乎說明牠對這歌聲是無所謂的。別再固執了吧，昆蟲的內心情感是個深不可測的謎。

下面是另一個懷疑的原因。對歌聲敏感的，總是有敏銳的聽覺，而這聽覺是警惕的哨兵，一有細微聲響，就會警覺到有

---

② 普羅旺斯語為：sego，sego，sego！——譯注

危險。鳥這傑出的歌唱家就有極敏銳的聽力。只要枝上有一片樹葉搖動，過路人之間有一句交談，牠們就馬上噤聲，不安地提防著。可是，啊！蟬完全沒有這麼不安的情緒波動！

蟬的視覺非常靈敏。牠大大的複眼能讓牠看到左右兩邊發生的事情；牠的三隻鑽石般的單眼，是小小的望遠鏡，能探測頭上的空間。蟬只要看見我們走近，就馬上不叫並飛走。但是，如果站在牠五個視覺器官看不到的地方，在那裡講話、吹哨、拍手、用兩塊石頭相擊呢？如果是一隻鳥，即使沒有看到人來，但是一旦牠受到驚嚇，用不著做那麼多的動作，牠早就沒命地飛走了。但是蟬呢，鎮定自若地繼續吱吱叫著，好像什麼都沒發生似的。

就這一點我做過很多實驗，我只提一次，最難忘的一次。我借了鎮上的炮，就是那種在守護聖人節鳴放的禮炮。為了那些蟬，炮手很樂意把炮裝上火藥，來我家朝牠們射擊。他總共有兩座炮，都像在最盛大的節日狂歡時那樣塞滿了火藥。即使是政治家在巡迴競選的時候，也沒有榮幸得到過這麼多的火藥呢。為了避免把玻璃震破，窗戶是開著的。兩個鳴雷的器械都安放在我家門口的梧桐樹下，根本不需要小心地把它們偽裝起來：因為在樹枝上高聲歌唱的蟬看不到樹下發生的事。

　　我們六個蟬的聽眾都期待有片刻相對的安靜，每個人都仔細觀察著歌手的數量、歌聲的響亮程度和旋律。我們準備好了，耳朵仔細地聽著這空中樂隊會發生什麼變化。開炮了，聲如霹靂……

　　上面什麼不安的情緒也沒有。演唱者的數量還是那麼多，歌唱的節奏依然不變，聲音也還是那麼響亮。六個人一致證實：爆炸的巨響一點也沒有改變蟬的歌唱。又放了第二炮，結果還是一樣。

　　樂隊如此堅持不懈，根本沒有被炮響驚起不安，我能從中得出些什麼呢？是否能就此推斷說蟬聽不見聲音呢？我不敢貿然地這麼說；但是如果有更大膽的人肯定這個推斷，我也真的提不出任何理由來反駁他。至少我得承認蟬的聽覺遲鈍，可以把這個著名的俗語用在牠身上：「叫喊得像個聾子」。

　　小路的碎石堆上，藍翅蝗蟲甜蜜地陶醉在陽光裡，用牠強壯的後腳摩擦著粗糙的鞘翅邊緣；暴雨將臨的時候，綠蛙、雨蛙和喀喀蟬一樣發了狂似的，在灌木叢中的樹葉裡扯開嗓子，鼓起音囊。牠們都是在召喚不在身邊的同伴嗎？絕對不可能。蝗蟲的琴弦響起來的時候，發出的唧唧聲幾乎沒人感覺到；而雨蛙的嗓音再宏亮也是白白浪費，因為期待的人沒有趕來。

昆蟲到底需不需要這種響亮的傾訴、喋喋不休的表白來表露牠的愛情火焰呢？考察大多數的昆蟲，知道兩性之間的靠近會讓彼此沈默下來。所以蟈蟈兒的小提琴、雨蛙的風笛和咯咯蟬的音鈸，我都只看成是表達生存樂趣的手段，每種動物都以牠特有的方式來慶祝這共同的歡樂。

如果有人向我證實蟬之所以振動牠們的發音器官，根本不是為了下一代，而僅僅只是感覺到了生活的樂趣，就像我們在滿意的時候會搓手一樣，我也不會很驚訝。就算在這種合唱中還有什麼次要目的，和那不出聲的蟬③有關，那也很有可能，非常合乎情理，儘管現在還無法證明。

③ 指雌蟬，因雌蟬不鳴叫。──譯注

第十七章
蟬的產卵和孵化

　　常見的南歐熊蟬都在細細的乾樹枝上產卵。雷沃米爾經過仔細觀察後認定，棲息了蟬的那些樹枝其實都是桑樹枝。這是因為這位只負責在亞維農附近收集標本的人，沒有把他的研究多樣化。在我周圍，蟬產卵的樹枝，除了桑樹以外，還有桃樹、櫻桃樹、柳樹、日本女貞樹等。不過，這些都很少見。蟬喜歡的是的別的東西。牠盡可能地尋找細細的枝條，從麥稈到筆桿粗細的都可以，枝條有層薄薄的木質，裡面有豐富的木髓，只要這些條件都滿足了，什麼植物都無所謂。如果我想把這個產婦利用的各種支撐物都列個清單，恐怕就得把這個地區的半木本植物都逐一回想一遍。我只舉出其中的幾種，說明蟬產卵的場所是多變的。

　　產卵的細枝絕不能臥在地上，而是多少接近垂直，一般長

在原來的樹幹上，偶爾也會有斷枝，但必須是豎立的。枝條最好比較長、均勻而且光滑，以便能容下所有的蟬卵。我收集的植物中，蟬最喜歡的是髓質豐富的禾本科植物的枝條，還有長到一公尺多高才分枝的阿福花高高的莖幹。

不管是哪種植物，這個做為支撐點的植物枝條都必須是死了，完全乾枯的。儘管如此，我的筆記裡還是記載了幾次，蟬在還活著的莖幹上產卵的情況。這些枝條上還長著綠葉，鮮花盛開。當然，在這些特殊的例子中，這些枝條本身就是比較乾燥的。

蟬的產卵就是一系列的穿刺工作，就像用一根大頭針針尖從上到下斜插進樹枝，撕裂木質纖維，把纖維擠出來，淺淺地突起。看到這些刺孔，不明由來的人一開始還以為是什麼隱花植物呢；或是覺得像某種球蕈鼓起來，孢子囊的壓力脹破了表皮，露出一半在外面。

如果枝條不勻整，或是有好幾隻蟬先後都在同一根枝條上產過卵，刺孔的分布就比較混亂，讓人看花了眼，分不出刺孔的順序以及是哪隻蟬的卵。只有一個特徵是不變的，那就是翹起的木枝條的傾斜方向——蟬總是沿著直線，把牠的工具從上到下刺進樹枝。

如果枝條勻整、光滑、長度適中，那麼刺孔相隔的距離幾乎相等，不太偏離直線。刺孔的數目是變化的。當雌蟬產卵不太順利，要到別處繼續產卵的時候，枝條上的刺孔就比較少。如果一根枝條上的一行刺孔是母蟬所有的產卵數量，那刺孔就在三、四十個上下。即使是同樣數量的刺孔，這一行孔的總長度也是不同的。下面幾個例子可以讓我們知道這方面的情況：三十個刺孔，在亞麻枝條上是二十八公分長，在粉苞苣屬上是三十公分，而在阿福花上只有十二公分。

不要以為這些長度的變化取決於枝條的不同屬性，相反的資料多的是。就像阿福花，在這裡為我們提供了一行靠得最緊密的刺孔，在別的情況下給我們的刺孔又是隔得最疏的。孔距取決於我們不可能明白的原因，尤其取決於雌蟬變化無常的習性，牠把卵產在這多一點、在那少一點，完全是隨興之所至。兩孔之間的距離，我測量的平均數是八到十公釐。

每個刺孔都通向一個鑽在枝條髓質部分的斜洞穴。這個洞穴沒有任何封閉措施，在產卵時被鑽開的木質纖維，在蟬產卵管雙面鋸開後，又重新合攏。人們最多偶然（而不是總是）會在這纖維柵欄中看到一層反光物質，就像乾了的蛋白漆。這也許只是雌蟬留下來的一點點含蛋白液體，也許是隨卵排出的，抑或是為了方便雙鑽孔的鑽頭開動的潤滑劑。

洞穴就緊接在鑽孔入口之後，是一根細細的管道，差不多占據了鑽孔口到前一個洞穴鑽孔口之間的所有空間。有時，洞穴的管道挨得太近，連間隔也沒有，上面一層洞穴的管道和下面的連在一起；而從多個鑽孔口排進去的蟬卵，總是排成不間斷的行列。當然，最常見的情況還是鑽孔之間彼此隔開。

洞穴內蟬卵的數量變化很大，每個孔有六到十五個不等，平均是十個。整個一次產卵的鑽孔數是三、四十個，那麼，蟬一次要產三、四百個卵。雷沃米爾在仔細觀察蟬的卵巢後，也得到了同樣的數字。

這真是個龐大的家族，能夠以數量來對付許多可能發生的重大毀滅性災難。我並不覺得成年的蟬比其他的昆蟲更容易遭遇危險。牠目光敏銳，可以猛然飛起，而且飛得很快；牠棲息在高處，用不著擔心草地上的強盜。沒錯，麻雀喜歡吃蟬，牠不時地暗中醞釀陰謀，從鄰近的屋頂向梧桐樹猛撲過去，逮住這個正在狂熱鳴叫的歌唱家。確實有幾次，麻雀左一口、右一口地把蟬割成了好幾塊，把牠變成自己一窩雛鳥口中美味的肉。但是有多少次麻雀是空手而歸啊！蟬在麻雀攻擊之前搶先行動，朝著襲擊者撒了一泡尿，飛走了。不，不是麻雀迫使蟬這麼多產的。危險來自別處。在產卵和孵化的時候，我們就會看到這危險有多麼可怕。

蟬產卵是在出地洞兩、三星期後，也就是七月中旬左右。雖然我家門口有天然的有利條件，但提供給我的機會過於偶然。所以，爲了親眼目睹牠產卵，而不是求助於偶然，我採取了一些措施，確保觀察成功。經過以前的觀察，我知道乾枯的阿福花是蟬喜歡的產卵枝條。這種植物又長又光滑的枝條最適合我的意圖。而且在我住在這裡的頭幾年，我就把院子裡的菊科植物換成另一種好伺候的本地植物，其中阿福花種植得最多，如今它正好派上大用場。我把前一年的枝幹留在原地，等合適的季節一來，我就每天監視著它們。

等待沒有持續多久。七月十五日起，我就如願地發現一些蟬棲息在阿福花上，正在產卵。產婦總是單獨待著，每隻雌蟬一根枝條，用不著擔心會有競爭者來妨礙這複雜的接種。第一隻走了，可能會有另一隻來，然後還有其他的雌蟬。枝條對所有的雌蟬開放，寬敞得很；不過，輪到哪隻雌蟬的時候，牠都希望獨自待在枝上。總之，牠們之間沒有任何口角，事情以最和平的方式進行。如果哪隻雌蟬趕來，但枝條已經被占了，牠一發現錯誤，就會立即飛走，去別處尋覓。

產卵時的蟬總是仰著頭，在不同的情況下都是這種姿勢。牠任由我湊近觀察，即使用放大鏡觀察也是如此，因爲牠完全沈浸在工作當中。那一公分長左右的產卵管，整個斜斜地插進

枝條。這種鑽孔看起來並不需要很艱難的動作，因為牠的工具非常完善。我看見蟬微微扭動，腹部尾端脹大然後收縮，頻頻顫動。蟬就這樣產卵。開動的雙面鑽頭交替插進木質中消失，動作非常輕柔，幾乎難以察覺。產卵過程再沒什麼特別的。昆蟲一動也不動，從產卵管第一次鑽下去到產好卵，大概過了十分鐘。

之後蟬有條不紊地把產卵管慢慢抽出，以免把產卵管扭彎。這個鑽出來的孔會由於木質纖維的合攏而自動關閉，蟬也就沿著直線方向爬到高一點的地方，距離正好與牠的鑽孔工具一樣長。在那裡，蟬重新鑽孔鑿穴，產下十多個卵。牠就這樣從下往上，一級一級地產卵。

知道了這些現象，我們就能夠解釋支配產卵的特殊排列方式。那些鑽孔口之間差不多是等距的，因為每次蟬上升的是同一個高度，大概就是產卵管的長度。蟬雖然飛得很快，但行走的時候卻非常懶惰。當人們看到牠在樹枝上吸吮汁液的時候，牠是嚴肅地，可以說是鄭重地邁出一步，站到旁邊陽光更燦爛的地點。在乾樹枝上產卵時，蟬還是保持了牠那過分審慎的習慣，甚至考慮到產卵的重要性，還誇大了這個習慣。牠盡可能地少移動，只要鄰近的兩個孔勉強不鑽在一起就行了。往上走的步伐寬度，大致由鑽孔的深度來決定。

此外，如果在一根枝條上孔鑽得不多，這些鑽孔口就呈直線排列。那麼，在同一根木質枝條上，蟬為什麼會朝左或朝右偏呢？蟬喜歡陽光，選擇的都是最容易曬到太陽的方向。只要牠的背部沐浴在陽光中，對牠來說就是莫大的樂趣，牠不會輕易離開這個給牠帶來歡樂的方向，而去另一個陽光不能垂直照射的地方。

但是，在一根枝條上完成整個產卵需要很長時間。如果一個孔十分鐘，那我偶然看到的四十多個孔洞就需要六、七個小時。所以在蟬完成牠的工作之前，太陽的位置也會有較大幅度的轉移。在這種情況下，這根直線會轉成螺旋弧線。太陽轉動，雌蟬也繞著枝條轉，牠的刺孔線條也就像日晷指針在日晷圓柱上的投影線。

有很多次，當蟬沈浸在母親的工作之中，把卵排放好的時候，一種也長著鑽孔器、很不起眼的小飛蟲，就開始幹起消滅蟬卵的勾當。雷沃米爾其實也知道這種飛蟲。他在幾乎所有被觀察的細枝上，都遇到過飛蟲的幼蟲；但他壓根就沒把這小蟲子放在心上，因此他沒有看到、也不可能看到這大膽的破壞分子的行動。這是一種小蜂類昆蟲，身長四、五公釐，全身漆黑，節狀觸角末端漸粗。鑽孔器固定在腹下近中央處，伸出來與身體中軸線成直角，位置與褶翅小蜂的鑽孔器差不多（褶翅

小蜂是幾種蜜蜂的禍害）。也許這消滅蟬卵的小矮子已經被列進了昆蟲學的分類詞典，但是我因為忽略而沒有把牠抓住，至今還不知道分類學家們賞賜給牠什麼名號。

我所清楚了解的，是牠那不聲不響的野蠻行徑。儘管牠就靠在這個抬抬腳就能把牠壓扁的龐然大物身邊，可是牠卻恬不知恥，膽大包天。我曾看到三隻掠奪者同時進攻那可憐的產婦。牠們就站在蟬的腳後跟，若不是把自己的鑽孔器插進蟬卵，就是在等待有利時機。

雌蟬剛剛在一個穴裡產好了卵，爬到高一點的地方再去鑽孔。一個強盜就趕到雌蟬離開的洞穴，毫無懼色地幾乎就在巨蟲的腳下，好像是在自己家裡進行著值得稱道的業績一樣，抽出牠的鑽孔器，刺進蟬卵的豎洞。牠不是順著布滿碎木纖維的鑽孔往裡插，而是從孔邊上的縫隙插進去。牠的工具要慢慢地開動，因為這裡的木頭幾乎沒有洞孔，比較堅韌。而這之間蟬則在上面一層孔洞裡產下一窩卵。

一等蟬產卵結束，另一隻飛蟲，就是落在後面沒撈到的那位，立即占據了蟬的位置，把自己毀滅性的疫苗接種到蟬卵裡。當雌蟬排完卵飛走時，牠的大部分洞穴裡都這樣有了外族的卵，牠們最終會把孔洞裡的一切蟬卵都毀滅。不久，這些異

族的卵搶先孵化出來成為幼蟲，以洞穴裡的十多個蟬卵為食，取代蟬的後代，獨占一間居室。

哦，可悲的產婦啊，你沒有從幾個世紀以來的經驗中吸取任何教訓！你的眼睛那麼敏銳，這些可怕的鑽探者在你身邊飛來飛去、準備做壞事的時候，你肯定看到了牠們。你看到了，知道牠們就在你腳下，可是你卻無動於衷，任由牠們胡作非為。轉過身來吧，寬厚的龐然大物，踩死這些侏儒吧！但你不會改變自己的本能，從來不會這樣做，哪怕是為了稍微改變一點你做為母親身受災難的命運！

南歐熊蟬的卵是白色的，帶著象牙的光澤，長形，兩頭尖如圓錐，就像是微型的紡織梭。蟬卵長二‧五公釐，寬〇‧五釐，成行排列，彼此略有重疊。山蟬的卵要小一些，有規則地聚在一起，像縮小的雪茄盒。我們就專門講講前一種蟬卵吧，牠的故事會告訴我們別的蟬卵的故事。

九月還沒結束，閃著象牙白光澤的蟬卵就變成麥子般的金黃色了。十月初，卵前部出現了兩個明顯的栗褐色小圓點，這是正在發育的微小昆蟲的眼睛。這兩個幾乎立刻就能看東西的眼睛和圓錐形的頭頂，讓蟬卵看起來就像無鰭魚，那種只適合在半個核桃殼裡游泳的微型魚。

　　就在同一時期，在我的小院和附近山丘上的阿福花上，我總是看到有新近孵化過蟬卵的痕跡。這都是些新生兒急著挪到另外一個窩，搬家了留在家門檻的破外套、破衣服。我們馬上就會看到這些舊衣服意味著什麼。

　　儘管我的探訪很勤快，理應有個好結果，我還是從來沒能親眼看著幼蟬從洞穴裡鑽出來。我在家的飼養也沒有好一點的效果。接連兩年，我在適當的時機，用盒子、試管、玻璃杯，收集了上百束有蟬卵的不同植物枝條；但是我沒有在任何一根枝條上看到我迫切想看到的：新生蟬的出洞。

　　雷沃米爾也感受過同樣的沮喪。他講過他的朋友為他送來的蟬卵是怎樣失敗了，甚至把蟬卵放在玻璃管裡，再將玻璃管裝在褲腰袋裡暖著也沒成功。哦，可敬的大師！蟬要的不是我們工作間裡溫暖的庇護場所，也不是褲腰袋裡小小的保溫材料，牠需要的主要刺激是太陽的輕吻。在溫暖季節的最後幾天，早晨冷得打哆嗦，但中午陽光驟然如火般照射，這對蟬卵來說就是秋天裡絕美的一天。

　　就是在這類似的條件下──白天強烈的陽光和夜晚的寒冷形成巨大的對比，我發現了蟬卵孵化的跡象；但是我總是去遲了，幼蟬已經飛走了。充其量，也只是偶爾會碰到一隻幼蟬被

一根絲掛在出生的枝條上，在空中掙扎著，想來是被蜘蛛網纏住了。

後來，十月二十七日，我已經對成功不抱希望了，但我還是把小院裡的阿福花收集回來，將一大束有蟬卵的枝幹安放在工作間裡。我本想再觀察一次孔穴和孔穴裡的蟬卵後，就徹底放棄。那天早晨很冷，冬天裡的第一堆火已經燃起來了。我把那一捆枝條放在爐子前的椅子上，根本沒有想過要試一試爐火的熱度會對那些蟬卵產生什麼樣的效果。剛被掰下來的枝條就這麼一枝一枝地放在我伸手可及的地方，枝條只是隨意擺放，並沒有什麼動機。

然而，當我把放大鏡移到一根斷枝上去的時候，我本來不再抱希望能看到的蟬卵孵化，突然就在我身邊發生了。我收集的樹枝上有居民居住了。小幼蟲一次十幾個從孔穴裡不斷冒出來，數量如此之多，使我這觀察家的野心大大得到了滿足。那蟬卵正好成熟了，而火爐裡的旺火又強烈地暖著牠們，產生了露天裡陽光照射的效果。我們趕快抓住這意外的機會吧！在被撕裂的木質纖維中，一個圓錐形的小微粒出現在鑽孔中。這個小微粒上有兩顆黑色的圓眼睛。這肯定是卵的前部，我剛才說過它的外形就像小魚身體的前面一部分。看起來，蟬卵就像從孔道深處移到孔道口似的。但是，一隻卵在狹窄的地道裡移

動！一個胚胎在走動！這是不可能的，從來沒有這樣的事，一定是我產生錯覺了。把枝條劈開，秘密就揭開了。真正的卵殼，並沒有移動位置，略為混亂地連在一起；卵殼是空的，變成一個透明的袋子，卵殼的前端已經被大大鑽開了，從卵殼裡出來了一個奇特的生物。下面就說說這個出來的微小生物最顯著的特點。

小傢伙的頭形和黑眼睛讓牠看起來比卵更像一條微型魚。牠腹部上的鰭狀物更突出了這種相似。這種類似槳的鰭狀物，是因為牠的兩隻前腳套在一個特別的外套裡，只能放到身體後部，併攏在一起伸直。這鰭狀物能微微活動，大概有助於牠從卵殼裡出來，還幫助牠從更困難的木質地道裡出來。小生物利用已經很有力的尾鉤前進，而那兩隻前腳稍稍離開肢體，又重新靠攏，像槓桿一樣一起一落，在前進時提供支撐。其他四隻腳還包在同一個套子裡，一點生氣也沒有。透過放大鏡勉強看到的觸角也是如此。概括起來，從蟬卵裡出來的生物就像一只小船，兩隻前腳連在一起，在腹部形成一隻朝後的單槳。牠的體節，尤其是腹部上的體節非常清楚。整個身體極其光滑，沒有一絲絨毛。

蟬的最初形態，如此奇特，如此出人意料，至今還沒有人猜到。給牠取個什麼名稱呢？是不是要把一些希臘字母組合一

下，焊成某個討厭的名稱呢？我不會這麼做，而且深信那些野蠻的術語對科學來說，是些占用空間的雜草荊棘。我就只稱牠們為初齡幼蟲，就像對待芫菁科、褶翅小蜂和卵蜂虻一樣。

蟬的初齡幼蟲形狀非常適合出洞。孵化時鑽出來的小道非常窄，只勉強夠一隻爬出來。而且，蟬卵是成行排列、部分重疊在一起，不是頭尾相接的。從這行蟬卵最遠的地方孵化出來的小生物，就不得不穿過已經孵化過的卵留在原地的破外套，而且在這個狹窄的通道裡，還擁塞著剩下的空卵殼。

在這樣的條件下，如果初齡幼蟲馬上撕裂臨時外套，變成幼蟲，那麼幼蟲很可能越不過那困難重重的行列。觸角礙事，長長的腳展開後離身體的中軸線很遠，彎彎的鉤尖沿途會勾住東西，這一切都會妨礙牠迅速得到解脫。一個洞穴裡的卵幾乎同時孵化，前面的新生兒必須盡快搬家，好給後來者留下自由的通道。這就需要新生兒有光滑、沒有任何突起的船體形狀，能夠像個楔子一樣鑽出來，溜到外面。而初齡幼蟲和各個附件都包在同一個外套裡，緊貼著肢體，像個梭子，單槳能夠微微活動，這些都使得初齡幼蟲擔當了穿過阻礙重重的通道、來到洞外的任務。

這任務很緊迫，必須在短時間內完成。現在，一隻遷居者

露出了長著圓眼睛的腦袋，把鑽開的碎木纖維稍稍頂開。牠的前進動作極其緩慢，用放大鏡都難以察覺。牠越鑽越突出，但起碼要半個鐘頭之後，這個船體生物才整個出來，尾端還掛在鑽孔口內。

出了洞口，行進時的外套馬上就裂開了，小生物由前到後把皮蛻下。這時候才出現了普通的幼蟲，雷沃米爾知道的也就只是這時的幼蟲，幼蟲脫去的外套像絲線一樣懸著，絲線自由的末端像個鏟斗一樣張開，幼蟲的腹部就嵌在鏟斗裡。幼蟲在落地前，要在這裡沐浴陽光，強壯身體，蹬蹬雙腳，試試力氣，繫著安全帶懶洋洋地搖晃著。

這個雷沃米爾說的小跳蚤般的蟲子，正是以後要挖土掘地的蟬的幼蟲。牠一開始是白色的，之後變成琥珀色。幼蟲的觸角比較長，自由地顫動著。腳的關節也活動了，前腳的爪子張合自如，比較粗壯。牠靠後腳懸掛著，一有微風就搖晃起來，準備在空中翻個跟斗降落世間。我沒見過比這小小的體操家更奇特的表演了。幼蟲懸在枝上的時間長短不一，有的半個小時左右就落地，有的要在這帶柄的鏟斗裡掛上好幾個小時，還有的甚至要等到第二天。

不管落地是遲是早，幼蟲落地之後，牠的懸掛安全帶，也

就是初齡幼蟲的外套，都還留在原地。當一個洞穴裡的所有蟬
卵都消失了以後，洞穴口就這樣被一大把絲線蓋住了。這些絲
線又短又細，彎彎曲曲而且皺巴巴的，就像乾了的蛋白。每根
絲線自由的一端都散逸成鏟斗狀。這細微的皺褶轉瞬即逝，一
碰就不見了，一絲微風很快就會把它們吹散。

還是回到幼蟲身上吧。幼蟲或遲或早都會落到地上，有時
是偶然，有時是靠自己努力。這個虛弱的小東西，不比一隻跳
蚤大，新生的肌膚柔嫩無比，牠借著安全帶做好了抵抗堅硬泥
土的準備。牠在空氣這軟軟的被絮中養壯了，現在要投入嚴酷
的生活中了。

我可以預感到有無數的危險在等著牠。微風會把這個不起
眼的小顆粒捲到堅硬的岩石上、車轍的積水中、不毛缺糧的沙
地裡，或是硬得鑽不下去的黏土上。這些足以令牠致命的地方
多的是，而在這個十月寒冷多風的季節裡，吹散一切的風也颳
得很頻繁。

這個脆弱的生命要的是一塊非常鬆軟的土地，容易鑽入，
以便馬上藏身土中。天氣漸漸冷起來，霜凍就要來了，再在地
面遊逛就會有死亡的危險，牠得馬上鑽到土裡去，鑽得深深
的。這個能拯救自己的唯一而迫切的條件，在很多情況下都不

能實現。這個跳蚤的小腳在石頭、砂岩、堅硬的黏土上能有什麼作爲呢？不及時找到地下避難所，牠只會死去。

正如眾人所承認的，因爲有無數的險惡，幼蟲出生後尋找的第一個棲所，是蟬家族高死亡率的因素之一。摧殘蟬卵的黑色寄生蟲已經向我們解釋了蟬多產的必要性；如今尋找第一個落腳點如此困難，又向我們說明，如果要將種族保持在恰當的數量，每隻雌蟬就必須產三、四百個卵。因爲被消滅得多，所以蟬卵也產得多。蟬就以多產的卵巢來抵銷無數災禍。

爲了進行剩下的實驗，我得盡量爲幼蟲減少尋找第一個住處的困難。我選擇了灌木葉腐質土，這種土很軟，很黑，我還用細篩篩過。如果我想了解事情的發展，這深顏色的土可以讓我很容易找到那金黃的小生命。土的柔軟適合牠脆弱的爪鉤。我把土在玻璃花瓶裡壓得鬆鬆的，在土裡植了一叢百里香，撒了幾粒麥種。花瓶底沒有洞，儘管百里香和麥子的繁茂需要有排水孔，但是關在裡面的囚徒一找到開口，肯定會逃走。植物沒有排水孔會死，但我至少得保證能夠憑著耐心，借助放大鏡重新找到我的小蟲子。再說，我不會常給植物澆水，只要能讓植物不死就行了。

一切都安排好了，麥子開始展開第一片葉子的時候，我把

六隻蟬的幼蟲放在土面上。這些虛弱的小傢伙在泥層上大步走著，快速地探索著；有幾隻試著往花瓶內壁上爬，但沒能爬上；沒有一隻幼蟲露出想鑽進土的樣子。我不禁焦急地思考牠們這麼活躍、這麼長時間逡巡的目的是什麼。兩個小時過去了，閒逛還沒有停下來。

牠們想要什麼？食物嗎？我給了牠們幾個剛長出鬚根的小鱗莖、幾片斷葉和新鮮草梗。沒什麼引誘住牠們，也沒能讓牠們安靜下來。看起來，牠們想在鑽進土裡之前選擇一個有利的地點。在一塊我精心為牠們安排的土地上，猶豫不決的探索是沒用的。即使我覺得籠裡的地表非常適合我期待著牠們做的工作，但這似乎還不夠。

在自然條件下，幼蟲在周圍巡迴一圈可能是必不可少的。我的灌木葉腐質土清除了所有的硬物，還細細地篩過，這樣的地方在自然條件下是很少見的。相反的，那種牠們的小腳無法鑿進的粗糙土地倒是常見得很。所以幼蟲得四處遊蕩，在找到有利地點之前多多少少跋涉一番。毫無疑問，有很多幼蟲在這種毫無成效的尋覓中筋疲力盡而死去了。所以，在幾拇指寬的地方來回探索，就成了幼蟬鍛鍊程式中的一部分。在裝備豪華的玻璃瓶裡，這種朝聖是沒有用的。但牠才不管這些，還是根據約定俗成的儀式完成朝聖。

　　終於，我的流浪兒靜下來了。我看見牠們的前腳像彎鉤似地在地面鑿著，把土挖出來，掘個洞，就像是用根很粗的針尖掘的洞一樣。借助放大鏡，我看見牠們揮動鋤頭，把一小塊土耙到地面。幾分鐘後，一個小土穴微微打開了。小傢伙鑽了進去，埋入土中，從此再也看不見了。

　　第二天，我把花瓶翻過來，但並不把土塊弄碎，借著百里香和麥子的鬚根托住土塊。我發現所有的幼蟲都到了瓶底，讓玻璃擋住了。在二十四小時之內，牠們就穿過了大約十公分厚的土層。如果沒有瓶底擋著，可能會鑽得更深。

　　一路上，牠們大概已經碰到過我栽種的植物的鬚根了。牠們有沒有停下來，把吸管插進去稍微吃點食物呢？不大可能。在我的空花瓶底，也有幾根鬚根蔓延到那裡。但是我的六個囚犯沒一個待在那上面。不過也有可能我翻倒花瓶的時候把牠們搖下來了。

　　顯然的，在地下，牠們只能靠根的汁液為食。無論是成蟲還是幼蟲，蟬都是靠植物養活。成蟲吸著樹枝上的汁液，幼蟲則吮著根上的汁液。但是牠什麼時候開始吸取第一口的呢？我還不知道。之前的實驗告訴我們，剛孵出的幼蟲著急的，似乎是鑽到泥土深處躲避迫在眉睫的嚴寒，而不是駐留在一路上碰

到的甘泉裡暢飲。

　　我把土塊重新安放好，那六個掘土工又一次被我放在土面上。馬上，土穴又挖好了，幼蟲消失在土穴裡。最後，花瓶被我放到工作間的窗臺上，在那裡，外面的天氣無論好壞，都會影響到牠。

　　一個月過去了，十一月底，我又一次去察看。在土塊底，幼蟬一個個單獨蜷縮著。牠們沒有附在鬚根上，外貌和體型都沒變。我原來看見牠們什麼樣子，現在還是那個樣子，而且更沒活力了。十一月是嚴酷季節中最溫暖的一個月，可是牠們在這個月中都沒有生長，難道這是意味著牠們整個冬天什麼食物都不吃？

　　另一種小昆蟲西塔利芫菁，一孵出就鑽到條蜂的地道裡，大家聚在一起，動也不動地，在完全的禁食中熬過惡劣的季節。這些幼蟬看起來也是這樣。一旦鑽到用不著害怕霜凍的地底，牠們就孤孤單單地在過冬營地裡昏睡，等著春天來臨，再把吸管插進身邊的樹根，開始吃牠們的第一頓點心。

　　我曾經想用觀察的事實，證明這些根據前面觀測結果做的推斷，但是沒有成功。四月春回大地，我第三次把那叢百里香

翻過來。我把土塊搗碎，在放大鏡下仔細地檢查著，這簡直就像在一堆稻草裡找一根針。最後我找到了幼蟬，牠們已經死了。也許是因為太冷，儘管我在花瓶上扣了個鐘形罩；也許是餓了，百里香不對牠們的胃口。我放棄解決這個太難的問題。要成功進行類似的飼養，需要一層又寬又厚的土壤，來躲避嚴酷的冬天；在不知道幼蟲喜歡什麼植物的情況下，植物必須種類眾多，好讓幼蟲根據牠們的喜好進行選擇。這些條件並不是做不到，但是，在這麼一小把黑色的腐質土中，我已經花了那麼大的功夫來找這小微粒般的幼蟲，那麼在起碼一立方公尺的龐大土堆中，我怎麼找到這個小傢伙呢？而且，這麼辛苦的挖掘肯定會把這個小傢伙從營養根上剝離下來的。

蟬在地下的初期生活，避開了我們的觀察，然而我們對已經發育很好的幼蟲也不太了解。在田野裡工作時，經常會碰到那強壯的掘土工出現在鏟子下的泥土深處；但是，如果要突然逮著牠附著在樹根上，確定牠以樹根汁液為食，那又完全是另一回事了。泥土的震動會警告牠有危險，牠會抽出吸管，退到地道裡；如果把土撥開讓牠露出，牠便不再吸吮汁液了。

但是如果農民的挖掘不可避免地要驚擾幼蟲，不能讓我們了解牠們地下生活的習性，但至少可以告訴我們幼蟲完整的生活期。幾個好心的農夫，在三月深耕的時候，總會樂意把他們

挖到的大小幼蟬全都爲我撿回來。就這樣我收集到了幾百隻幼
蟲，根據明顯的體型差異，可以分成三類：大的，有翅膀的雛
形，就像幼蟲從地洞裡鑽出來時一樣；中等的；小的。各個不
同大小等級的幼蟲應該對應著不同的年齡。如果加上才孵出的
幼蟲——我那淳樸的合作者肯定發現不了這些小生物，那麼我
們就知道南歐熊蟬在地下大概的時間是四年。

　　牠在空中的生活期估算起來就容易多了。接近夏至，我聽
到第一聲歌唱；一個月後，音樂會達到高潮。少見的幾隻遲到
者，到九月中旬還在細聲細氣地獨唱，這是音樂會結束的時候
了。因爲蟬出地洞並不都在同一時刻，那麼，很顯然的，這些
九月的歌唱家，並不和那些夏至時的演奏家同時登場。取首尾
兩個日期的平均數，我們可以知道蟬在空中生活的時間大概是
五個星期。

　　四年在地下艱苦工作，一個月在陽光下歡樂，這就是蟬的
生命。不要再責備成年的蟬狂熱地高唱凱歌了吧！牠在黑暗中
待了四年，穿著皺巴巴的骯髒外套，用鎬尖挖著泥土；如今這
個滿身泥漿的挖土工，突然換上了高雅的服飾，長著堪與飛鳥
媲美的翅膀，沐浴在溫暖的陽光下，陶醉在這個世界的歡樂
中。爲了慶祝這得來不易而又如此短暫的幸福，歌唱得再響
亮，也不足以表示牠的快樂啊！

第十八章

螳螂捕食

　　南方還有一種昆蟲，至少和蟬一樣令人感興趣，不過名氣小得多，因為牠從不出聲。如果上天賜給牠一副音鈸，具備深得人心的第一要素，再加上非同一般的體型和習性，那麼牠會讓蟬這著名歌唱家的聲譽黯然失色。我們這裡的人把牠叫做「禱上帝」。牠的正式名字叫修女螳螂[①]。

　　科學術語和農民樸素的詞彙是吻合的，都把這古怪的生物看成是一個傳達神諭的女預言家，一個沈湎於神秘信仰的苦行修女。這種比喻由來已久。古希臘人早就把這昆蟲稱為「占卜士」、「先知」。農夫們也很容易就做出了這種類比，他們把從外表看到的模糊材料大大地加以補充。在烈日炙烤的草地上，

---

① 修女螳螂：又名薄翅螳螂。——編注

他們看到這種昆蟲儀態萬千，莊嚴地半立著。牠那寬大的綠色薄翼像亞麻布裙擺一樣長長地拖曳在地，前腳就像人的手臂一樣伸向天空，簡直就是禱告的姿勢。這就足夠了，剩下的就由老百姓去想像了。就這樣，自古以來，就有了住在荊棘叢中發布神諭的女預言家，和向上帝祈禱的修女。

幼稚無知的人啊，你們犯了多大的錯誤啊！牠那祈禱的神情掩蓋了殘酷的習性，那向天祈求的雙臂是可怕的掠奪工具，牠並不撥動念珠，而是滅絕任何從旁經過的獵物。人們恐怕怎麼也猜不到，螳螂竟是直翅目[②]食草昆蟲裡的一個例外，專以活的獵物維生。牠是昆蟲世界裡和平居民眼中的老虎，埋伏著的吃人巨妖，把送上門來的新鮮嫩肉捉住吃掉。牠的力氣已經夠大了，再加上牠那嗜肉的胃口，可怕而又完善的捕捉器，牠的確不愧為田野裡的霸王。這「禱上帝」差不多等同於窮兇惡極的吸血鬼了。

拋開牠那致人死命的工具不說，螳螂一點也不讓人覺得害怕。牠輕盈的身體，高雅的短上衣，淡綠的體色，長長的翅膀像紗羅一樣，牠看起來甚至不乏優雅呢。牠沒有張開像剪刀一樣兇狠的大顎，相反地，小嘴尖尖就像是啄食用的。柔軟的脖

---

② 現在的昆蟲分類學已將螳螂從直翅目中劃分出來，獨立成螳螂目。——譯注

子從前胸裡挺拔而出，頭能夠左右旋轉，俯仰自如。在昆蟲之中，只有螳螂能引導自己的視線，觀察、打量，甚至就好像還有面部表情呢。

牠的整個身材，看起來這麼安詳，和那被準確形容為殺人機器的銳利前腳相比起來，對比真是太大了。牠的腰異常的長而有力，其作用在於能讓牠向前拋出捕獸夾尋找獵物，而不是坐等送死鬼。捕捉器上有一點裝飾美化，腰的基部內側飾有一個美麗的黑色圓點，圓點中心有白色的斑塊，同時還點綴著幾行小小的珍珠。

牠的前腳大腿更長，像個扁平的梭子，前半段內側有兩排尖利的鋸齒。裡面一排有十二根長短相間的鋸齒，長的黑色，短的綠色；鋸齒這樣長短交錯，增加了咬合點，讓這個武器更具效用。外面一排就簡單多了，只有四個鋸齒。在雙排鋸齒末端還有三根大鋸齒，是所有刺中最長的。總之，前腳大腿就是一把有雙排平行刃口的鋼鋸，兩排齒之間有一道小槽，小腿折疊起來就放到小槽中間。

小腿與大腿相連，非常靈活，它也是一把雙面鋸，齒牙更多更細密。末端有個硬鉤，鉤之銳利，與最好的鋼針不相上下。鉤的下面有一道細槽，細槽兩側有雙刃刀，形狀像枝剪。

　　這硬鉤是極其完美的刺割工具，還給我留下了火辣辣的回憶。捉螳螂時，好幾次我剛抓住牠，就被勾住了。我雙手抓著牠，騰不出手來，只好請人幫我從這個頑固的俘虜的爪子下擺脫出來。如果不把插到肉裡的硬鉤拔出來，就想強行掙脫，那麼我會像扎了玫瑰花刺一樣被劃得一道道的。沒有比螳螂更難對付的昆蟲了。您想活捉牠，手指不敢用力過度，不然就會把這隻昆蟲掐死，結束戰爭。但是，這樣一來，牠又會用枝剪抓您，用鉤尖戳您，用老虎鉗夾您，讓您簡直無法招架。

　　休息的時候，螳螂把捕捉器折起來，舉在胸前，看起來毫無傷人之意。這下牠又是祈禱的昆蟲了。但是一旦有獵物經過，祈禱的姿勢頓時消失。捕捉器的三個部分陡然張開，把末端的硬鉤拋到遠處，勾住獵物後就往回收，把獵物抓到牠的兩把鋼鋸之間。接著，手的後臂彎向前臂，就像老虎鉗夾緊了；之後，一切就結束了。不管是蝗蟲、螽斯，還是別的更強壯的昆蟲，一旦被那四排尖刺鉸住，就徹底沒命了。不管牠們是拼命扭動，還是往後踢，那可怕的器具都不會鬆開。

　　如果想對螳螂的習性做系統的研究，在野外螳螂不受約束的情況下，是不可能行得通的，必須在室內飼養。這個工程進行起來並不困難，只要吃得好，螳螂並不怎麼在乎牠被關在鐘形罩裡。我們每天都給牠換上美味的食物，牠對草坪也不太會

有相思之苦。

　　我準備了一打寬敞的金屬鐘形罩，當作關囚徒的籠子，這原本是飯桌上用來擋蒼蠅的罩子。這些籠子放在一個裝滿沙子的瓦缽上。一簇乾百里香，一塊以後給螳螂產卵的平石頭，就是螳螂的全部家當。這些小木屋，放在我昆蟲實驗室的大桌上，白天大部分時間，太陽都光顧那裡。螳螂就關在籠子裡，有的是單獨囚禁，有的是成群羈押。

　　八月的下半月，我開始在枯草地上和路邊的荊棘叢中看到成年的螳螂了。肚子已經很大的雌螳螂一天天地多起來，而牠們瘦小的伴侶卻很少見，我有時要花好大的力氣才能為籠子裡的雌螳螂補充配偶，因為籠子裡經常發生雄性小矮子被吃的悲劇。這慘劇等一下再說，我們先談談雌螳螂。

　　雌螳螂食量非常大，圈養的時間又長達幾個月，要餵飽牠們並不那麼容易。差不多每天我都得替牠們更換食物，可是大部分都只是被嚼了幾口，就被牠們不屑一顧地浪費了。我覺得在牠們出生的荊棘叢中，螳螂們要比在我的籠子裡節省得多。在那裡野味並不多，每次抓到的獵物，牠們都會吃個精光。可是在我的籠子裡，牠們卻揮霍無度，常常是咬了幾口，就把那肥美的嫩肉丟在地上，再也不去吃牠。看起來，牠們是以此排

遭自己遭囚禁之苦吧。

　　要應付牠們的奢侈消費，我只能請求援助了。附近三、兩個無所事事的小傢伙，在我的麵包片和西瓜塊的收買下，早晚都跑到周圍一帶的草坪上，用蘆竹編的小籠子裝滿活蹦亂跳的蝗蟲和蟈蟈兒。我呢，手裡也拿著網子，每天在我的圍牆裡巡視一圈，想替我的食客們弄點高級野味。

　　這些上等的野味，我是用來實驗螳螂的膽量和力氣能大到什麼地步的。在眾多食物中，灰蝗蟲的體型比吃牠的雌螳螂大多了；白面螽斯的大顎強壯有力，我們的手指都要當心被牠咬傷；古怪的長鼻蝗蟲穿戴著金字塔樣的帽子；葡萄樹短翅螽斯的音鈸發出吱吱嘎嘎的聲音，渾圓的肚子末端還長著一把大刀。在這群難以下嚥的野味拼盤中，還要加上兩個惡魔，就是這個地區最大的兩種蜘蛛：一個是圓網絲蛛，牠的肚子像個圓盤，邊緣有彩花裝飾，有一枚二十蘇的硬幣那

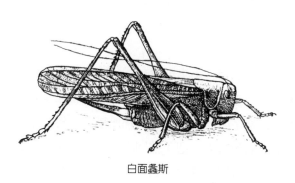

白面螽斯

麼大；另一種是冠冕圓網蛛，牠的外貌粗野，大腹便便，令人
害怕。

　　當我看到螳螂向我放進籠子裡的所有昆蟲猛然發起攻勢，
我就毫不懷疑牠在自由的時候，也會向這樣的對手挑起戰爭。
在金屬網罩之下，牠利用我慷慨提供的財富；那麼當牠埋伏在
草叢中時，大概利用的就是偶然送上門來的、肥美的意外之財
了。所以，這種危機重重的大型獵捕並不是心血來潮，而是牠
日常的習慣。儘管如此，這種捕食在我看來還是很少，因為沒
有機會，而這也許是螳螂的最大的遺憾了。

　　各種各樣的蝗蟲、蝶蛾、蜻蜓、大蒼蠅、蜜蜂，還有其他
中等的昆蟲，都是牠銳利的前腳能抓到的獵物。在我的飼養籠
裡，勇猛的女獵人從來沒有退縮過。灰蝗蟲和白面螽斯，圓網
蛛和長鼻蝗蟲，這些蟲遲早都會被牠們勾住，在牠的鋸齒中無
法動彈，被津津有味地吞食。這獵捕還真值得大書特書。

　　看到網紗上的大蝗蟲冒冒失失地靠近，螳螂痙攣似地驚跳
起來，突然擺出可怕的姿勢，即使是電流激盪也不會產生這麼
迅速的效果。牠的轉變是如此突然，架勢那麼嚇人，經驗不足
的觀察者肯定馬上會猶豫起來，把手縮回去，擔心發生什麼意
外；即使像我這樣早已習慣的老手，如果心不在焉，也會忍不

住大吃一驚。這就像不經意之間，在您面前突然從盒子裡彈出一個可怕的東西——一個小魔鬼一樣。

螳螂打開鞘翅，斜著甩到兩側；翅膀完全展開，像兩片平行的船帆立起來，如同大雞冠高聳在背上；腹尾上捲成曲棍，抬起又放下，猛然抖動著，放鬆，發出喘氣似的聲音，「噗哧」「噗哧」的，讓人想起火雞開屏的聲音，又好像受驚的遊蛇一口一口地吐著氣息。

螳螂高傲地佇立在牠的四隻後腳上，長長的前胸挺得差不多呈垂直狀。原來折疊起來貼在胸前的劫持爪，現在完全打開了，交叉成十字形伸出來，露出腋窩下幾行裝飾的珍珠粒和一個中心有白斑的黑圓點。這兩個斑點，有點像孔雀尾巴上的斑點，還帶著淺淺的象牙質般的凸紋。這是牠打仗時的寶物，平常都收藏起來，只在戰鬥中自命不凡、自以為是的時候，才從珠寶盒子裡拿出來炫耀。

螳螂就保持著這種奇特的姿勢動也不動，監視著蝗蟲，眼睛盯著對方，只要對手移動，牠的頭也跟著微微轉動。這種姿勢的目的很明顯：螳螂想恫嚇這個強大的獵物，想令牠恐懼，把牠嚇得動彈不得；如果對手沒有被牠這可怕的姿勢挫敗銳氣，對牠來說可能就過於危險了。

　　牠的目的達到了嗎？誰都不知道，在螽斯那光光的腦門下和蝗蟲長長的面孔後面，究竟發生了什麼。從牠們那無動於衷的面具下，我們察覺不到任何不安的信號。但是，受到威脅的昆蟲肯定是知道有危險的。牠看到面前挺起了一個幽靈，鐵鉤舉到空中，準備撲過來；牠面對著死神，但現在還來得及，牠卻沒有逃走。牠大腳粗壯，是擅長蹦跳的跳遠健將，本來可以輕易地從幽靈的鉤爪下跳走，卻傻傻地停在原地，甚至還慢慢地靠近。

　　據說小鳥會在蛇張開的大嘴前嚇癱，被這爬蟲類的目光嚇呆，任憑自己被抓住而沒法飛走。大部分的時候，蝗蟲也差不多是這樣。牠現在已經落入了懾住牠心神的螳螂的勢力範圍之內。螳螂的兩個大彎鉤猛撲下來，用前腳抓住，兩把鋸子閉合夾緊。這個可憐蟲反抗也沒用，牠的大顎咬不到螳螂，拼命地往後踢也踢空了。牠活該吃這樣的苦頭。螳螂收起翅膀——這是牠的軍旗，恢復正常的姿勢，開始用餐。

　　比起灰蝗蟲和螽斯，進攻長鼻蝗蟲和短翅螽斯這種野味的危險就要小得多，螳螂擺出的幽靈般姿勢也沒有那麼嚇人，時間也不長。牠只要把大彎鉤拋出去就夠了。對待蜘蛛，也只需要把牠的肢體橫著抓過來，根本用不著擔心蜘蛛的毒鉤。那種普通的蝗蟲，不管在我的籠子裡還是在野外，都是螳螂的家常

便飯；螳螂很少對牠用恫嚇的方法，只要把走進勢力範圍的冒失鬼抓住就行了。

如果獵物的反抗不可等閒視之，那麼螳螂就得擺出那個姿

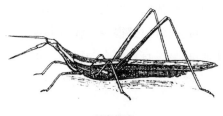

長鼻蝗蟲

勢，恫嚇威懾住獵物，讓牠的鉤子找到一種肯定能勾到獵物的方法；在這之後，牠的捕獸夾才把那精神不振、

無法抗拒的犧牲品夾緊。螳螂就這樣用突然擺出來的、幽靈般的姿勢把對手嚇呆。

擺出怪姿勢的時候，翅膀發揮了很大的作用。螳螂的翅膀很寬大，邊緣是綠色，其餘部分是無色半透明的。翅膀上有很多脈絡，像扇子一樣散開來，縱向穿過翅膀。縱向翅脈之間還有很多更纖細的橫向翅脈，兩者切割成直角，形成無數的網眼。當螳螂採取幽靈姿勢時，牠的翅膀就展開來，立成兩個平行的平面，差不多挨在一塊，就像白天蝶蛾休息時翅膀的形狀一樣。在兩翅之間，螳螂那往上翹的肚子尾，突然衝動似地動起來。牠肚子摩擦著翅膀上的脈絡，發出喘息似的聲音，我曾把這比作遊蛇在防守時吐信的聲音。我們只要把指甲尖迅速地

擦過張開的翅膀正面，就可以模仿出這種奇怪的聲音。

　　雄螳螂是必須要有翅膀的。這個瘦弱的小矮子爲了交尾，得在荊棘叢中流浪。牠的翅膀相當發達，足夠讓牠飛躍；牠飛得最遠的時候，一步差不多相當於我們走四五步。這個沒用的傢伙吃得很少；我飼養籠裡強壯的雄螳螂很少，我看到牠吃的是瘦弱的蝗蟲，一個很不起眼的最沒有殺傷力的獵物。也就是說，雄螳螂不懂那幽靈般的姿勢，這姿勢對這個沒什麼野心的捕食家也沒有用處。

　　與此相反，雌螳螂因爲肚子裡的卵成熟了而胖得出奇，對牠來說，翅膀的必要性就讓人無法理解了。雌螳螂爬、跑，但從來不飛，因爲牠豐滿的身體太重了。那麼，翅膀對牠有什麼用呢？還有其他很多類似的不怎麼寬的翅膀有什麼用呢？

　　如果再看看修女螳螂的近鄰——灰螳螂，這個問題就會變得愈加迫切了。灰螳螂的雄性長著翅膀，能迅速地飛躍；雌性拖著滿是卵細胞的大肚子，翅膀縮得小小的，不發達，就像穿了一件奧弗涅③地區和薩瓦④地區的乳酪師傅的短燕尾服一樣。對這個不需要離開乾草地和碎石堆的蟲子來說，短削的緊上衣比那沒用的綺羅盛裝更適合。這礙事的翅膀，灰螳螂只留了一點點，這是正確的。

那麼，這根本不飛躍的雌螳螂，卻保留甚至擴大了牠的翅

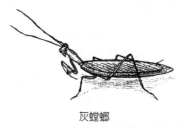

灰螳螂

膀，是錯的嗎？一點也不，因爲螳螂要捕食很大的獵物。有時在牠潛伏的地方，會出現難以馴服的獵物，直接攻擊也許會送命。最好先嚇唬嚇唬這些不速之客，用恐懼把牠們的防禦能力壓下去。正是出於這個目的，牠才會突然展開翅膀，展現那幽靈般的白布。寬大的翅翼雖然不能飛翔，但卻是捕獵的工具。這個計謀對體型小的灰螳螂就不是必要的了，牠只捕捉一些弱小的獵物：小飛蟲、才出生的蝗蟲。儘管這兩個女捕獵家習性相同，都因爲太過肥胖而無法飛躍，但是牠們的外套卻是根據捕獵的難度量身定做的。一個是強悍的女戰士，把翅膀張開成威風凜凜的軍旗；另一個只是普通的捕鳥人，把翅膀削成窄窄的燕尾服。

　　幾天沒吃飽，螳螂在極度飢餓的時候，會把體型和牠一樣大，甚至比牠還要大的灰蝗蟲整個吃掉，只剩下太過乾硬的翅膀。吃這麼大一個野味，兩個小時就夠了，這樣的食肉巨妖眞

③ 奧弗涅：法國中南部的舊省區。——譯注
④ 薩瓦：法國東南部與義大利、瑞士接壤的邊界地區。——譯注

是罕見！我曾經目睹過一、兩次這樣的情形，心裡總是在想，這個貪吃之徒到哪裡找地方容下這麼多的食物呀，容量必小於容器的定律，怎麼就為了牠而顛倒呢？牠的胃的高超特性讓我欽佩不已：食物只是從中間經過，馬上就消化、溶解，消失不見了。

在我的籠子裡，螳螂的食物通常是蝗蟲，各種大小的蝗蟲。觀看螳螂用銳利前腳上的老虎鉗夾住蝗蟲啃著，也是頗有興味的。儘管螳螂小嘴尖尖，看起來並不怎麼習慣大吃大喝，但那一大塊野味卻全被牠吃掉了，只剩下翅膀，甚至連翅膀基部有一點肉的地方也被牠利用了。腳、堅硬的外皮，這些都從牠的腸胃中過去。有時螳螂抓住蝗蟲肥大的後腳基部，送到嘴邊，津津有味地吃著、咀嚼著，露出滿意的神情。對牠來說，也許蝗蟲鼓鼓的大腿是一塊上好的肉，就像我們吃的羊後腿一樣吧。

螳螂從頸部開始進攻抓到的獵物。牠用一隻前腳把獵物攔腰勾住不動，另一隻腳按住獵物的頭，掰開後面的頸子。螳螂的尖嘴就從頸後這沒有護甲的地方探進去，一口一口地輕輕咬著，帶著些許堅毅不拔的精神。就這樣，牠在頸上打開了一個大口。踢著腿的蝗蟲靜了下來，變成了一具沒有知覺的屍體；之後，這個肉食昆蟲行動就自由多了，可以自由選擇牠想吃的

肉塊。

　　對第一口先咬頸部的現象，大家可能會因為這是一貫的做法，而不知其中理由何在了。讓我們離題片刻，來弄清楚個中原因。六月時，我常常在我家圍牆內的薰衣草上看到兩種蟹蛛（金錢蟹蛛和圓蟹蛛）。一種身上白得像緞子一樣，腳上有一圈圈紅色、綠色的環；另一種黑得發亮，腹部有紅圈，中間有葉狀的斑點。這是兩種美麗的蜘蛛，走起路來像螃蟹一樣橫行。

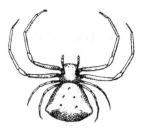

牠們不知結網捕食，因為牠們吐的那一點絲是專給卵做殼用的。所以牠們的捕獵戰術就是埋伏在花朵上，出其不意地撲向來採蜜的獵物。

圓蟹蛛（放大2倍）

　　牠們最喜歡的野味是蜜蜂。我多次看見牠們抓住那些俘虜的那一刻，若不是突然咬住獵物的脖子，就是咬在身上的其他部位，甚至是翅尖。不管是什麼情況，蜜蜂都垂著腳、吊著舌頭死了。插進脖子裡的毒鉤引起了我的思考，這和螳螂進攻蝗蟲時的做法有驚人的相似之處。於是一個問題產生了：這小小的蜘蛛，嬌嫩的身上每個地方都極其容易受傷，牠怎麼能抓到像蜜蜂這樣的獵物？蜜蜂可比牠強壯敏捷得多，而且還有一根致人死命的螫針做武器呀！

在攻擊者和被攻擊者之間，無論是身體的強壯還是武器的強大，都很不成比例。如果進攻者不運用絲網來擋住那可怕的獵物，縛住牠的手腳，這樣一場搏鬥看起來根本是不可能的。落差如此之大，不亞於綿羊竟敢衝進狼口。然而，莽撞的進攻居然發生了，而且勝利總是在弱者這邊，我看到很多蜜蜂死去就是證明，牠們都是被蟹蛛吸了好幾小時的體液之後死去的。相對弱的一方應該有某種特殊的技藝來補強才會如此，蟹蛛應該有某種戰略，幫牠克服看起來無法戰勝的困難。

如果就站在薰衣草旁窺伺，很可能長時間都徒勞無功，還是主動為牠們的決鬥做些準備比較好。我把一隻蟹蛛、一束薰衣草罩起來，在花上滴幾滴蜜，再將三、四隻活蜜蜂放到網罩裡面。

蜜蜂並不在意這個可怕的鄰居。牠們在那個金屬圍牆周圍飛來飛去，不時到沾了蜜的花上吸一大口，有時離蜘蛛很近，幾乎隔了不到半公分。看起來牠們完全不知道有危險，多年的經驗，絲毫沒有讓牠們知道有這麼一個危險的屠殺者。一旁的蟹蛛在花蕊上動也不動，就在蜜滴旁邊，牠那四隻很長的前腳張開，稍微抬高，準備出擊。

一隻蜜蜂來蜜滴上飲蜜，是時候了。蟹蛛撲了上去，用毒

鉤抓住這個冒失鬼的翅尖，用腳爪把牠勒緊。幾秒鐘過去了，
蜜蜂竭力掙扎，但是這個進攻者在牠的背上，牠的螯針刺不
到。肉搏戰不會持續多久，被勒緊的蜜蜂就會掙脫。於是蟹蛛
放開蜜蜂的翅膀，忽然一下咬住獵物的脖子。一旦毒鉤插進
去，搏鬥就結束了，死亡隨之而來。蜜蜂像被雷擊了一樣，牠
的活力只剩下跗節在微弱的顫抖，最後抽搐了幾下，很快就再
也不動了。蟹蛛還一直抓著獵物的頸子，優雅地吸著蜜蜂的體
液，而對牠的肉卻碰也不碰。蜜蜂頸子上的血慢慢被吸乾了以
後，蟹蛛就另外隨便換個部位：腹、前胸等等。這樣就可以解
釋，為什麼我在室外觀察時，會看到蟹蛛的毒鉤有時是插在蜜
蜂的脖子上，有時又在其他的部位。前一種情況是這個獵物剛
被捉到，所以蟹蛛還保持著一開始的姿勢；而後一種情況是獵
物已被抓住很久了，蜘蛛已經把牠頸部的汁液吸乾了，就放開
了牠的脖子，去咬另外一個汁液豐富的部位。

　　這個小吸血鬼慢慢地、貪婪地飽飲著獵物的汁液，左右移
動著牠的毒鉤，直到把獵物的汁液吸乾為止。我曾經見過牠連
續吸了七個小時，直到我去察看時不小心驚動了牠，牠才把獵
物放開。犧牲者的屍體就這麼被扔掉，對蟹蛛已經沒有任何價
值了。屍體上沒有任何咀嚼過的痕跡，也沒有明顯的傷痕，蜜
蜂的體液已經乾涸了，就這樣。

　　我死了的好夥伴獵狗布林，原來也是運用咬對手脖子肉的
技倆，因為當務之急是控制對手的毒牙。布林的方法就是狗慣
用的方法，牠張大嘴低吠著，吐著白沫，準備咬住對手。由於
生性謹慎，牠咬住對手的脖子，讓對手無法移動。蟹蛛在和蜜
蜂的戰鬥中，目標和布林的不一樣。對牠的獵物，蟹蛛要怕的
是什麼呢？首當其衝的是螫針，這可怕的刺刀稍微刺一下都會
讓牠痛苦難當，不過蟹蛛根本不怕。牠想要進攻的只是脖子後
面的部位，只要獵物還沒死，牠就絕不會咬其他地方。儘管狗
咬住敵人，讓敵人的頭不能動的策略，危險要小一些，但蟹蛛
並不打算模仿。牠的抱負更大，蜜蜂像觸電一樣死去就向我們
揭示了這一點。只要一咬住頸部，蜜蜂很快就會死去，牠的神
經中樞被毒液毒害，主要的生命之火也就馬上熄滅了。這樣蟹
蛛就避免了一場持久戰，因為戰鬥拖得越久，肯定會對牠這個
進攻者越不利。蜜蜂有的是鋒芒利器和力量，而纖弱的蟹蛛則
深諳殺人的技巧。

　　再來說說螳螂。蜘蛛能巧妙地殺死蜜蜂，螳螂也具有小蜘
蛛所擅長的這種迅速置敵於死地的戰術。有時牠會逮住強壯的
蝗蟲或有力的蟈蟈兒，這時牠最希望能平平安安地享用，不用
害怕這些不甘心任人宰割的獵物會突然驚跳掙扎。在這裡，螳
螂對手主要的抵抗工具是後腳。牠們的後腳往後踢起來便成了
有力的棍棒，而且還長著鋸齒，萬一不幸踢到了螳螂的大肚

子，準會讓螳螂開膛破肚。別的防禦手段雖然威脅要小一些，但獵物的手腳拼起命來亂踢亂蹬，同樣是不好對付的，螳螂怎樣才能讓這些抵抗失效呢？

把捕獲物一塊一塊肢解開來的做法，在緊急關頭還是可行的，當然時間長一些，而且不無風險。螳螂有更好的辦法，牠了解頸部的解剖學秘密。牠先從後面進攻俘虜的頸部，啃著頸部的神經節，消滅生命之源的肌肉活力。這樣，俘虜就無力掙扎，當然牠不是立刻就完全停止了反抗，因為蝗蟲強壯的生命力不會像蜜蜂那麼纖細脆弱，但只要螳螂幾口咬下去，就已經足夠了。很快地，俘虜不再亂踢亂蹬，一切的反抗活動都停止了；再大的野味，螳螂都可以安然無恙地享用。

以前，我曾把那些狩獵性昆蟲分成麻醉獵物的和殺害獵物的兩種，這兩種狩獵性昆蟲都以深知解剖學而讓敵人害怕。現在，在那些屠殺獵物的昆蟲中，又要加上擅長攻擊對手脖子的蟹蛛，和為了自在地吞食強大的野味，而先咬頸部神經節讓其不能動彈的螳螂。

第十九章

螳螂的愛情

關於螳螂的習性，剛才我們所了解的，和牠的俗稱讓人聯
想到的不大相符。從「禱上帝」這個字眼，人們原以為牠是一
個與人為善的昆蟲，虔誠地靜修。結果人們卻發現面前站著的
是一個吃人魔王，一個兇惡的幽靈，專門咬被牠恫嚇住的俘虜
的頸部。而且這還不是最慘無人道的一面，對牠的同類，螳螂
保留的某些習性，也是極其兇殘的，即使在這方面聲名狼藉的
蜘蛛，也比不上牠。

為了減少我桌子上籠子的數量，一方面能夠有寬一點的地
方，同時又保留必要的設置，我在同一個飼養籠裡放了好幾隻
雌螳螂，有時甚至有一打之多。這個大居室的空間還是足夠
的，牠們走動的地方也足夠，而且這些雌螳螂的肚子大了，身
體太重，也不太愛行動。牠們攀在籠頂的金屬網上，動也不動

地消化食物，要不就是等著獵物經過。牠們在自由的荊棘叢中
也是如此。

　　同居是有風險的。我深知草料架上沒了乾草，脾氣再好的
驢子也會互相爭鬥。而我的這些食客本來就不那麼喜歡當和事
佬，一時的缺糧很可能脾氣會更暴躁，互相攻擊起來。因此，
我特別留意讓籠子裡總有足夠的蝗蟲，而且每天更換兩次。那
麼即使內戰爆發，也不可能用飢餓做為藉口。一開始，事情進
展得還不錯，籠裡的居民相安無事，每隻螳螂都只是在牠的勢
力範圍內逮獵物來咀嚼，不去找鄰居的碴。不過和平時期很
短。雌螳螂的肚子一天天鼓起，卵巢裡成串的卵細胞成熟了，
交配和產卵的時期臨近了，於是一種強烈的嫉妒心理激發了。
儘管籠裡並沒有雄螳螂可以讓雌性之間為了異性而爭奪，卵巢
的變化卻腐蝕了整群雌螳螂，唆使牠們瘋狂地互相殘殺。於是
籠中出現了威脅、肉搏戰和掠食者的盛宴，出現了那幽靈般的
姿勢、翅膀的抖動聲、鐵鉤伸展開來舉到空中的嚇人動作。即
使是面對灰蝗蟲或白面螽斯，螳螂們擺出的示威姿勢也不比這
更嚇人。

　　我猜不出能有什麼原因，突然間兩隻相鄰的螳螂擺出戰鬥
的姿勢。牠們左右轉動著頭，互相挑釁著，彼此眼中充滿蔑視
的目光。翅膀擦著肚子發出「噗」「噗」聲，吹起了戰鬥的號

角。如果這場決鬥只是輕微交鋒，沒有更嚴重的後果，那麼這些強盜們彎曲的劫持爪就會像書頁一樣張開，放到兩側護住修長的胸部。這是絕佳的姿勢，不過比起那要進行殊死戰的姿勢，就不那麼嚇人了。

接著，一隻螳螂的鐵鉤突然鬆開，伸長，擊中對手；然後又以同樣的迅速撤退、防守。對手也進行反擊。這種劍術有點像兩隻貓打架。如果一隻螳螂柔軟的肚子上稍有血跡，有時甚至沒有受傷，這隻螳螂就會認輸撤退。另一隻也收起牠的戰旗走開，醞釀著去捕捉蝗蟲。牠表面平靜，其實一直準備著重新開戰。

很多時候，戰爭的結局會變得更悲慘。毫不留情的決鬥姿勢就完全擺出來了，劫持爪展開舉在空中。可憐的戰敗者！另一隻螳螂用老虎鉗掐住了牠，正準備開始吃，當然是從頸部開始。這種醜惡的吃相就像咀嚼一隻蚤斯一樣平靜地進行。這吃人狂像吃合法美食一樣品嚐著牠的姊妹，圍觀者不但沒有表示反對，而且希望一有機會自己也這麼做。

啊！這些兇殘的昆蟲！據說狼是不吃同類的，可是螳螂卻根本沒有這種顧忌。即使四周滿是牠喜愛的野味——蝗蟲，牠也把同類當作佳肴，就像吃人肉者那可怕的怪癖一樣。

這些懷孕的昆蟲的反常行為、古怪的強烈願望，還會達到更令人反感的程度。我們來看看螳螂的交尾。為了避免群體混亂無序，我把一對對螳螂分別放在不同的籠子下。每一對一個小窩，沒有誰會去打擾牠們交配。別忘了食物總是要很充足，免得飢餓的因素摻雜進來。近八月末，雄螳螂這瘦弱的求愛者覺得時機成熟了，牠朝那強壯的伴侶頻送秋波，側著頭，彎著脖子，挺起胸膛，尖尖的小臉簡直就是一張多情的面孔，牠就這樣長時間動也不動地凝視著牠渴慕的對象。雌螳螂沒有移動，好像無動於衷似的。然而那多情的人卻抓住了一個同意的信號，我至今還不知其中奧秘。牠靠上前去，突然展開翅膀，抽搐似地顫動著，這就是牠的愛情表白了。這瘦弱的傢伙撲到那肥妞背上，竭盡全力纏在上面，固定下來，通常婚禮的序曲是很長的。最後交尾完成了，交尾時間也很長，有時要五、六個小時。

這對動也不動的配偶沒什麼值得注意的。最後牠們分開了，不過馬上又更親密地黏在一起。如果這個窮小子是因為能為卵巢提供精子而被大美人愛上，牠也同時因為被視作美味的獵物而被大美人青睞的。就在交配完的當天，最遲第二天，雌螳螂就把牠的配偶抓住，按照習慣先啃頸部，然後一小口一小口有條不紊吃得只剩下翅膀。這不再是因為同類之間閨房內的嫉妒了，而肯定是個低級的癖好。

我好奇心起，想知道這隻剛受精的雌螳螂會怎樣對待第二隻雄螳螂。我的實驗結果是驚人的。在很多情況下，雌螳螂絕不厭倦配偶的擁抱，也從沒在大口咀嚼配偶中滿足過貪慾。不管有沒有產過卵，牠休息過後，同意了第二隻雄螳螂的求婚，然後又像對待前夫一樣把牠吞掉。接著，第三隻雄螳螂履行職責後又被吞食了。第四隻的命運也差不多。在兩週內，我就這樣看著同一隻雌螳螂吃了七隻雄螳螂。牠委身於所有的雄螳螂，但是牠要所有的雄螳螂為新婚的喜悅付出生命的代價。

雌螳螂的這種狂歡節很常見，狂歡程度各異，當然也有一些例外。天氣非常熱的時候，愛情的電流很強，這種狂歡幾乎是普遍的定律。這樣的天氣裡，螳螂們情緒激動：在群居的籠子裡，雌螳螂們會愈發彼此撕咬起來；在每對配偶單獨隔開的籠子裡，交尾後，雄螳螂會愈加被當作普通獵物對待。

為了替雌螳螂如此兇殘地對待配偶找到藉口，我心裡想：在野地裡，雌螳螂不會這麼做。雄螳螂完成任務後有時間逃走，走得遠遠的，逃離這個可怕的「長舌婦」，因為在籠子裡，牠有一個緩衝期，有時要延遲到第二天才被吃掉。我不知道草叢裡事情的真相，因為只靠偶然在野地裡的所見做為可憐的資料來源，絕不可能讓我了解螳螂在自由時的愛情狀況。我不得不求助於籠中發生的事情。那些關在籠子裡的俘虜們曬著

太陽，吃得肥肥的，住宅也很寬敞，看起來絕沒有染上思鄉病。牠們在籠裡的行爲也應該是在正常條件下的行爲。

結果，那個雄螳螂有時間逃開的理由，被網罩裡發生的事情駁回了。我無意中撞見了一對極其恐怖的螳螂。雄螳螂沈浸在重要的職責中，把雌螳螂抱得緊緊的，但是這個可憐蟲沒有頭，沒有頸，連胸也幾乎沒有了。而雌螳螂則轉過臉來，繼續泰然自若地啃著牠溫柔的愛人剩下的肢體。而被截肢的雄螳螂竟然還牢牢地纏在雌螳螂身上，繼續做牠的事！

以前有人說過，愛情重於生命。嚴格地說，這句格言從沒有得到這麼明顯的證實。腦袋被砍掉，胸部被截去，這麼一具屍體仍然堅持要替卵巢受精。只有當生殖器官所在的部位——肚子被剪掉時，牠才鬆手。

如果說在婚禮結束後把情郎吃掉，把那衰竭的、從此一無用處的小矮子當作美食，對這種不大顧及感情的昆蟲來說，在某種程度上還是可以理解。那麼，還在進行婚禮的當時，就咀嚼起情人，這超出了任何一個殘酷的人所能想像的。但是我卻看到了，親眼看到了，而且至今還沒從震驚中回過神來。

雄螳螂在交配時突然被抓住了，能逃避躲開嗎？當然不

能。螳螂的愛情和蜘蛛的愛情一樣慘無人道，甚至還有過之而無不及。我得承認，籠中狹窄的空間更有利於屠殺雄螳螂，但殺戮的原因得在別處尋找。

也許這是某個地質時期殘存的記憶吧。在石炭紀，昆蟲在野蠻的交配中現出雛形，包括螳螂在內的直翅目昆蟲，是昆蟲世界中最先出現的。在當時，牠們是粗野的、不完全變態的昆蟲，群組相當繁榮，在樹蕨之間遊蕩；而那時，那些變態複雜的昆蟲：蝶蛾、金龜子、蒼蠅、蜜蜂，還都不存在。在這為了生殖而急於摧毀的狂野時期，昆蟲的習性都不溫柔；而螳螂，很可能現在還對以前的種種留有模糊的回憶，繼續維持以前的愛情習俗。

把雄性當作獵物吃掉，螳螂家族裡的其他一些成員也這麼做，所以我自然把這當作普遍的習性接受下來。灰螳螂體型小小的，在我的籠子裡也不惹是生非，雖然籠中居民眾多，但牠們從不找鄰居的碴；可是牠們也抓住雄蟲，像螳螂一樣兇殘地吃掉配偶。我已經厭倦四處奔走，為這些雌蟲補充必要的雄螳螂。常常是我一找到輕盈敏捷的雄蟲放進籠裡，牠馬上就會被一隻不再需要協助的母大蟲抓住吞食。一旦這兩種雌螳螂的卵巢得到了滿足，牠們就厭惡雄性，或者只把牠看成一塊美味的獵物。

第二十章

螳螂的窩

這種昆蟲的愛情那麼慘無人道，我們還是來看看牠好的方面吧。螳螂的窩簡直是個奇蹟，科學術語稱牠的窩為「卵鞘」。我不想濫用奇怪的字眼。既然人們不說「燕雀蛋巢」而說「燕雀窩」，那麼我在指螳螂窩的時候，為什麼非得用巢、卵鞘這些名詞不可呢？儘管那可能是更科學的術語，但這也不關我的事。

幾乎向陽的地方都有修女螳螂的窩：石頭、木塊、葡萄樹根、灌木枝、乾草稈，甚至人造物如磚塊、破布、舊皮鞋的硬皮。任何東西只要凹凸不平能夠把窩黏住，牢牢地支撐住，都可以在上面做窩，沒什麼區別。

窩通常長四公分，寬兩公分，顏色像金黃的麥粒，在火中

螳螂的窩

燒起來很旺，散發出淡淡的、微焦的絲味。其實做窩的材料就與絲相似，不過不是像絲一樣拉長，而是像泡沫一樣凝固成團。窩如果是固定在樹枝上，底部便包裹住緊靠著的小枝，形狀隨支撐物的起伏而變化；如果是固定在一個平面上，窩底就呈現那個平面的形狀，緊緊地和支撐的平面貼在一起；這時窩呈半橢圓形，一頭圓鈍，另一頭細尖，常有一個短短的、像船頭似的延伸部分。

　　不管是什麼情況，窩的表面總是規則突起，可以分成三個很明顯的縱向區。中間部分最窄，由兩行並排的小鱗片組成，像屋瓦似的重疊著。小鱗片的邊緣是空的，留下兩行微微展開的縫隙，小螳螂孵化時就從這縫隙裡出來。在一個剛被小螳螂拋棄的窩上，中間部分掛滿了小螳螂蛻下的外皮，一有微風就搖動起來；在露天裡經歷風吹雨打，這些外皮很快就會消失。我把這個部分稱之為出口區，因為只有沿著這個長條地帶，利用這個事先安排好的出口，小螳螂才能夠獲得自由。

　　這個可容納眾多後代的搖籃，其他部分都是不可穿越的壁壘。窩兩側的地帶占了半橢圓形的絕大部分，表面連接得非常

好。這些地方質地堅硬，剛出生的小螳螂太虛弱，根本就不可能從中出來。人們在窩的兩側表面上能看到無數條細小的橫向條紋，這是窩壁分層的標誌，而螳螂卵就分布在每一層窩壁的後面。

把窩橫向切開，人們會看到所有的卵形成了一個長長的核，很堅實，核兩側覆蓋著一層多孔的厚皮，有點像凝固的泡沫。核上部簇立著彎彎的薄片，排列非常緊密，不太能活動；薄片頂端挨著出口區，在出口區形成兩行重疊的小鱗片。

卵就裏在淡黃色的角質外殼之內。牠們沿著圓圈分層排列，頭部彙集到出口區。從這種排列方向，我們也就知道了小螳螂出來的方式。新生兒就從果核的延伸部分，即相鄰兩塊薄片之間留下的空隙中鑽出來。牠們在那裡找到了狹窄的通道，雖然這通道很難穿越，但是借助我們待會要研究的奇特工具，還是能夠穿過的；這樣牠們就可以到達中央的長條地帶。在那裡，重疊的小鱗片之下，有兩個出口留給每一層的卵，一半的卵從左門出來，另一半從右門出來。整個窩的每一層結構都是相同的。

窩的詳細結構，沒有親眼見過的人很難弄明白，我們來總結一下吧。所有的卵沿著窩的中心線層層聚集，形成海棗核的

形狀。核外包著凝固的泡沫狀保護層，只有在保護層的中間區域，泡沫狀的多孔皮層才被並列的兩塊薄片代替。這兩塊薄片露在外面的一端形成出口區，以兩行小鱗片疊合在一起，並給每一層卵留出兩個出口，形成兩條窄窄的隙縫。

目睹螳螂造窩，看看牠怎樣動手建造這麼複雜的工程，是我研究的重點。我做到了，但是費盡心機，因爲螳螂是即興產卵的，而且幾乎總在夜裡。在很多徒勞無功的等待之後，機會終於垂青我了。九月五日，一隻八月二十九日受精的雌螳螂，在晚上近四點鐘的時候，居然就在我的注視下產卵了。

在觀看牠工作之前，請注意一點：我籠中眾多的螳螂窩，都無一例外地以籠子的金屬網爲支點。我曾精心爲螳螂安排了幾堆凹凸不平的石塊和幾束百里香，這些都是牠們在野地裡常用的支撐物。但這些俘虜們偏愛鐵絲網，因爲造窩時，最初柔軟的建築材料可以嵌到鐵絲網眼裡，這樣一來窩就非常堅固。

在自然條件下，窩沒有任何遮擋，得經歷嚴冬惡劣的氣候，得抵抗風雨霜雪的侵襲，而不脫落鬆散。所以產婦總是選擇一個凹凸不平的支撐物，以便把窩的底座緊緊黏在上面。如果條件允許，螳螂喜歡在一般的支撐物中選好一點的，在好中選更好的；這大概就是牠爲什麼總是選擇金屬網的原因。

這隻螳螂是唯一可以讓我觀察產卵的。牠攀在籠頂附近，身體倒懸。我用放大鏡觀察也絲毫打擾不了牠，因為牠完全沈浸在牠的工作之中。我可以把金屬網罩掀開、傾斜、顛倒、轉來轉去，即使這樣，螳螂也沒一刻停止工作。我還可以用鑷子稍稍抬起牠那長長的翅膀，看清楚下面事情的進展。關於這種種螳螂都毫不在意，一切都很順利，產婦動也不動，無動於衷地忍受我這個觀察者的種種鹵莽行徑。可是這又怎麼樣呢，事情並不是如我所願地發展，因為牠行動迅速，而我觀察起來又困難重重。

螳螂腹部末端總是浸在一團泡沫之中，讓我無法捕捉牠行動的細節。這泡沫灰白而稍微帶有黏性，差不多像肥皂泡。剛出來的泡沫輕輕地黏在我伸進去的麥稈尖，兩分鐘後，泡沫凝固了，就再也黏不住麥稈了。泡沫在很短的時間內就變得和一個舊窩上的物質一樣堅硬。

窩上的多孔材料大部分就是這些包著氣體的小泡泡組成的，這氣體使得整個窩的體積比螳螂的肚子大得多。儘管泡沫是在生殖器官的出口出現的，但是，很明顯的，氣體不是來自昆蟲體內，而是從空氣中吸收而來。所以螳螂主要是利用空氣造窩，這樣能讓窩抵抗惡劣的天氣。螳螂排出像毛毛蟲絲液一樣的黏性物質，然後，馬上把這黏性物質與外界空氣混合，產

生泡沫。螳螂攪拌排出來的黏性物質，就像我們打蛋白一樣，讓它鼓起、冒泡。螳螂腹部尾端張開了一長條裂縫，像兩個小勺；螳螂以極快的動作，不停地把兩片小勺合攏、張開，攪拌著黏稠的液體，於是液體一排到體外就變成了泡沫。從外面看來，人們能從那兩片張開的小勺中，看見牠體內的器官像活塞桿一樣，上下來回地運動，但是因為它們浸在不透明的泡沫團中，我不可能看清楚其中確切的運動。

螳螂的腹尾總是顫抖著，迅速地將牠的兩個小裂瓣一開一關，像鐘擺似的從左到右、從右到左地擺動。每擺動一次就在窩裡產下一層卵，而窩外就有了一條橫向的小紋路。牠這麼劃著弧圈快速前進，間隔時間又很短，而包著牠的泡沫越來越多，好像牠戳穿了什麼會冒泡的東西的底部似的。毫無疑問，每擺動一次，都有一個卵產下；但是事情進展得太快，而且又不利於觀察。我不可能一次就看清楚產卵管的運動，只能透過腹尾的運動判斷卵的生產；然而腹尾就像突然跳進了水中，越浸越深。

與此同時，黏性物質如陣雨般傾瀉而出，在尾部兩個小裂瓣的攪拌下變成泡沫。這些泡沫塗到窩的底部和每層卵的外面。窩的底座就是在這些泡沫和在螳螂腹尾的壓力下，被擠進金屬網眼裡，突出來。這樣，隨著卵巢慢慢排空，海綿狀外皮

層也就慢慢形成了。

雖然不能直接觀察，但我猜想在窩的核心，卵包在一個比外皮層更均勻的環境之中，因為在那裡螳螂是直接利用牠排出的物質，而沒用小勺攪動發泡。牠產下了卵，那兩個小裂瓣才攪起泡沫把卵從外包住。不過，這些猜想在泡沫的遮蓋下很難得到澄清。

在新窩的出口區，塗著一層有細密氣孔的材料，純白無光，就像白石灰，和整個窩的灰白形成對照。這層材料就像是糕點師傅把蛋白、糖、澱粉摻合起來，用來製作裝飾蛋糕的東西一樣。這雪白的塗層很容易破裂脫落。當它脫落消失後，出口區就非常清楚地顯露出來，那一端自由的兩列小薄片也顯露出來了。風雨遲早會把這塗層片片撕去，這就是為什麼舊窩一點也沒有留下雪白塗層的痕跡。

猛然一看，人們可能會誤以為這雪白塗層的材料，和窩其他地方的材料不一樣。那麼，螳螂是不是真的用了兩種不同的材料呢？絕不可能。解剖學首先會告訴我們材料是同一種。這些材料的分泌器官是些皺縮的圓柱管，分成兩組，每組二十幾根。這些腸道裡都裝滿了黏稠的無色液體，不管從哪個地方研究，這些液體外表都是一樣。沒有一根腸管顯示出分泌白石灰

色液體的跡象。

　　而且，雪白塗層的形成方式，也會把材料不同的念頭打消。螳螂用尾部兩束末梢掃著泡沫團的表面，收集出可以稱之為泡沫的物質，把它們攏在一起，固定在窩的背上，形成一條長帶。而這樣掃去後剩下的，也就是那個長條泡沫上還在湧動沒有凝固的物質，螳螂把它們攤到窩側面，形成薄薄的石灰漿，石灰漿裡還冒著小氣泡，要用放大鏡才能發現。這就像在滔滔的激流中，那夾帶著黏土的泥水上泛著大大的泡沫一樣：被泥漿染黑的底層泡沫之上，露出點點白白的氣泡，氣泡的體積很小。這種分層是由於泡沫的密度不同，所以像雪一般白的泡沫從髒泡沫中浮出，泛到上面。螳螂築窩的情景，和激流中的情形有點相似。牠的兩個小勺把分泌出來的黏液攪拌成泡沫。泡沫中最纖細、最輕盈、因為氣泡最細密而顯得更白的那一部分，浮到表面，被尾梢掃集到一起，攏到窩背上形成雪白的塗層。

　　直到這時，只要我稍微有點耐心，觀察還是可行的，能夠得到滿意的結果。但是，當觸及到窩中間區域那複雜的結構時，我就不可能觀察到了。在這個區域，螳螂在那兩行重疊的小鱗片下，為幼蟲安排了出口。對此，我所知甚少，只能總結如下。螳螂的腹部尾端從上到下有長長的裂口，像個刀口，刀

口上端幾乎不動，而下端則左右擺動，產出泡沫和卵。顯然的，中間區域的工作輪到刀口上端來做。

我看見刀口上端一直浸在中間區域的突出部分，在那尾部末梢掃集起來的又白又細的泡沫中間。尾梢一束向左，一束向右，就劃出了中間長條區域的界線。這兩束尾梢觸摸著那長條區域的邊緣，好像在了解工程的進展。我很想把這兩束尾梢看成兩根非常敏感的手指，指揮著高難度的建築工程。

但是，那兩行鱗片和鱗片下遮住的出口裂縫又是怎麼得到的呢？我不知道。我甚至猜想不到。還是把問題的答案留給別人來解答吧。

多麼奇妙的機器啊！牠非常有條不紊而且迅速地排出核中心的角質物質、保護泡沫、中間長條地帶的白泡沫、卵、大量的液體，同時還能建造交叉的薄片、重疊的鱗片，和錯開的通道！我們肯定會茫然無措的工作，而螳螂做起來卻那麼輕鬆！牠攀在以窩為軸心的金屬網上，動也不動，對於身後正在建築的東西根本不看一眼，也不需要腳的絲毫幫助。一切都是牠獨自完成的。這不再是需要本能的技術工作，而純粹是機械工作，全靠工具、組織器官來協調安排。建構如此複雜的窩完全歸功於器官的運作，就像我們的工作中用機器建造的大群建築

物一樣，建築物的完美並不需要手工靈巧。

從另一個方面來看，螳螂還更加高明。人們發現，螳螂的窩出色地應用了物理學關於保溫的最佳材料。在對於不導熱體的認識上，螳螂超過了我們。

人們應該感謝物理學家拉姆福特[1]最早做了這樣的實驗，證實了空氣的不導熱性。這個著名的科學家，把一塊冰凍起司放到攪打後的蛋白泡沫中，然後送到爐中加熱。很快，他得到了一塊發起來的蛋卷，但是蛋卷中間的起司還像一開始那麼冰涼。這種奇怪的現象，可以用起司外的泡沫中包著空氣來解釋。空氣是非常好的絕熱材料，能夠擋住爐火的高溫，阻止溫度傳到中間的冰凍物體。

那麼，螳螂做了什麼呢？正是拉姆福特所做的：牠把黏液攪拌，得到一個發起來的蛋卷，成為核中心所有胚胎的保護層。當然，牠的目的和拉姆福特相反；這凝固的泡沫是要抵抗寒冷，而不是高溫。牠用高溫來抵禦寒冷，把那天才的物理學家的實驗顛倒了過來，使用同樣的泡沫外套，在一個寒冷外套中將熱的物體保存好。

---

[1] 拉姆福特：1759～1814年，美國物理學家。——譯注

　　拉姆福特知道空氣隔熱的秘密，是因為有前人累積的知識和自己的研究。那麼，多少世紀以來，在這種複雜的熱學問題上，螳螂是怎麼超過我們的物理學家的呢？牠怎麼就敢用泡沫包裹住那大堆的卵，然後固定在樹枝、石塊上，讓它們毫無遮擋，忍受嚴冬肆虐而毫髮無傷？

　　我家附近的其他螳螂，也是我所能了解的螳螂種類。牠們有的利用凝固的泡沫當作隔熱外套，有的放棄了這外套，隨卵是否要過冬的狀況不同而變化。雌灰螳螂因為幾乎沒有翅膀而與修女螳螂區別開來，牠建築的是一個才櫻桃核那麼大的窩，外面覆蓋著厚厚的泡沫外皮。為什麼要這層起泡的外皮呢？因為灰螳螂的窩和修女螳螂的窩一樣得過冬，得在細枝、石塊上經歷惡劣季節的種種煎熬。

　　最奇特的一種是和修女螳螂的身材一樣大的椎頭螳螂，築的窩卻和灰螳螂的窩一樣小。牠的窩非常簡樸，由三、四排連在一起的小室組成。儘管牠的窩也和前幾種螳螂一樣，露天固定在某根樹枝上或某片石塊上，但卻完全沒有起泡的外套。沒有不導熱外罩，這說明椎頭螳螂生活期的氣候條件不同。椎頭螳螂的卵在產下不久後就孵化了，那時節氣候還很好。這些窩不會經歷嚴冬肆虐，所以只有薄薄的一層外套保護。

牠們的防護措施這麼精巧、合理，可以與拉姆福特的蛋卷相匹敵。這是偶然的結果嗎？是從無數次選擇中偶然獲得的一個手段嗎？如果是，那麼在這荒謬的結論前不要退縮，承認偶然的盲目選擇竟然具有令人驚嘆的洞察力。

修女螳螂築窩是從圓鈍的一頭開始，到窄小的一頭結束。這窄小的一頭通常延伸成岬角狀，這岬角是最後一滴黏液拉長形成的。完成整個工程要不間斷地工作兩個小時左右。

卵一產好，雌螳螂便漠不關心地走開。我還期待著牠轉過身來，對嬰兒的搖籃表示一點溫情呢，但是牠沒有露出絲毫做母親的喜悅。工程完成了，就再也不關牠的事了。幾隻蝗蟲靠近牠的窩，有一隻甚至爬到了窩上。螳螂一點也不在意這些討厭的傢伙，當然牠們也很溫和。如果這些蝗蟲很危險，做出要捅破窩的樣子，牠會不會趕走牠們呢？牠那無動於衷的表情告訴我不會。這個窩從此與牠何干？牠已經不認得了。

我曾經說過，修女螳螂多次交配之後，雄螳螂幾乎都被當成平常獵物吞食，以悲慘的結局收場。在兩星期內，我看見同一隻雌螳螂連續七次新婚。每一次，這個很容易安慰的寡婦都吃掉了牠的配偶。這種習性可以讓人預料到牠會多次產卵，事實確實如此，儘管這並不是一般法則。在我的那些產卵的雌螳

螂中，有的只築了一個窩，有的築了兩個一樣大小的窩。最多產的築了三個，前兩個窩正常大小，第三個只有一般體積的一半大。

最後一種窩告訴了我們螳螂的卵巢可以產卵的數量。從窩的橫向條紋，可以非常容易地數出有多少層卵。每一層卵的數目變化很大，從橢圓形的赤道到頂端逐漸遞減。把最大一層的卵數目和最小一層的卵數目統計一下，算出平均數，就能大致推斷出產卵總數。就這樣，我知道一個正常的窩大約容納了四百個卵。造了三個窩的母螳螂，最後一個窩小了一半，所以總共留下了一千個胚胎；造兩個窩的螳螂，有八百個卵；而產卵最少的螳螂也有三、四百個卵。不管怎麼說，這真是個龐大的家族，如果沒有被大量精簡，很快就會「蟲」滿為患。

小個子的灰螳螂就小器多了。牠在我籠裡只造了一個窩，最多包納了六十幾個卵。儘管是依照同樣的原理建造，而且也固著在露天下，但是灰螳螂的工程和修女螳螂的工程還是有顯著區別的。首先是灰螳螂的窩體積小，才兩公釐長，五公釐寬。其次是某些結構細節不同。灰螳螂造的窩中間隆起，窩兩側彎曲，中線突出成脊，微微參差不平。窩橫向劃出了大概一打上下的條紋，對應著每層的卵。牠的窩沒有重疊的薄片組成的出口區，沒有出口區的一長條雪白塗層。整個窩包括支撐基

點，一律覆蓋在一層亮亮的外皮下，外皮有小氣泡，呈紅棕色。窩的首端像彈頭形狀，尾端突然削去，往上延伸成小小的船頭角。卵層層排列，嵌在無孔的角質材料中，這材料就像能承受很大壓力的礦石。所有的卵形成一個核，包在泡沫外殼下。灰螳螂和修女螳螂一樣，是在夜間築窩，這對觀察者來說，是個麻煩的條件。

修女螳螂的窩體積這麼大，結構這麼奇特，而又非常明顯地位於石塊上或荊棘間，不可能不引起普羅旺斯農民的注意。確實，它在鄉間非常有名，被稱之為「梯格諾」，甚至聲譽極高。不過看起來沒人知道這窩的由來。當我告訴我的這些淳樸的鄰居：「梯格諾」就是常見的「禱上帝」的窩時，總是引起他們的驚訝。他們的無知很可能是因為螳螂在夜間產卵。在神秘的夜間，昆蟲加工巢穴時沒有被人發現，所以牠們在工人和工程之間沒被劃上連接符號，儘管這兩者鄉村裡的人都知道。

可是這又有什麼關係呢：這奇特的玩意存在著，它吸引了他們的目光，引起了他們的注意。所以，這東西應該對什麼有好處，應該有什麼功效吧。在奇異事物中，尋找減輕我們痛苦的東西——這種天真願望，在任何時候都是這樣推理的。

在普羅旺斯，鄉間藥典一致吹噓「梯格諾」是治療凍瘡的

最好解藥。使用方法很簡單：把它劈成兩半，擠壓，用流出汁液的地方摩擦患凍瘡的部位。據說這特效藥無比靈驗，根據傳統經驗，誰手指凍得腫起發癢，就一定要用「梯格諾」。可是，它眞的能減輕症狀嗎？

　　儘管鄉間的人一致這麼認爲，但是我試用在自己和家人身上，卻毫無效果，因此對它持懷疑態度。那是一八九五年冬天，寒冷刺骨，冰凍期長，我們的皮膚災難深重。家中人塗過了這有名的軟膏後，沒人覺得指頭上的腫脹縮小了；在捏碎了的「梯格諾」流出的蛋白汁液的按摩下，也沒人覺得不那麼癢了。可想而知，對其他人而言，這藥也毫無療效。但是儘管如此，這靈丹妙藥的名聲仍然四處流傳，可能只是因爲藥和病之間名稱一致吧：在普羅旺斯語中，凍瘡就是「梯格諾」。既然修女螳螂的窩和凍瘡叫法相同，那麼前者的功效不就是顯而易見的嗎？聲譽就這樣產生了。

　　在我的村子裡，也許就在這個方圓不大的地方，「梯格諾」——這裡指螳螂的窩，還被推薦爲治牙痛的神奇物。只要把它隨身帶在身上就能克服牙疼。那些天眞的婦女在月光皎潔的夜晚把它收集起來，虔誠地藏在衣櫃的角落，縫到衣服裡，害怕拿手帕的時候把它弄丟了。如果鄰里有人牙疼，她們就借給他。「借我『梯格諾』吧，我疼得難受。」那疼得臉腫起來的

人說道。於是另一人馬上拆開衣服縫口，把這寶貝遞過去。
「無論如何，別弄丟了，」她叮囑道，「我再沒別的了，沒有
好月色了。」

　　不要嘲笑這古怪的牙疼良藥，許多堂而皇之列在報紙第四
版上的藥物，也不比這更有效。再說，這鄉村裡的天真念頭，
比起某些古書可是大大不如了；那些書裡，古老的科學還在沈
睡。十六世紀的一個英國博物學家湯瑪斯・穆菲，為我們講述
了一個在田野裡迷了路的孩子向螳螂問路的故事。被諮詢的昆
蟲伸出腳，指出要走的方向，而且牠幾乎從來沒有弄錯過方
向，作者補充道。這好聽的故事是以可笑的天真述說出來的。
「這小昆蟲的判斷力是如此神奇，當小朋友問路的時候，牠會
伸出腳，給予正確的指示，幾乎從不騙人。」

　　這輕信的博物學家是從哪裡汲取這漂亮的故事的？不會是
英國，在那裡螳螂不能存活；也不會是普羅旺斯，在這裡找不
到這種幼稚故事的痕跡。與其說這是老博物學家的臆想，我還
是偏向於認為這是緣於「梯格諾」極其奇妙的功效。

第二十一章

螳螂卵的孵化

修女螳螂的卵的孵化通常都在陽光燦爛的六月中旬，大約上午十點鐘的時候。螳螂窩中央的長條地帶，或者說出口區，是唯一留給幼蟲出來的地方。

在出口區的每一個鱗片下，人們會看見慢慢鑽出了一個半透明的圓塊，然後是兩個大黑點，那就是眼睛。新生的幼蟲在薄片下緩緩滑動，一半已經掙脫了。這是不是與成蟲非常接近的幼蟲形態的小螳螂呢？還不是，牠只是個過渡形態。牠的頭圓腫，乳色，因為血的湧入而顫動著。身體其他部分淡黃帶紅。在全身裹著的膜下面，人們能清楚地分辨出因膜層覆蓋而變渾濁的大黑眼睛、貼在胸前的口器和向後貼在身體前部的腳。總之，如果撇開非常明顯的腳，那麼，牠圓鈍的腦袋、眼睛、纖細的腹部體節、船體形狀，整個都會讓人想起蟬從卵中

出來的原始狀態，就是那種微型無鰭魚的形狀。

　　這是一個昆蟲雙態現象的例子。這個形態的任務是穿越困難重重的隊伍，將小螳螂帶到世間。如果小螳螂的肢體全部都掙脫了，那長長的肢體肯定會成爲無法克服的障礙。蟬爲了從細枝上狹窄的、布滿了碎木纖維和空卵殼的通道中走出來，一生下來就包著一層襁褓，像艘小船，非常利於緩緩滑動。

　　小螳螂也碰到了類似的困難。牠要從那彎曲、擁擠的通道中爬出窩，如果那纖細的肢體長長地伸展開來，就根本找不到地方容納。牠那彎成高蹺狀的腳、用來殺戮的彎鉤、纖細的觸角，這些器官在草叢中用處很大，但現在卻成了出去的累贅，使解脫變得萬分辛苦，甚至根本不可能。於是，牠一生下來也包著一層襁褓，也像艘小船。

　　蟬和螳螂的情況，在無盡的昆蟲礦產裡又給我們開了一條礦脈。我從牠們的情況中提出了這條定律；其他類似的現象幾乎隨處可見，肯定可以證實這條定律：眞正的幼蟲並不總是卵的直接產物。如果新生兒要面對破殼而出的種種特殊困難，那麼在眞正的幼蟲形態之前有一個附加形態，我繼續稱之爲初齡幼蟲，它的職責是將無力自己解脫的小生命帶到世間。

繼續我們的敘述吧。在出口區的鱗片下，初齡幼蟲出現了。牠的頭部彙集了豐富的汁液，鼓脹起來，變成一個半透明的水泡，不停地顫動著。這個水泡是用來準備蛻皮的工具。這個已經從鱗片下出來一半的小生物搖動著，一進一縮。每搖動一次，頭部就脹大一些。最後，前胸拱起，頭向胸極度彎曲。前胸的膜裂開。這個小生物拉長、扭動、搖擺、彎曲、伸直，這樣，牠的腳從外鞘中掙脫出來了；兩根平行的長觸角同樣也掙脫了，全身只由一根碎碎的細帶和窩連在一起。只要再搖動幾下就可脫身。

這時才是真正的幼蟲形態。剩在那裡的，是根毫無形狀的細帶，一件醜陋的破衣裳，稍有微風，就會將它們像絨毛般吹動。這就是幼蟲奮力掙脫外膜後剩下的襤褸外衣。

我錯過了觀察灰螳螂孵化的時機，只略微了解以下這些情況：牠的窩尾端向前突出的尖角上，有一個小小的白色無光的斑塊，是由易碎的泡沫物組成，非常脆弱。這個只用泡沫塞子塞住的圓氣孔，是窩上唯一的出口，窩的其他地方都非常堅固結實。這個氣孔代替了修女螳螂窩上掙脫用的鱗片區。小灰螳螂只有一個接一個透過這個氣孔，才能鑽出鎖住牠們的保險箱。我沒有機會目睹牠們的大逃亡；不過，在牠們孵化後不久，我看到那個氣孔口懸掛著一把破爛的白色外皮、一些微風

吹散了的纖細薄膜。這是幼蟲們到自由空間後扔掉的外殼，是過渡外套的證物，這臨時外套讓牠們能在迷宮似的窩巢裡移動。所以，灰螳螂也有初齡幼蟲形態，牠包裝在一個緊小的外鞘中，以利於掙脫，六月就是牠們從窩中孵化出來的時期。再回到修女螳螂身上吧。一個窩裡的卵並不是同時孵化的，而是斷斷續續、一群接一群地出來，中間能隔上兩天或更長時間。通常是最後產在窩尖的卵最先孵化。

最後產下的卵比最先產下的卵早孵化，這種時間順序上的顛倒，很可能是因為窩的形狀。窩逐漸變細變尖的那一頭，更容易接受陽光的刺激，而窩圓鈍的一端體積大，不能那麼快吸取到必需的熱量，所以尖的那一頭的卵醒得要早些。

儘管卵總是一群群斷斷續續地孵化，但有時候，整個長條帶的出口區都被孵出來的小生命包圍了，上百隻小螳螂突然從窩裡掙脫出來，這場面真是驚人。一個小傢伙剛在鱗片下露出黑眼睛，其他許許多多也突然出現在眼前。一隻幼蟲的搖動，就像甦醒的信號傳遞開來，逐漸連成一片，四處的卵迅速跟著孵化。於是頃刻間窩的中央擠滿了小螳螂，亂哄哄地爬動著，脫掉掙破的外衣。

機靈的小傢伙們在窩上停留的時間不長，就掉到地下，或

者爬到附近的草地上。整個過程不到二十分鐘就結束了。那個公共搖籃於是沈寂下來了。幾天以後，又出來了新的一群幼蟲，就這樣直到所有的卵都孵化。

我經常目睹螳修女螂卵的孵化，有時是在我家圍牆內的露天空地裡，向陽的地方放著我冬閒時從各處收集來的螳螂窩；有時是在暖房的小角落，我曾天真地以為這樣能將這剛出生的家族保護得好一些。就這樣我看到了無數次孵化，可是每次我都看到了一幕令人難以忘懷的屠殺場面。螳螂的大肚子能夠產下上千個卵，但是如果牠的種族要抵禦那一出卵就把牠們消滅的吞噬者，牠還產得遠遠不夠。

螞蟻特別熱衷於消滅螳螂。每天，我都會在那一排排的螳螂窩上發現這兇惡的客人。我非常嚴肅地干預過，可是沒有用，牠們的熱情並沒有降低。牠們很少會在堡壘上打開缺口，因為這太難了；但是，牠們垂涎堡壘裡正在發育的嬌嫩肌肉，於是牠們等待著有利的時機，窺伺著出口。

儘管我每天都監視著，可是小螳螂一出現，這些螞蟻就在那裡了。牠們抓住小螳螂的肚子，把牠拉出外殼，咬成碎片。這真是一場可憐的混戰，嬌嫩的新生兒只能亂踢亂蹬來抵抗，而兇惡的強盜嘴角銜著豐盛的戰利品，不用片刻的時間，屠殺

無辜的戰爭就結束了。這個大家族只剩下少數偶然逃脫劫難的倖存者。

　　未來昆蟲界的屠夫，草叢間令蝗蟲膽戰心驚的可怕肉食動物，在初生下來時，卻被最小的昆蟲——螞蟻——吃掉。這個大量繁殖的巨妖，卻被一個小侏儒限制了後代的數量。不過，這種屠殺為時很短。只要螳螂在空氣中養壯了一些，腳強健了一些，牠就不再受到攻擊了。當牠在螞蟻中快步走過時，螞蟻得避開讓路，不敢再攻擊牠了。牠那鋒利的前腳收在胸前，像要準備拳擊的樣子，高傲的舉止讓螞蟻肅然生畏。

　　另外一個喜歡吃嫩肉的強盜不怕這種威脅架勢，那就是喜歡爬在向陽牆壁上的小灰蜥蜴。我不知牠怎麼知道有牠中意的獵物，牠趕來用小小的舌尖，把從螞蟻口中逃生的小螳螂，一個一個舔入嘴裡。雖然只有一小口，可是好像味道十分鮮美，如果我沒錯看這個爬蟲類眨眼的話。牠每吃一小口，都半閉著眼皮，顯得深深滿足的樣子。我把這個竟敢在我注視下打劫的大膽傢伙趕走。可是牠又回來了，這一回牠為自己的魯莽付出了沈重的代價。如果我再任由牠為所欲為，牠什麼都不會給我留下。

　　螳螂的天敵就這些嗎？才不呢。另外一個掠奪者早就搶在

蜥蜴和螞蟻之前了，牠個子最小，但卻十
分可怕。這是長著鑽孔器的一種膜翅目小
蜂科昆蟲。牠把牠的卵安頓在剛造好的螳
螂窩裡。螳螂的後代遭遇了蟬的後代同樣
的命運：一種寄生蟲攻擊著螳螂的胚胎，
把卵殼蛀空。我收集的螳螂窩，很多都是
空的，或者差不多都空了，因為小蜂科昆
蟲已經來過了。

小蜂科昆蟲（放大5倍）

　　把那些知名、不知名的殲滅者留給我的小螳螂收集起來
吧。這些剛孵出的幼蟲是蒼白的，染著淡淡的黃。牠頭部的水
泡迅速地縮小以致消失，顏色也馬上變深，一天之內就變成了
淺褐色。小螳螂已經很靈活，牠舉起鋒利的前腳，打開，合
上，左右轉動頭部，又重新彎下腹部。沒有哪種完全發育的幼
蟲行動起來比牠更敏捷。幾分鐘後，這些小傢伙們停下來，在
窩上磨蹭著，然後又信步散開到地面，到附近的植物上。

　　我在籠中安頓了幾打這樣的流浪兒。用什麼來餵養這些未
來的獵人呢？用獵物，這是很清楚的。哪種獵物呢？我只能提
供這些小傢伙一些小獵物。我拿了一枝爬有綠蚜蟲的玫瑰花
枝。這肥嘟嘟的蟲子，身上的嫩肉正合適我那虛弱的客人。可
是牠們被完全忽視了，沒有一隻關著的螳螂碰過牠們。

　　我試了試小飛蟲，這些最小的蟲子是偶然在草地上撞到我的紗網裡來的，可是小螳螂還是執拗地拒絕了。我又給牠們提供碎蒼蠅，掛滿了籠子的紗網。還是沒有誰接受我營地裡的獵物。也許蝗蟲能引誘牠們，牠不是成年螳螂最愛吃的嗎？經過一番折磨人的尋找，我得到了我想要的東西。這次的菜肴是幾隻剛孵出的蝗蟲，儘管這些蝗蟲很小，但體型已和我那剛孵出的小螳螂一般大。小螳螂會接受嗎？不，在這麼小的獵物前，牠們嚇得逃走了。

　　那麼你們要什麼？在你們生長的草地上，你們還能碰到別的什麼獵物呢？我猜不出來。難道你們小時候有特別的菜單，也許是素食？明知其不可能也要試一下。萵苣心裡最嫩的葉子，被拒絕了；我絞盡腦汁變換的各種草木，被拒絕了；我滴在百里香花蕊上的蜜滴，被拒絕了。我所有的嘗試都失敗了，那些囚徒們餓死了。

　　這個失敗有它的價值。它證明了昆蟲似乎有一種我還沒發現的過渡菜單。以前我發現芫菁科幼蟲在吃完儲存的蜜之後，必須以食蜜蜂類的卵做為第一種食物，而在沒弄清楚這一點之前，也給我造成了很多麻煩。也許小螳螂一開始也要求能適應牠們虛弱的身體的特殊食物呢？儘管牠神情果敢，但是我還是想不出這虛弱傢伙捕食的樣子。不管牠進攻哪種獵物，被進攻

者都會亂踢亂扭地反抗，而這進攻者連蒼蠅翅膀簡單的一拂都還招架不住呢。那麼牠究竟吃什麼呢？如果在幼蟲的食物問題上還會出現什麼有趣現象，我是一點也不驚訝的。

這些難伺候的傲慢傢伙，還會死得比餓死更悲慘。牠一生下來，就成了螞蟻、蜥蜴和其他掠奪者的獵物。牠們耐心地窺伺著，等著美味的食品出殼。即使是螳螂的卵，也並不是沒有受到破壞。一種小小的帶針昆蟲，穿過凝固的泡沫牆，把牠的卵接種在螳螂窩裡，在那裡安頓牠的後代。牠的卵比螳螂的卵更早熟，於是便摧毀掉螳螂的胚胎。螳螂產下的卵是很多，可是淘汰後選出來的又減少到什麼程度了啊！也許一隻母螳螂能做出三個窩，有了一千個卵，但是只有一對逃過了滅絕的災難，只有一隻繁殖了後代；因為，年復一年，螳螂的數量大致相同。

一個嚴肅的問題出現了。螳螂現有的生殖力會逐步提高嗎？螞蟻和別的昆蟲消滅牠的後代，使其子女數量驟減，那麼螳螂卵巢裡的胚胎是不是會孕育得更多，以便能夠以大量的生產來平衡大量的摧毀呢？牠今天產卵數量之巨，是以前衰弱的生殖力逐步發展而來的結果嗎？有些人就是這麼以為的。他們缺乏有說服力的證據，就喜歡把動物身上比這還要深刻的變化，看成是環境引起的。

在我的窗前，一株很大的櫻桃樹生長在池塘邊。這棵結實的野樹是偶然長在那裡的，與我的祖先們無關。如今它令人起敬的是由於那巨大的樹枝，反而它那品質平常的果實倒顯得次之了。到了四月，那真是一個白緞子般無與倫比的冠蓋，細枝上如雪覆蓋，飄下的花瓣像地毯一樣。很快，大片的櫻桃紅了。哦，我可愛的樹，你是多麼慷慨啊！你的果實裝滿了多少籮筐啊！

樹上，也是一片歡慶節日的景象！麻雀第一個知道櫻桃熟了，早晚成群地飛來，嘰嘰喳喳地覓食；牠通知了附近的好友，翠雀和鶯也趕來，整整幾個星期盡享口福。蝶蛾們在這顆櫻桃上咬一口，又飛到另一顆櫻桃上，津津有味地享用著。花金龜在果子上大口大口地咬著，吃飽睡著了。胡蜂、黃邊胡蜂咬破那甜甜的汁液囊，緊跟在牠們後頭的小飛蟲也在這裡醉倒了。一條胖胖的蠅蛆，就坐在果肉中間，心滿意足地吃著牠那滿是汁液的家，變得又肥又大，牠就要從桌子邊起身，搖身一變，成為一隻高雅的蒼蠅了。

這場盛宴在地下也有客人。櫻桃掉下來，所有過路客都沸騰起來了。夜裡，田鼠把鼠婦、蠼螋、螞蟻、蛞蝓啃過的果核收集起來，藏到地洞底，等到冬閒時，牠們在果核上鑽個洞，咀嚼裡面的種仁。這慷慨的櫻桃樹養活了無數生靈。

　　如果有一天這棵樹要找接班人，讓它的後代也在這麼繁榮、和諧與平衡的環境中成長，它需要什麼呢？一粒種子而已，而它每年產出的卻有無數的種子。為什麼？您能告訴我們嗎？您是不是要告訴我們，櫻桃樹一開始果實也很少，後來為了能避開數不清的剝削者，它才慢慢變得慷慨起來？您是不是像講述螳螂一樣，談起櫻桃樹，就說「大量的消滅會逐漸導致大量的生產」？誰敢冒險到這麼魯莽的程度？櫻桃樹是養分轉化成有機物的一個加工工廠，是死的物質嬗變成能夠生存的物質的一個實驗室，難道這不是明顯的事實嗎？也許它長出櫻桃是為了生生不息，但那只是一小部分，非常小的一部分。如果它所有的種子都得萌芽、充分生長，那麼這麼長久以來，地球上早就沒有地方種櫻桃樹了。它的絕大部分果實是另有用途的，它們像其他植物一樣，在從「不能吃」變成「能吃」的化學變化中，充當一大群不靈活生命的食物。

　　被稱為生命最高表現的物質，需要緩慢而又十分精細的製造過程。它起源於極小的加工廠，如微生物體內，一個比雷電的能量還要猛烈的微生物把氧和氮結合起來，孕育了硝酸鹽，成為植物最重要的養分。物質就這樣起源於虛無的邊緣，在植物中成形，在動物中提煉，逐步地升級到大腦物質的形成。

　　多少個世紀以來，有多少秘密的工人、多少不為人知的加

工者在開採礦產，提煉髓質，變成靈魂最奇妙的工具——大腦！這樣的大腦能只讓我們說「2＋2＝4」嗎？

那放出去的煙火，會以多彩炫目的火花做為上升的頂點，然後一切又歸於黑暗。然而，它的煙、氣、氧化物和別的爆炸物，透過植物又會慢慢形成物質。物質就是這樣完成轉變的，它經歷了一個個階段，從一次比一次精細的提煉中上升到了高峰。在那裡，炫目的思維火花終會在物質媒介中爆發出來；而物質在奮力掙脫後，又回歸到它曾屬於的不知名事物中，回到廢物分子中，成為生者的共同源頭。

第一個聚合有機物的是植物，它是動物的兄長。今天的植物還和地質時期的植物一樣，直接或間接地，是那些有生命的存在物的第一食品供應者。在它們的細胞裡，製造或起碼大致地加工了整個世界的食品。在植物之後，動物來了，牠細細地琢磨著加工了的食品，成形之後傳遞給更高一等級的。從青草變成綿羊肉，然後根據消費者，從綿羊肉變成人身上的肉或狼身上的肉。

那些養分顆粒並不能造就大塊的有機物質，而要透過收集製造，就像植物那樣。從無機物開始的各種製造者，最多產的是魚——第一個有骨骼的動物。問問鱈魚那數不清的魚子是做

什麼用的吧，牠的答案和有著成千上萬果實的山毛櫸一樣，也和長出無數橡實的橡樹一樣。

　　魚這麼多產，是爲了養活無數飢餓的生物。自然界的有機物並不豐富，於是牠繼續了遠古以來無數前輩的工作，急急忙忙地增加自己的生命儲備，極其慷慨地爲第一時間加工魚子的工人產出魚子。

　　螳螂和魚一樣可追溯到那遙遠的時代。牠那奇怪的形狀、野蠻的習性早就告訴了我們這一點，如今牠豐富的卵巢又重複敘說著。牠的身體兩側至今還留有一塊乾瘦的地方，那是以前在樹蕨植物生長的潮濕陰地上，瘋狂地繁殖形成的。如今牠繼續爲生物的高級煉金術作出貢獻，當然貢獻非常微小，但卻十分眞實。

　　我們逼近看看牠的工作吧。泥土養育的草坪變綠了，蝗蟲啃著青草。螳螂吃掉蝗蟲，卵巢鼓脹起來，產下三堆卵，爲數上千。卵一孵化，螞蟻就來了，從這一窩卵裡提取一份豐盛的戰利品。我們看到時會吃驚得後退幾步。螳螂的體積之巨是肯定的，可是在細緻的本能方面卻不行。在這一點上，螞蟻比螳螂高明多少啊！不過，事情的循環還沒結束呢。

　　小螞蟻在牠殼（螞蟻卵的俗稱）裡的時候就被雉雞吃掉了，雉雞和母雞、閹雞一樣是家禽，但飼養的花費卻大得多。牠吃著螞蟻長大，變壯了，被放到林子裡。於是，自稱文明的人，興致勃勃地瞄準牠開了槍，這個可憐的畜生在養雉場，老實說，就在雞窩裡，早已失去了逃生的本能。人用烤肉鐵鉤割開尖叫的母雞脖子，人還帶著豪華的獵隊，開槍射擊另一種母雞──雉雞。我真不明白這荒謬的屠殺。

　　塔哈斯孔城的達達蘭[1]，獵物逃走了，就對著自己的帽子射擊。我喜歡他這樣做。我尤其喜歡人們捕獵、真實地捕獵另一種喜歡吃螞蟻的動物──蟻鴽，普羅旺斯稱之為「伸舌頭」。這樣命名的藝術是因為牠橫在一隊螞蟻中間，伸出牠那黏答答的、長得出奇的舌頭，當舌頭上黑壓壓地黏滿了螞蟻時就突然縮回來。這種鳥這麼大口地吞吃，到了秋天，肥得不可思議，牠的尾巴基部、翅膀下、肋部，包滿了肥油，整個脖子圍了一串肉珠，頭上一直到嘴下都包著厚厚的肉塊！

　　這是塊美味的烤肉，當然，我承認牠很小，最多才雲雀那麼大；不過，像牠這麼小的動物中沒有誰像牠這麼美味。牠會

---

① 達達蘭：法國作家都德（1840～1897年）的幽默小說《塔哈斯孔城的吹牛者》中的主角，達達蘭被認為是天真幼稚、誇口吹牛的典型。──譯注

比雉雞差到哪裡去呢？雉雞要有好吃的口味，開始時還得有腐敗的植物！

　　但願我至少能為那些微不足道的昆蟲說一次公道話！當晚飯後收拾好餐桌，我安靜下來，身體暫時擺脫了生理煎熬，就會產生四處收集來的好念頭，一些火花不知其然也不知其所以然地，突然閃現在腦海裡；螳螂、蝗蟲、螞蟻，還有更小的昆蟲促進了這些火花的形成。牠們經由複雜曲折的途徑，各自以自己的方式為我們的思想之燈添上一滴油。牠們的能量，一代一代地慢慢加工、積蓄、傳遞，最後注入我們的血管，在我們疲乏勞頓時滋養著我們。我們靠牠們的死亡而活著。

　　總結一下吧。多產的螳螂以牠的方式製造著有機物，而螞蟻繼承著牠的有機物，蟻鵟又接替螞蟻，然後也許人又會繼承蟻鵟的有機物。螳螂產出的上千個卵，只有一小部分是為了繁衍後代，而絕大部分是為生物的大野炊作出貢獻。牠讓我們想起那條咬住自己尾巴的蛇的古老象徵。世界是一個回到原點的圓：結束是為了重新開始，死亡是為了生存。

第二十二章

椎頭螳螂

海洋是生命的第一母親，在海溝深處，還保存著許多形狀奇特、不和諧的生命實驗品；堅實的大地雖然沒有海洋富饒，但卻更適應演化，以前的奇特生物幾乎完全消失了。少數存留下來的大多數屬於原始昆蟲類，這些昆蟲技能有限，變態很粗糙，或幾乎沒有變態。在我的家鄉，那些讓人想起石炭紀森林裡的生物的反常昆蟲，首先就是螳螂家族。性情和結構都古怪的修女螳螂，是其中的一分子，而椎頭螳螂[1]也占有一席之地，牠正是本章的研究對象。

椎頭螳螂的幼蟲是普羅旺斯陸地動物中最奇特的一種。牠纖細，搖擺不定，樣子古怪，沒經驗的人不敢用手去碰牠。鄰

---

[1] 椎頭螳螂：又名櫛鬚螳螂。——編注

椎頭螳螂（放大1½倍）

里的小孩被這蟲子奇怪的樣子嚇著了，稱牠小鬼蟲。他們覺得這個古怪的蟲子近似巫術的展現。從春天到五月、到秋天，甚至有時多天陽光燦爛的日子，人們都可以看見牠，不過都是稀稀落落的。乾旱地上的硬草皮，拂在石堆上的、向陽的細荊棘，都是這怕冷的傢伙喜歡的住所。

我們給牠畫個速寫吧。牠的肚子總是往上翹，都快翹到背上了；展開時像抹刀，捲起時像根曲棍。肚皮下方有尖尖的小薄片，像葉片一樣綻放開來，排成三行，當肚皮向上捲起時，葉片也就翻到背上。這個鱗片狀的曲棍，豎立在四根又長又細的高蹺腳上；這四隻腳武裝得像蛙腳一樣，也就是在大腿基部和小腿相連的關節上，長著一塊彎彎的鐮刀似的突出薄片。

這個四腳板凳似的底座往上突然拐個彎，就是堅硬的前胸。前胸長得出奇，幾乎垂直豎立在底座上。在這個像稻草稈般又圓又細的前胸頂端，長著幼蟲的捕捉器，即像修女螳螂用來劫掠的前腳。那像鋸齒般參差的鉗口末端長著比針還要尖利的鐵鉤，真是把兇惡的老虎鉗。上臂的鉗口中間開了一條小

槽，小槽每邊有五根長刺，長刺之間還有更細小的鋸齒。前臂的鉗口同樣開了一條小槽，不過小槽兩邊的鋸齒更加細密均勻，休息時就折回到上臂的小槽裡。用放大鏡觀察，可以看到每邊小槽有二十幾根大小均勻的尖刺。這個捕捉器，除了規模不大以外，都不愧為一個令人膽戰心驚，足以用來施展酷刑的工具。

牠的頭和這套軍械裝備也很相稱。啊！真是個怪頭！尖尖的小臉上，觸角像鬍子般翹起，好似鐵鉤；大大的眼睛突出來；兩眼之間的前額上有把匕首，一支鐵戟，這是個聞所未聞的奇特東西：一個古怪的高帽子，岬角般聳立著，能像尖尖的翅膀一樣左右擴張開來，頂端還裂了一條小槽。這麼稀奇古怪的尖帽子，無論是東方的魔術家還是變戲法的煉金術士，都沒戴過比這更奇怪的帽子，這小鬼蟲能用牠來做什麼呢？我們看看牠捕食就知道了。

牠的裝束很平常，全身以淺灰為主。在幼蟲後期，蛻了一些皮後，牠開始露出比成蟲更華貴的外套，身上塗了不明顯的暗綠、白色、紅色的彩色斑塊。已經能從觸角分辨出性別，未來母親的觸角是絲狀的，而未來雄性的觸角下半部分鼓脹成紡錘，像個小盒子，以後從這個小盒子裡會長出華麗的羽毛。

　　這就是椎頭螳螂，其外形可以和卡羅[2]那荒誕的鉛筆畫媲美。假如您在荊棘叢中看到牠，牠會在自己的四隻高蹺腳上搖來擺去，頭輕輕晃動，以狡黠的神情看著您。那高帽子在脖子周圍轉來轉去，伸到肩上去探聽消息。您會以爲您能從牠那尖尖的小臉上看出調皮的神情，可是當您想抓住牠的時候，這炫耀的姿勢馬上就消失了。那豎起的前胸低了下去，捕捉器抓住細樹枝，大步地逃走。只要您目光稍微敏銳一點，牠逃得不會太遠。把椎頭螳螂抓起來，裝到一個錐形小紙袋裡，免得扭傷牠脆弱的肢體，然後關到一個金屬網罩裡。十月，我就這樣抓了足足一大群椎頭螳螂。

　　怎麼餵養牠們呢？我的椎頭螳螂還很小，才一個月大，最多兩個月。我用和牠們體型相當的蝗蟲來餵養牠們，那是我所能找到的最小蝗蟲了。可是椎頭螳螂並不想吃，更有甚者，牠們怕得要命。如果哪個冒失的蝗蟲，友好地靠近一隻四腳掛在網罩頂的椎頭螳螂，這個討厭蟲就會受到不友好的款待。椎頭螳螂的高帽子垂下去，然後遠遠地猛撞過去。這下我們知道了：這奇怪的帽子是防禦的武器，一把護身刺刀。山羊用牠的角頂人，而椎頭螳螂則用牠的帽子撞人。

---

② 卡羅：1592-1695年，法國雕刻家、畫家，藝術風格大膽奇幻。──譯注

　　但牠們還沒吃東西呢。我又給牠們活的蒼蠅。這次牠們毫不猶豫地接受了。這些長著翅膀的蒼蠅們一從牠們身邊經過，這些警覺的小鬼蟲就轉動腦袋，根據將傾斜的程度彎下莖稈似的前胸，探出捕捉器，用牠們的雙排鋸緊緊地把獵物抓住，貓抓老鼠也不會比牠們更敏捷。儘管獵物很小，但當成一頓飯還是綽綽有餘。一隻蒼蠅夠椎頭螳螂撐上一整天，甚至常常是好幾天。這是第一個大大出乎我意料的事：裝備這麼兇猛武器的昆蟲，胃口竟然這麼小。我本來以為牠們是些吃人巨妖，但看到的卻是些節食者，只要一頓微薄的點心，牠們就滿足了，而且能支撐越來越久的時間。一隻蒼蠅至少能把牠們的肚子填上十四個小時。

　　秋末就這樣過去了。椎頭螳螂一天比一天吃得少，動也不動地掛在金屬紗網上。牠們的自然絕食幫了我的大忙，蒼蠅變得越來越少了，如果我還得替這些食客們提供飲食，我會非常困窘，而這樣的時刻終於來了。

　　冬天三個月，沒什麼變化。如果天氣好，我會不時把籠子放到窗臺上去曬曬太陽。沐浴在溫暖中，這些囚徒們會稍微伸展一下肢體，左右搖擺，決定移動一下，但沒有任何食慾。我辛辛苦苦僥倖抓住的幾隻小蒼蠅似乎並不能引誘牠們，對牠們而言，徹底絕食過冬是個定律。我在籠子裡的飼養告訴了我冬

天椎頭螳螂在野外的情況。小椎頭螳螂躲到石頭縫裡——那是最好的地點，在昏地中等待溫暖的到來。儘管有一堆石頭庇護著，但是當霜凍期延長，大雪不斷滲透到這絕佳的藏身角落裡，椎頭螳螂還是有一段艱難的時間要熬。不過沒關係，牠們比看起來強壯多了，沒有死在冬天。如果有時陽光強烈，牠們還會偶爾走出藏身地，探聽春天是不是提前來了。

春天真的來了。現在是三月，我的囚徒們騷動起來，脫胎換骨，牠們要吃東西了。我又要開始為提供食物而操心了，家裡的蒼蠅原來很容易逮住，可是此時不見蹤跡了。我迫不得已轉向出現得早一些的雙翅目昆蟲，如鼠尾蛆。但椎頭螳螂不接受，對牠們來說，鼠尾蛆太大，反抗太激烈了。椎頭螳螂高帽子一甩一甩的，防止牠們靠近。

幾隻很小的螽斯被牠們很樂意地接受了，這可是嫩嫩的幾塊肉。可惜的是，像這種意外之財在我的網罩裡很少。於是椎頭螳螂不得不再次絕食，直到出現了春天裡最早的蝴蝶。這是甘藍上的白蝴蝶——紋白蝶，從此將成為椎頭螳螂主要的食物來源。

我把紋白蝶就這麼鬆開放進籠裡，椎頭螳螂覺得這是很好的獵物，窺伺著，抓住蝴蝶，但馬上又放開，因為牠還不能制

住蝴蝶。蝴蝶的大翅膀搧著風，鼓動著牠，讓牠不得不把抓到手的獵物鬆開。我來幫忙這個脆弱的蟲子，用剪刀截去蝴蝶的翅膀。這些無翅的蝴蝶還是充滿著生氣，在紗網上爬著，但馬上就被椎頭螳螂抓住咬碎了，儘管牠們的反抗還是讓椎頭螳螂害怕。這種美味和蒼蠅一樣，很對小椎頭螳螂的胃口，而且更豐盛，因爲總還有很多牠們不屑一顧的殘羹剩菜留下來。

牠們只吃了蝴蝶的頭和上胸；剩下肥肥的肚子、大部分前胸、腳，當然還有剪去後剩下的一點翅膀，這些牠們連碰都沒碰，就扔掉了。牠們選的是嫩一些、美味一些的肉塊嗎？不會，因爲蝴蝶的肚子顯然肉汁更多一些，但椎頭螳螂不吃；可是對蒼蠅，連最後一小塊肉都要吃盡。這應該是一種戰爭策略。我面前又是一隻從頸部進攻獵物的昆蟲，能將掙扎的獵物迅速殺死，以免影響牠享用美食。椎頭螳螂也和修女螳螂一樣精通這個戰術。

一旦注意到了這一點，我就發現，果然，不論是什麼獵物，蒼蠅、蝗蟲、螽斯、蝶蛾，都總是從頸後被抓住。第一口咬的地方就是頸部神經節，這樣一來，獵物馬上就不能動彈了，死了。牠們完全麻痺了，可以讓捕食者平平靜靜地進食，而這是享用所有佳肴的主要條件。

　　小鬼蟲雖然很軟弱，但牠也掌握了迅速摧毀獵物抵抗力的秘訣。牠首先咬住獵物的脖子，給獵物致命的一擊，然後繼續在最初的進攻點周圍咀嚼。所以，蝴蝶的前胸上部和頭消失了。這時獵人已經吃飽了。牠吃得太少了！吃剩下的被牠棄之於地，不是不好吃，而是已經吃不下了。一隻紋白蝶大大超過了胃的容量。螞蟻還能從牠們吃完後的餐桌上受益。

　　在談到椎頭螳螂的變態之前，還有一點要說明白。從頭到尾，小椎頭螳螂在金屬網罩裡的棲息姿勢都沒有變過。牠們用四隻後腳的爪尖勾在網紗上，盤踞在籠頂，背朝下，就這樣動也不動地，用四個懸掛點支撐住整個身體的重量。如果想移動，就把前面的劫持爪打開，伸長，抓住一個網眼，再把身體拉過去。這個短距離的移動完成了，那劫持爪又折回到胸前。總之，這倒掛的小傢伙，幾乎一直就只靠後面的四隻高蹺腳來支撐著。

　　在我們看來，這種倒掛的姿勢如此之艱難，可是牠們掛的時間可不短。在我的籠子裡，這種姿勢長達十來個月，從來沒有間斷過。當然，蒼蠅也會以同樣的姿勢倒掛在天花板上，但是牠會不時地休息休息，飛一飛，以正常的姿勢走走，肚子貼在地上，在陽光下舒展肢體；而且牠那種雜技姿勢也只是短時期的。

而椎頭螳螂是以這種奇特的平衡姿勢，毫不鬆懈地整整堅持了十個月。牠背朝下倒掛著，捕獵、進食、消化、打盹、蛻皮、變態、交配、產卵，然後死去。爬上去的時候，牠還年紀輕輕；掉下來的時候，牠已垂垂老矣，變成了一具屍體。

在自由的狀態下，事情可完全不是這樣。椎頭螳螂背朝上棲息在荊棘叢中，按正常姿勢平衡著身體；要隔很久很久才會出現在籠子裡的情況——倒掛身體。正因為長時間的懸掛並不是牠們這個種族的習慣，所以我籠子裡關著的囚徒的姿勢才更加引人注目。

這讓人想起蝙蝠，蝙蝠也是用後腳抓住洞頂，頭朝下倒掛著。鳥的腳趾結構奇特，牠在睡覺時也可以用一隻腳爪吊著，這腳爪能毫不疲倦地自動抓緊晃動的樹枝。但是椎頭螳螂沒有任何一點類似的結構，牠那可以活動的小腳外形很普通：每隻腳上有兩個爪尖，爪尖上又有一個像秤鉤一樣的鉤子，就這樣而已。

我真希望把解剖學拉進來，為我展示一下牠的跗節，牠那比鋼絲還要細的腳裡的肌肉、神經和肌腱（牠的肌腱控制腳尖），讓牠在十個月裡不管是睡著還是醒著，都毫不疲倦地抓得牢牢的。如果真有某把靈巧的解剖刀關心這個問題，我還想

託它解決另一個比椎頭螳螂、蝙蝠和鳥的姿勢更怪的問題。這就是某些膜翅目昆蟲夜間休息的姿勢。

八月末，我的圍牆裡常常出現一種有著紅色後腳的柔絲砂泥蜂，牠們在薰衣草邊挑選著棲息之地。黃昏時分，尤其是天氣沈悶醞釀著暴雨的黃昏，我敢肯定能在那裡找到睡姿奇特的砂泥蜂，啊！牠夜裡的休息姿勢真是別具一格！牠把薰衣草稈

柔絲砂泥蜂（放大1¹/₄倍）

大口咬在嘴裡，這種直角形狀比起圓形，可支撐得更牢固。砂泥蜂就靠著這僅有的支撐點，身體長時間直挺挺地伸在空中，腳折疊起來。牠的身體和支撐物的軸線形成個直角，而牠的身體就成了個槓桿，全部的重量就壓在槓桿對面的嘴這唯一的支撐點上。

砂泥蜂靠著大顎的力量直直地睡在空中。只有蟲子們才想得出這樣的主意，牠攪亂了我們關於休息的概念。就算風雨即將暴發，就算風吹動莖稈，睡覺的昆蟲也並不操心牠那晃動著的吊床，最多也只是暫時用前腳攀住搖晃的立竿。一旦重新平衡了，牠又恢復了牠喜歡的垂直槓桿姿勢。也許牠的大顎就像鳥的腳爪一樣，風搖得越猛，抓得越牢。

　　砂泥蜂並不是唯一採取這種奇特姿勢睡覺的昆蟲，還有很多蟲子模仿牠：黃斑蜂、螺贏、長鬚蜂和雄性蜜蜂。牠們都用大顎咬住一根莖稈睡覺，身體伸直，腳折疊。其中有幾種身體特別胖的，肚子尾部也靠在稈子上，身體彎成弓狀。

　　我們對膜翅目昆蟲睡房的探訪，並沒有解決椎頭螳螂的問題，反倒提出了另一個並不容易解答的疑問。它告訴我們，要解釋動物的機器齒輪中，哪些在工作、哪些在休息，我們人類顯得多麼沒有遠見。砂泥蜂反常地用嘴巴保持靜止，而椎頭螳螂用牠的秤鉤毫不疲倦地倒掛了整整十個月，生理學家讓牠們搞迷糊了，會自問到底什麼才是真正的休息。事實上，從來沒有休息，除了生命的結束，生存的鬥爭沒有停止，就總有某塊肌肉在使勁，總有某根肌腱在繃緊。睡眠似乎是回到虛無的靜止狀態，牠和清醒時一樣，也還是在用力──有的用爪尖，有的用捲起來的尾巴尖，有的用腳爪，有的用大顎。

　　五月中旬左右，椎頭螳螂的變態完成了，出現了椎頭螳螂的成蟲。成蟲的體形和服飾比修女螳螂還要引人注目。牠從幼蟲的怪異體形中保留了尖尖的帽子、鋸齒狀捕捉器、長長的前胸、青蛙般的腳和腹下的三行薄片。不過現在的椎頭螳螂在牠的腹部尾端不再彎曲成個曲棍了，牠的姿勢正常多了。不管是雄性還是雌性，大大的翅膀都是淺綠色，翅肩玫瑰紅，能迅速

椎頭螳螂

飛躍；這塊大翅膀蓋住了肚子，肚子下白一塊綠一塊的。雄椎頭螳螂很俏麗，有羽毛狀觸角裝飾，那觸角和某些黃昏活動的蛾的觸角很相似。雌雄兩性的體型相差不多。

　　除了一些細微的結構差異，椎頭螳螂就和修女螳螂一樣。鄉民們把牠們兩者搞混了，他們春天裡碰到這種戴高帽子的昆蟲，還以為看見的是平常的「禱上帝」，而「禱上帝」是秋天才有的。牠們形態上的相似也許是習性相同的標誌吧。人們受椎頭螳螂這古怪的武器所誘，甚至想把一種比螳螂更殘酷的生活習性加到牠身上。我一開始也是這麼想，而每個深信那些虛假的相似結構的人一定都會這麼想。但這又是一個要打消的錯誤念頭：儘管椎頭螳螂看起來火藥味十足，但牠卻是一種嗜好和平的昆蟲；如果想要訓練牠戰鬥，恐怕也是枉費心機。

　　我把牠們養在籠子裡，有的是五、六隻成群飼養，有的是一對對分開，但不管什麼時候，牠們都心平氣和。和幼蟲一樣，成年的椎頭螳螂飲食也很有節制，每日的食物只要一、兩隻蒼蠅就夠了。

那些大食量的總是吵個不停。修女螳螂們被蝗蟲脹大了的肚子，很容易暴躁，擺出挑釁的姿勢。椎頭螳螂只吃些簡陋的食物，不知道這種敵意的表現。牠們鄰里之間從沒有口角，從來沒有突然展開翅膀——這對修女螳螂來說可是擺出幽靈般姿態的寶貴武器，也從沒有發出受驚的遊蛇的噗哧聲。在牠們的肉食盛宴中，也從沒出現任何三心二意，把鬥毆中輸了的姐妹吞噬掉。那種恐懼在牠們這裡完全不存在。

那麼戀愛悲劇也就不會出現。雄椎頭螳螂熱情大膽，要經歷很長考驗才能成功。牠不屈不撓地糾纏著牠中意的美人，終於感動了伴侶。婚禮之後一切正常，頭上長著羽毛飾的雄椎頭螳螂退了下來，並沒有受到雌椎頭螳螂的侵犯；牠忙於捕捉小蟲，毫無被逮住吞食的危險。

椎頭螳螂的兩性就這麼太平地同居，互不干涉，直到七月中旬。那時，雄椎頭螳螂因年歲而日衰，就斂心靜修，不再捕食，走路搖搖晃晃，慢慢從金屬罩頂爬下來，最後倒在塵埃裡，牠壽終正寢了。而雄修女螳螂呢，還記得的話，牠是在貪婪的雌性的肚子裡了結生命的。

椎頭螳螂的產卵是緊接在雄蟲消失之後的。即將築巢了，但椎頭螳螂並不像雌修女螳螂那樣，有個卵細胞太多而沈重臃

腫的大肚子。椎頭螳螂身體仍然很輕盈，能夠飛躍，這預示著
牠的後代數量不多。確實，牠的窩固定在麥稈、細枝、石塊
上，只有灰螳螂的窩那麼大，最多長一公分。牠的窩看上去呈
梯形，梯腰短的一邊稍稍突起，另一邊傾斜成坡面。通常，斜
坡頂豎立著絲狀的延伸部分，有點像修女螳螂和灰螳螂窩頂端
的船頭角，不過更纖細一些。這是最後一滴黏性物質拉成的絲
凝固而成的。泥水匠在工程完工之後，會在建築物頂放上一條
綠枝做爲裝飾。同樣的，螳螂家族也會在做好的窩上立一根類
似旗桿樣的東西。

　　窩上有著很薄的一層淺灰色石灰漿，是乾了的泡沫狀物質
形成的；它覆蓋著椎頭螳螂的卵，尤其是朝上方的卵。這層細
緻的塗料很容易消失；在這層塗料之下，就是窩的主要材料，
均勻、帶角質，淡紅棕色。窩側有六、七條不太明顯的條紋，
將側面切割成彎彎的薄層。

　　卵孵化後，在窩的脊線上，十一、二個圓圓的出口打開
了，出口分兩行，小幼蟲選擇了兩行中的哪個門，就把那個門
打開出來。這一串出口有點外突，一個接一個地打開，就像一
個有著兩個把手的雙面條鋸。很明顯的，鋸的起伏參差，是椎
頭螳螂產卵時產卵管搖擺運動的結果。這些出口形狀規則，排
列整齊，兩行出口在窩兩側相輔相成，就像根小小的排簫。

　　每個出口都通向一個小穴，裡面有兩個卵，椎頭螳螂產卵總數大概在兩打左右。

　　我沒見過椎頭螳螂卵孵化的過程，不知道牠是否像修女螳螂一樣，為了方便掙脫，在幼蟲之前有一個過渡形態。很可能情況不是這樣，因為椎頭螳螂為了卵出窩做了很好的安排。在這些小穴上，半開著一個很短的前廳，裡面沒有任何障礙。這個前廳上面塞了一點泡沫物質，很脆，新生兒應該很容易用牙齒咬碎泡沫。有這麼寬敞的、通向外界的通道，那麼幼蟲的長腳和細觸角不再會是很礙事的器官；所以小生命一出卵就能得到自由，不需要經過初齡幼蟲形態。但我沒親眼見過，只能推測事態發展的可能性。

　　再說幾句椎頭螳螂和修女螳螂不同的習性。修女螳螂喜好鬥毆，同類相殘；而椎頭螳螂性喜和平，同類之間互不侵犯。牠們的結構一樣，但如此深刻的習性差異從何而來呢？也許是菜單吧。粗茶淡飯確實能軟化性格，對昆蟲和人類都一樣。大吃大喝會使性格鈍化，酒肉是獸性怒火的發酵劑，耽於酒肉的人，不可能像將麵包蘸著一點點奶油細嚥的人，那麼彬彬有禮。修女螳螂正是那饕餮之徒，而椎頭螳螂則是樸實的。就這麼解釋好了。

　　但是，一個像餓死鬼老是吃不飽，另一個卻飲食非常節制，這又是爲什麼呢？牠們的結構差不多，應該會導致相同的生理需求呀。螳螂家族又以牠們的方式，向我們重複了其他很多昆蟲告訴我們的：習性、才能並不單純取決於生理解剖結構，在很多支配物質的物理法則之上，還有很多支配本能的法則在飛翔。

【譯名對照表】

中譯	原文	中譯	原文
【昆蟲名】		西班牙蜣螂	Copris Hispanus Linn.
土蜂	Scolie	卵蜂虻	Anthrax
小飛蟲	Moucheron	步行蟲	Carabe
小蜂	Chalcidite	狐猴屎蜣螂	Onthophage lemur
小蜂科	Chalcidien		Onthophagus lemur
小蜉金龜	Aphodius pusillus Herbst.	花金龜	Cétoine
小寬胸蜣螂	Oniticelle	金錢蟹蛛	araignée crabes
山蟬	Cigale l'orne		Thomisus onustus Walck.
	Cicada orni Linn.	金龜子	Lamellicorne
天牛	Capricorne		Scarabée
天使魚楔天牛	Saperde scalaire	長角屎蜣螂	Onthophagus fronticornis
月形蜣螂	Copris lunaire	長鼻蝗蟲	Truxale
毛蟬	Cicada tomentosa	長鬚蜂	Eucère
牛屎蜣螂	Onthophage taureau	芫菁科	Meloïde
	Onthophagus taurus	亮麗法那斯	Phancéus splendidulus
牛糞屎蜣螂	Onthophage vacca	冠冕圓網蛛	Épeire diadème
	Onthophagus vacca	南歐熊蟬	Cigale commune
包爾波賽蟲	Bolboceras gaulois		Cicada plebeia Lin.
半帶斑點金龜	Scarabée semi-ponctué	屎蜣螂	Onthophage
	Scarabeus semipunctatus Fab.	扁屍蚋	Sylphe
白面螽斯	Dectique	柔絲砂泥蜂	Ammophila holosericea
	Dectique à front blanc	砂泥蜂	Ammophile
皮蠹	Dermeste	突變黃金龜	G. mutator Marsh
石蜂	Chalicodome	紅蟬	Cigale rouge
吉丁蟲	Bupreste		Cicada hermatodes Lin.
灰蝗蟲	Criquet cendré	胡蜂	Guêpe
	Pachytylus cinerascens Fab.	虻	Taon
灰螳螂	Ameles decolor	飛蝗泥蜂	Sphex
	Mante décolorée	食蜜蜂	Apiaire
	Mante grise	食糞性甲蟲	Bousier
米諾多	Minotaure	修女螳螂	Mante religieuse
衣蛾	Teigne		Mantis religiosa Linn.
西班牙蜣螂	Copris espagnol	埋葬蟲	Nécrophage

中譯	原文
朗斯卡斯尼斯屎蜣螂	Onthophage nuchicornis
	Onthophagus nuchicornis
粉蟎	Acare
紋白蝶	Piéride
蚜蟲	Puceron
偽善糞金龜	Géotrupe hypocrite
	G. hypocrita Schneid.
條紋糞金龜	Géotrupe spiniger
球狀昆蟲	Pilulaire
野牛蜣螂	Bubas bison
野生糞金龜	G. sylvaticus Panz.
陸寄居蟹屎蜣螂	Onthophagus cnobita
麻點金龜	Scarabée varioleux
斯氏屎蜣螂	Onthophage de Schreber
	Onthophagus Schreberi
椎頭螳螂	Empuse
	Empuse appauvrie
	Empusa pauperata Latr.
短翅螽斯	Éphippigère
蛛蜂	Pompile
蛞蝓	Limace
象鼻蟲	Charançon
黃斑蜂	Anthidie
黃腿小寬胸蜣螂	Oniticelle à pieds jaunes
	Oniticellus flavipes
黃邊胡蜂	Frelon
黑蟬	Cigale noire
	Cicada atra Oliv.
圓網絲蛛	Épeire soyeuse
圓裸胸金龜	Gymnopleurus pilularius Fab.
圓蟹蛛	Thomisus rotundatus Walck.
愛西絲絲蜣螂	Copris d'Isis
楔天牛	Saperde

中譯	原文
矮蟬	Cigale pygmée
	Cicada pymœa Oliv.
聖甲蟲	Scarabée sacré
	Scarabeus sacer Linn.
葡萄樹短翅螽斯	Éphippigère des vignes
蛾	Bombyx
鼠尾蛆	Éristale
鼠婦	Cloporte
蜉金龜	Aphodie
蜉金龜科	Aphodien
福爾卡圖屎蜣螂	Onthophage fourchu
	Onthophagus furcatus
蒼蠅	Mouche
蜜蜂	abeille
蜻蜓	Libellule
裸胸金龜	Gymnopleure
蜾蠃	Odynère
蜣螂	Copris
寬胸蜣螂	Onitis
寬頸金龜	Scarabée à large cou
	Scarabeus laticollis Linn.
膜翅目	hyménoptère
蝶蛾	Papillon
蝗蟲	Criquet
壁蜂	Osmie
螞蟻	Fourmi
閻魔蟲屬	Histérien
鞘翅目	Coléoptère
糞生糞金龜	Géotrupe stercoraire
	G. stercorius Linn.
糞金龜	Géotrupe
薛西弗斯蟲	Sisyphe
螳螂	Mante

中譯	原文
蟈蟈兒	Sauterelle
褶翅小蜂	Leucospis
避債蛾屬	Psyche
隱翅蟲	Staphylin
螽斯類	Locustien
藍翅蝗蟲	Criquet à ailes bleues
蟬	Cigale
雙翅目	Diptère
鞭毛球狀昆蟲	Pilulaire flagellé
鞭毛裸胸金龜	Gymnopleurus flagellatus Fab.
鰓金龜	Hanneton
蠼螋	Forficule

【人名】

卡羅	Callot
弗里希	Frisch
伊索	Ésope
朱迪里安	Judulien
米爾桑	Mulsant
貝宏傑	Béranger
里庫格	Lycurgue
亞里斯多德	Aristote
拉姆福特	Rumford
拉·封登	La Fontaine
拉特雷依	Latreille
阿納克里翁	Anaxagore
哈伯雷	Rabelais
迪約斯科里德	Dioscoride
格宏維勒	Grandville
馬蒂約	Matthiole
湯瑪斯·穆菲	Thomas Moufet
隆德勒	Rondelet

中譯	原文
雅克多	Jacotot
奧利維埃	Olivier
聖文生·德·保羅	saint Vincent de Paul
達爾文	Darwin
雷沃米爾	Réaumur
維吉爾	Virgile
蒙田	Montaigne
霍魯斯阿波羅	Horus Apollo

【地名】

巴黎	Paris
尼羅河	Nil
布宜諾斯艾利斯	Buenos-Ayres
弗凱亞	Phocée
印度	Inde
地中海	Mediterranee
朱翁灣	golfe Jouan
克爾白	Kaaba
努比	Nubie
希臘	Grèce
沃克呂滋	Vaucluse
里昂	Lyon
亞維農	Avignon
帕拉瓦	Palavas
阿那札巴	Anazarba
阿拉伯	Arabe
阿根廷	Argentine
阿提喀	Attique
紅海	Rouge
英國	Angleterre
埃及	Éxgypte
翁格勒	Angles

中譯	原文
麥加	Mecque
普羅旺斯	Provence
雅典	Athènes
塞內加爾	Sénégal
塞西尼翁	Sérignan
塞特	Cette
奧弗涅	Auvergne
瑞士	Suisse
撒哈拉	Sahara
潘帕斯	Pampas
薩瓦	Savoie

法布爾昆蟲記全集 5

螳螂的愛情

SOUVENIRS ENTOMOLOGIQUES
ÉTUDES SUR L'INSTINCT ET LES MŒURS DES INSECTES

作者──JEAN-HENRI FABRE 法布爾

譯者──鄒琰

審訂──楊平世

主編──王明雪　　副主編──鄧子菁

專案編輯──吳梅瑛　　編輯協力──周怡伶

發行人──王榮文

出版發行──遠流出版事業股份有限公司

台北市南昌路 2 段 81 號 6 樓

郵撥：0189456-1　　電話：(02)2392-6899　　傳真：(02)2392-6658

著作權顧問──蕭雄淋律師

印刷裝訂──中原造像股份有限公司

□ 2002 年 10 月 1 日 初版一刷　　□ 2020 年 9 月 20 日 初版十二刷

定價 360 元　　（缺頁或破損的書，請寄回更換）

有著作權‧侵害必究　Printed in Taiwan

ISBN 957-32-4692-9

遠流博識網 http://www.ylib.com　E-mail:ylib@ylib.com

昆蟲線圖修繪：黃崑謀　　內頁版型設計：唐壽南、賴君勝　　章名頁刊頭製作：陳春惠

特別感謝：王心瑩、林皎宏、呂淑容、洪閔慧、黃文伯、黃智偉、葉懿慧在本書編輯期間熱心的協助。

國家圖書館出版品預行編目資料

法布爾昆蟲記全集. 5, 螳螂的愛情 ／ 法布爾（
Jean-Henri Fabre）著；鄒琰譯. -- 初版. -
- 臺北市 ： 遠流，2002〔民91〕
面 ： 公分
譯自：Souvenirs Entomologiques
ISBN 957-32-4692-9（平裝）

1. 昆蟲 － 通俗作品

387.719   91012423

SOUVENIRS ENTOMOLOGIQUES

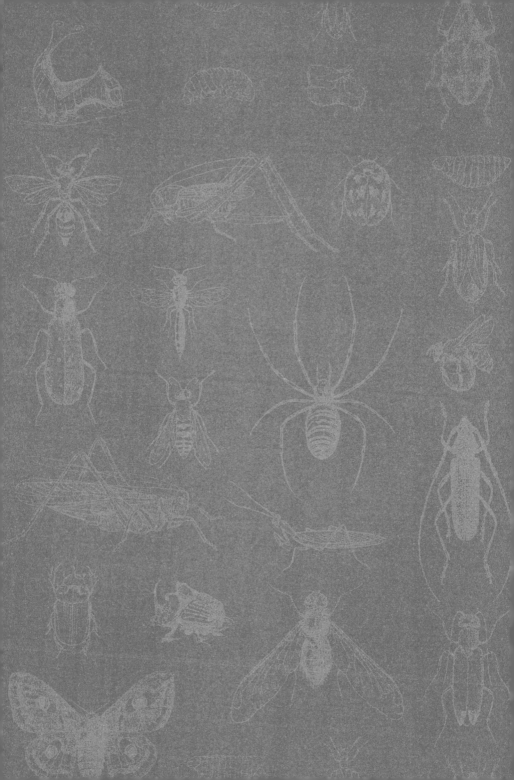

SOUVENIRS ENTOMOLOGIQUES

封面設計◎唐壽南
封面繪圖◎黃崑謀 取材自《台灣昆蟲大發現》（遠流出版）

一部跨越科學與文學領域的百年經典名著
【法布爾昆蟲記全集】

◎ 昆蟲觀察經典鉅著──法布爾《昆蟲記》法文原著，首次在台灣完整翻譯出版。不是摘譯、不加任何改寫，讓您直接感受昆蟲大師的言思哲學。

◎ 被譽為「昆蟲學的荷馬」、「無與倫比的觀察家」的法布爾，耗費三十多年的心血完成的名著。融合了細膩的自然觀察與法國式幽默的文筆，娓娓道來十九世紀南法的自然與人文風情。書中並以大量翔實的第一手觀察、實驗資料，將紛繁複雜的昆蟲世界，真實生動地呈現。是至今最鉅細靡遺、富含哲學的觀察紀錄，也是跨越科學與文學領域的百年經典名著。

◎ 全書包含原著珍貴的昆蟲圖繪插畫，共300餘幅，首度展現給台灣讀者。

◎ 作者、譯者、編者三重注解說明，幫助讀者更深入理解相關的昆蟲研究，與當時的文化、哲學背景。

◎ 附昆蟲、人物、地名的中文譯名對照索引表，直接了解與法布爾相關的人、地與其研究的昆蟲。

ISBN 957-32-4692-9

00360

9 789573 246923

TN005   NT$360